高等院校新课程体系计算机基础教育规划教材

C 语言程序设计
（第二版）

王宏志　韩志明　主编　　张亚辉　郑建明　副主编

中国铁道出版社有限公司

CHINA RAILWAY PUBLISHING HOUSE CO.,LTD.

内 容 简 介

　　本书是学习 C 语言程序设计的实用教材，主要内容包括 C 语言概述、数据类型及其表达式、3 种基本结构的程序设计、数组、函数、构造数据类型、指针、编译预处理命令、文件、位运算以及字符屏幕和图形函数等。本书根据教育部计算机课程教学指导委员会颁布的大纲要求，安排了具有很强的实用性和可操作性的教学内容。

　　本书适合作为高等学校相关课程或计算机等级考试（二级）的教材，也可作为高职高专、高等院校成人教育的教材或教学参考书。

图书在版编目（CIP）数据

C 语言程序设计/王宏志，韩志明主编. —2 版. —北京：
中国铁道出版社，2009.2（2019.7重印）
（高等院校课程体系计算机基础教育规划教材）
ISBN 978-7-113-08804-0

Ⅰ.C… Ⅱ.①王…②韩… Ⅲ.C 语言－程序设计－高等
学校－技术 Ⅳ.TP312

中国版本图书馆 CIP 数据核字（2009）第 015244 号

书　　名：C 语言程序设计（第二版）		
作　　者：王宏志　韩志明　主编		

策划编辑：秦绪好　杨　勇		
责任编辑：秦绪好	**编辑部电话：**（010）63550836	
编辑助理：高　爽	**封面设计：付　巍**	
责任印制：郭向伟	**封面制作：白　雪**	

出版发行：中国铁道出版社有限公司（北京市西城区右安门西街 8 号，邮政编码：100054）

印　　刷：三河市宏盛印务有限公司

版　　次：2009 年 2 月第 2 版　　2019 年 7 月第 14 次印刷

开　　本：787mm×1092mm　　1/16　　**印张：**20.25　　**字数：**473 千

书　　号：ISBN 978－7－113－08804－0

定　　价：38.00 元

第二版前言

  C 语言是国内外广泛推广使用的结构化程序设计语言，它功能丰富、表达能力强、使用方便灵活、目标程序效率高、可移植性好，既具有高级语言的优点，又具有低级语言的许多特点。因此，C 语言既可用于开发系统软件，也可用于开发应用软件，应用面很广，许多大型的软件都是采用 C 语言开发的。目前，多数高等院校不仅计算机专业开设 C 语言这门课程，而且，非计算机专业也开设了这门课程。同时，许多学生都选择 C 语言作为参加全国计算机等级考试（二级）的考试科目。学习 C 语言已成为广大学生的迫切需要。

  由于国家级计算机等级考试中，C 语言上机考试环境已经由 Turbo C 环境改为 Visual C++环境，根据形势的变化，作者对第一版教材的内容做了相应调整和补充，分别介绍了 Turbo C 2.0 和 Visual C++6.0 集成开发环境。

  本书根据作者多年的教学实践经验编写而成，同时借鉴和吸取了已有 C 语言教材的优点，对第一版教材进行了修订，第二版教材保持了第一版教材的写作风格，并具有以下特点：

  （1）教材内容经过精心组织，体系合理、结构严谨，增强了实用性。

  （2）教材内容组织形式由浅入深、循序渐进，以便于学生学习并有利于提高学生的程序设计能力。

  （3）增加字符屏幕、图形函数内容，使本书的深度和广度增强，可作为学生学习 C 语言的参考内容。

  本书共分 13 章，全面介绍了在 Turbo C 环境下 C 语言的主要内容，包括基本概念、数据类型、表达式、控制语句、数组、函数、结构体、共用体、指针、编译预处理命令、文件、位运算以及字符屏幕和图形函数等内容，并精选了一部分全国计算机等级考试题（二级 C 语言程序设计）充实到教材中。程序设计是一门实践性很强的课程，在掌握基本概念的基础上，要学会编程并进行上机调试。为了满足教学和实验要求，作者还编写了与本书配套的《C 语言程序设计习题解答与上机指导（第二版）》供读者学习时使用。

  本书在吉林省计算机共同课教学专业委员会的指导下编写完成，王宏志、韩志明任主编，张亚辉、郑建明任副主编。具体编写分工：第 1、5、8 章由王宏志编写，第 7、9、10、12 章由韩志明编写，第 6 章由王宏志、韩志明共同编写，第 3、4、11 章由张亚辉编写，第 2、13 章由郑建明编写。全书由王宏志统稿。

  随着计算机技术的发展和应用的普及，在高等院校对计算机的教育也在不断发展，新的教育教学体系和思想也在探索中；加之编者水平有限，编写时间仓促，书中难免有疏漏和不足之处，恳请读者和专家批评指正，以便下次修订时更正。

编　者

2008 年 12 月

第一版前言

为进一步推动高等学校的计算机基础教学改革，提高教学质量，适应新世纪对高级人才知识的需求，掌握一门计算机语言已经成为应用计算机必备条件之一。目前，不论是计算机专业还是非计算机专业的学生，都将 C 语言作为学习程序设计语言的入门语言。因为 C 语言功能丰富，表达能力强，使用灵活方便，应用面广，目标程序效率高，可移植性好，既具有高级语言的优点，又具有低级语言的许多特点。学习和掌握 C 语言已成为许多学生的迫切需要。

现组织长期从事计算机基础教学工作的教师编写了《C 语言程序设计》一书，编写内容的选择上充分考虑计算机学科发展快、更新快的特点，力图反映新内容，使之具有先进性，同时又兼顾了高等学校计算机语言教学的实际情况使之具有现实可行性，尽量做到少而精，力求通俗易懂。本教材的主要特点是：由浅入深、循序渐进地讲解 C 语言程序设计的思想和方法。全书在编写过程中，力求做到概念准确、内容正确、由浅入深、循序渐进、繁简适当。每章都有小结和习题，通过实例和习题加深基本概念的理解和掌握，提高计算机操作的水平。为进一步满足本书的教学和实验要求，作者还编写了与本书配套的《C 语言程序设计习题解答与上机指导》供读者学习时选用。

本书适合作为高等学校及高职高专各专业学生相关课程或参加计算机等级考试的教材，也可作为高等院校成人教育的培训教材或教学参考书。

本书由苏长龄、刘威任主编，由王北星、于秀霞任副主编。刘威编写第 1 章～第 5 章，于秀霞编写第 6 章和第 7 章，苏长龄编写第 8 章和第 9 张，王北星编写第 10 章和第 11 章，全书由苏长龄统稿。感谢在本书的编写和出版过程中，中国铁道出版社给予的大力帮助和支持。

由于编者水平和经验有限，书中难免有不足之处，恳请读者提出宝贵意见和建议。

编　者
2006 年 2 月

目 录

第1章 C语言概述

本章的1.1节～1.3节介绍了C语言及其特点，C语言程序的组成和结构特点，C语言的基本符号、算法及其描述方法；1.4节对结构化程序设计做了简明阐释；1.5节介绍了C语言在Turbo C和VC++ 6.0环境下的上机步骤。

1.1 概　　述

C语言是国际上广泛流行的计算机高级语言，既可以用来编写系统软件，也可以用来编写应用软件。因为C语言功能强大而且又具有低级语言的特性，所以尽管面向对象的语言应用已十分广泛，但C语言在计算机程序设计领域中仍发挥着重要作用。

1.1.1 C语言及其特点

1. 程序设计语言的发展

随着计算机的诞生，用于计算机的程序设计语言随即产生，人们利用程序设计语言编制程序以便更好地使用计算机。程序设计语言经历了机器语言、汇编语言、高级语言的不同发展阶段。机器语言是计算机能够识别和直接执行的二进制语言，用机器语言编写的程序不直观，而且难懂、易出错。下面这两行就是某计算机的机器指令，功能是计算十进制数63与56相加之和：

```
01110100000011111            数 63 送入寄存器 A
00100100000111000            寄存器 A 的内容 63 与 56 相加，其和 119 送回 A
```

为了克服机器语言的不足，人们又发明了汇编语言，汇编语言是用助记符来表示机器语言，但计算机不能直接执行，需通过汇编系统将汇编语言翻译成机器语言。机器语言与汇编语言都是面向机器的语言，一般称为低级语言。下面这两行就是计算十进制数63与56相加之和的汇编指令：

```
MOV   A,#63            ;数 63 送入寄存器 A
ADD   A,#56            ;寄存器 A 的内容 63 与 56 相加，其和 119 送回 A
```

随着计算机的发展，人们发明了接近自然语言的程序设计语言，如FORTRAN、Pascal、BASIC、COBOL、C以及C++等。这些语言能直接表达计算式和逻辑式，被称为高级语言或算法语言。例如，A=63+56，就是用C语言计算63与56相加之和的语句。

2. C语言简介

C语言是一种得到广泛重视并普遍应用的计算机程序设计语言，也是国际公认的最重要的几种通用程序设计语言之一，它既可用来编写系统软件也可用来编写应用软件。

1972 年，C 语言由贝尔实验室的 Dennis Ritchie 和 Brian Kernighan 根据 Thompson 的 B 语言设计而成。B 语言是由一种早期的编程语言 BCPL（basic combined programming language）发展演变而来的。BCPL 的根源可以追溯到 1960 年的 ALGOL 60 （algol programming language），ALGOL 60 是一种面向问题的高级语言，离硬件较远。1963 年，英国剑桥大学推出 CPL（combined programming language）语言，CPL 改进了 ALGOL 60，使其能够直接完成较低层次的操作。1967 年，英国剑桥大学的 Martin Richards 对 CPL 做了改进，推出了 BCPL 语言。

最初的 C 语言是为描述和实现 UNIX 操作系统提供的一种工具语言，但 C 语言并没有被束缚在任何特定的硬件或操作系统上，它具有良好的可移植性。1977 年，出现了不依赖于具体机器的 C 语言编译文本—— 可移植 C 语言编译程序，用该程序编写的 UNIX 系统迅速在各种计算机上运行，而 UNIX 系统支持的 C 语言也被移植到相应的计算机上。C 语言和 UNIX 系统在发展过程中相辅相成，得到了广泛应用，使 C 语言先后被移植到各种大型、中型、小型、微型计算机上。

以 1978 年发表的第 7 版 UNIX 系统中的 C 语言编译程序为基础，B.W.Kernighan 和 D.M.Ritchie 合著了 *The C Programming Language*。这本书中介绍的 C 语言成为后来广泛使用的 C 语言版本的基础，被称为标准 C 语言。1983 年，美国国家标准化协会（ANSI）根据 C 语言问世以来的各种版本对 C 语言的发展和扩充制定了新的标准，称为 ANSI C。1990 年，C 语言成为国际标准化组织（ISO）通过的标准语言。本书介绍的 C 语言部分以 ANSI C 为基础，书中的程序全部在 Turbo C 2.0 系统中调试通过。

3. C 语言的特点

一种语言之所以能存在和发展，是因为它有不同于其他语言的特点。C 语言也是如此，它的特点是多方面的，人们从不同的角度可总结出众多特点，但从全面考虑可归纳为以下几点。

（1）C 语言是比较低级的高级语言。有人把 C 语言称为高级语言中的低级语言，也有人称它是中级语言。它具有许多汇编语言才具备的功能，如位操作、直接访问物理地址等，这使 C 语言在进行系统程序设计时显得非常有效，而过去系统软件通常只能用汇编语言编写。事实上，C 语言的许多应用场合是汇编语言的传统"领地"，现在用 C 语言代替汇编语言，减轻了程序员的负担，提高了效率，而且写出的程序具有更好的可移植性。

C 语言具有很多接近硬件操作的功能，但它不能直接处理复合对象。例如，作为整体看待的字符串、数组等操作，这些较高级的功能必须通过调用函数来完成。这看起来是个缺陷，但这种语言规模小，更容易说明，学习起来也快。例如，C 语言只有 32 个关键字，而一些 BASIC 语言，关键字多达 100 个以上。

（2）C 语言是结构化的程序设计语言。C 语言主要结构成分是函数，函数允许一个程序中的各任务分别定义和编码，使程序模块化。C 语言还提供了多种结构化的控制语句，如用于循环的 for、while、do...while 语句，用于判定的 if...else、switch 语句等，十分便于采用自顶向下、逐步细化的结构化程序设计技术。因此，用 C 语言编制的程序容易理解、便于维护。

（3）C 语言具有丰富的运算能力。在 C 语言中除了一般高级语言使用的算术运算及逻辑运算功能外，还具有独特的以二进制位（bit）为单位的位与、位或、位非以及移位操作等运算，并且 C 语言具有如 a++、b--等单项运算和+=、-=等复合运算功能。

（4）C 语言数据类型丰富，具有现代语言的各种数据类型。C 语言的基本数据类型有整型（int）、浮点型（float）、字符型（char）。在此基础上按层次可产生各种构造类型，如数组、指针、结构体、共用体等。同时，C 语言还提供了用户自定义数据类型，用这些数据类型可以实现复杂的数据结构，如栈、链表、树等。因此，C 语言具有较强的数据处理能力。

（5）C 语言具有预处理能力。在 C 语言中提供了#include 和#define 两个预处理命令，实现对外部文件的包含以及对字符串的宏定义，同时还具有#if...#else 等条件编译预处理语句。这些功能的使用提高了软件开发的工作效率并为程序的组织和编译提供了便利。

（6）C 语言可移植性好。目前，在许多计算机上使用的 C 语言程序，大部分是由 C 语言编译移植得到的。C 编译程序的可移植性使 C 语言程序便于移植。

C 语言的优点很多，但也有一些不足。例如，语法限制不太严格、类型检验太弱、不同类型数据转换比较随便，这就要求程序员对程序设计的方法和技巧更熟练，以保证程序的正确性。总之，C 语言已成为国内外广泛使用一种编程语言，并且非常适合用于程序设计语言课程的教学。

1.1.2　C 语言程序的组成和结构特点

C 语言是函数型语言，函数是构成 C 语言程序的基本单位。下面通过一个例子来分析 C 语言程序的组成和结构。

【例 1.1】C 语言程序的组成和结构。

```
main()                          /*主函数*/
{
  int a,b,sum;                  /*定义a、b和sum共3个变量*/
  a=3; b=4;                     /*为a、b赋值*/
  sum=add(a,b);                 /*调用函数add，将得到的值赋给变量sum*/
  printf("sum=a+b=%d\n",sum);   /*屏幕输出sum变量的值*/
}
int add(int x,int y)            /*定义add函数和形式参数 x，y*/
{
  int z;                        /*定义z变量*/
  z=x+y;                        /*变量x与y相加的和送给z*/
  return(z);                    /*返回z的值送给add*/
}
```

运行结果：

```
sum=a+b=7
```

从本例中可以看到，C 语言程序有如下特点：

1. C 程序由函数组成

C 语言源程序由若干个函数组成，函数是 C 程序的基本单位。组成程序的若干函数中必须有且仅有一个名为 main 的函数。例 1.1 中包含两个函数：main()和 add()。因为在 main()函数中调用 add()函数，所以 main()为主函数，add()为被调用的函数。被调用函数可以是系统提供的库函数，如例 1.1 中的 printf()函数；也可以是用户根据需要自己定义的函数，如例 1.1 中的 add()函数。一个 C 程序可以包含零个到多个用户自定义函数。

2. C 语言函数由函数首部和函数体两部分组成

（1）函数的首部：这部分包括函数名、函数类型、参数名和参数类型。

例如，例 1.1 中 add()函数的说明部分如下：

```
int        add        (int    x ,      int        y )
 ↓          ↓           ↓     ↓        ↓          ↓
函数类型   函数名     参数类型 参数名  参数类型    参数名
```

函数名后必须有一对圆括号"()"，这是函数的标志，函数类型是函数返回值的类型。参数类型就是形参类型。形参可以有也可以省略，形参省略时函数名后的一对圆括号不能省略，如 main()函数就没有参数。如果有参数，放在圆括号中，如 int add(int x,int y)。

参数类型的说明也可以放在圆括号外，是传统的函数说明形式，如：

```
add(x,y)
int x,y;
```

这种参数类型的说明形式和放在圆括号中的参数说明形式 int add(int x,int y)作用一样。

（2）函数体：由函数首部下面最外层的一对大括号中的内容组成。一个函数如果有多对大括号，则最外层的一对大括号中的内容为函数体的范围。

函数体一般包含变量定义（变量说明）和执行语句两部分。在例 1.1 中函数 main()中的 int a,b,sum; 是变量定义部分，其余是语句执行部分。

3. 函数 main()

C 程序必须有函数 main()，习惯上称其为主函数。C 语言程序总是从函数 main()开始执行，并且在函数 main()中结束，这与函数 main()在程序中的位置无关，函数 main()可以在整个程序的任意位置，通常把函数 main()放在程序中其他函数的前面。

4. C 程序书写格式自由

C 程序没有行号，书写格式自由，一行内可写多条语句，且语句中的空格和回车符均可忽略不计。一个语句也可以写在多行上，用"\"做续行符。

5. 程序中的每个语句后必须有一个分号

分号";"是 C 语句的一部分。例如，sum=a+b; 分号不可少，即便是程序的最后一个语句也应包含分号。

6. C 语言本身没有输入、输出语句

输入和输出的操作是由库函数 scanf()和 printf()等来完成的。C 语言对输入、输出实行"函数化"。

7. 可以在 C 程序的任何部分加注释，以提高程序的可读性

注释使程序变得清晰，能帮助使用者阅读和理解程序。给程序加注释是一个良好的编程习惯。C 语言注释部分由"/*"开始，至"*/"结束，注释应括在"/*"和"*/"之间，"/"和"*"之间不允许留有空格。注释部分允许出现在程序中的任何位置。注释可为若干行，但不允许在"/*""*/"中间又出现"/*"和"*/"注释。

下面介绍几个简单的 C 语言程序，以便对 C 程序结构有进一步的了解。

【例 1.2】最小的 C 程序例。

```
main()
{}
```

这是一个最小的 C 程序，什么也不做，但这是符合 C 语言函数规定的程序，有 main()组成的函数的首部和一对大括号中无任何内容的函数体。这个程序在计算机上运行时没有错误，因为函数体是空的，这个 C 程序什么也不做。

【例 1.3】函数 C 程序例。

```
main()                              /*主函数*/
{
Printf("This is a C program.");
}
```

运行结果:

```
This is a C program.
```

这个程序的函数 main()的函数体中有一个输出函数 printf()，在计算机上运行时 printf()按照原样向显示屏幕输出双引号中的字符串，本程序的字符串是英文句子 This is a C program.。

【例 1.4】编写 C 语言程序求键盘输入的两个数中较小的数，并且将其输出到屏幕上。

```
main()                              /*主函数*/
{
  int a,b,c;                        /*说明 3 个变量 a、b 和 c*/
  printf("Input two integers:");    /*输出一行提示信息*/
  scanf("%d,%d",&a,&b);             /*键盘输入两个数值送给 a 和 b 变量*/
  c=min(a,b);                        /*调用 min()函数，运行结果送给 c 变量*/
  printf("min=%d",c)                /*输出 c 变量的值*/
}
int min(int x,int y)                /*定义 min()函数，x、y 为形参 */
{
  int z;
  if(x<y) z=x;                      /*条件语句: 如果 x 小于 y 成立 z=x，否则 z=y*/
  else z=y;
  return(z);                        /*将 z 的值返回，通过 min()函数带回调用处*/
}
```

当运行上面这个程序时，首先，屏幕上显示一条提示信息:

```
Input two integers:
```

要求用户从键盘输入两个整数。如果用户输入 3 和 5，即:

```
Input two integers: 3,5 ↙
```

这里，符号↙表示按【Enter】键，显示输入的结束。此时屏幕显示运行结果:

```
min=3
```

本程序包括主函数 main()和被调用的函数 min()。程序执行 scanf()函数时，操作员由键盘输入两个整数值送给 a 和 b 变量。程序执行 c=min(a,b) 时，调用函数 min()，将 a 的值送给 x，b 的值送给 y。程序转到 min()函数执行，min()函数中的 if 语句的作用是将 x 变量和 y 变量中的较小值赋给 z 变量。return 语句的作用是将 z 变量的值返回给函数 min()，同时程序返回主函数执行，再将 min()函数值送给 c 变量。最后再 printf()函数输出 c 变量的值到屏幕。

1.2　C 语言的基本符号

本节主要介绍 C 语言中的基本符号、用户标识符、保留字以及预定义标识符，以便读者在编写 C 语言程序时，能够正确使用基本符号和标识符，避免使用非法字符。

1.2.1 基本符号集

C语言的基本符号是指在C程序中可以出现的字符，主要由ASCII字符集中的字符组成，包括阿拉伯数字、大小写英文字母、特殊符号、转义字符和键盘符号等。这些字符多数是可以见到的，对于不可见的字符（如回车符），C语言规定用转义字符来表示，转义字符将在本书2.2节介绍。

C语言的基本符号包含以下几部分：

（1）阿拉伯数字10个：0，1，2，3，…，9。

（2）大小写英文字母各26个：A，B，C，…，Z，a，b，c，…，z。

（3）下画线：_。

（4）特殊符号，主要是指运算符和操作符，它通常是由1~2个特殊符号组成：+、-、*、/、%、<、<=、>、>=、==、!=、&&、||、!,，、&、|、~、=、++、--、? :、<<、>>、()、[、]、.、->、+=、-=、*=、/=、%=、&=、^=、|=、^、#、sizeof。

1.2.2 标识符

标识符是一个在C语言中作为名字的字符序列，用来标识变量名、类型名、数组名、函数名、文件名等。其实标识符就是一个名字，C语言规定了标识符的命名规则。C语言的标识符可分为用户标识符、保留字和预定义标识符共3类，有些教材称保留字为关键字。

1. 用户标识符

用户可以根据需要对C程序中用到的变量、符号常量、自定义的函数或文件指针进行命名，形成用户标识符，这类标识符的构成规则如下：

（1）一个标识符由英文字母、数字、下画线组成，且第一个字符不能是数字，必须是字母或下画线。例如，a、_A、aBc、x1z、y_3都是合法的标识符，而123、3_ab、#abc、!45、a*bc都是非法标识符。

（2）标识符中大、小写英文字母的含义不同，如SUM、Sum和sum代表3个不同的标识符，这一点一定要注意。

（3）C语言本身并没有要求标识符的长度，不同的C编译系统允许包含的字符个数有所不同，通常可以识别前面8个字符。但是，在任何计算机上，所能识别的标识符的长度总是有限的，有些系统可以识别长达31个字符的标识符（如VAX-11 VMSC），而有些系统只能识别8个字符长度的标识符，这意味着即使第9个字符不同，只要前8个字符一样，系统也认为是同一个标识符，如Category1和Category2。因此，为了避免出错和增加可移植性，最好使标识符前8个字符有所区别。

（4）用户取名时，应当尽量遵循"简洁明了"和"见名知意"的原则。一个好的程序，标识符的选择应尽量反映出所代表对象的实际意思。例如，表示"年"可以用year，表示"长度"可以用length，表示加数的"和"可以用sum等，这样的标识符增加了可读性，使程序更加清晰。

2. 保留字

保留字是C语言编译系统固有的，用做语句名、类型名的标识符。C语言共有32个保留字，每个保留字在C程序中都代表着某一固定含义，所有保留字都要用小写英文字母表示，且这些保留字都不允许作为用户标识符使用。

C 语言的保留字如表 1-1 所示。

表 1-1　C 语言保留字

描述数据类型定义	typedef、void
描述存储类型	auto、extern、register、static、volatile
描述数据类型	char、const、double、float、int、long、short、signed、struct、union、unsigned、enum
描述语句	break、case、continue、default、do、else、for、goto、if、return、sizeof、switch、while

注意：① 所有保留字都用小写字母表示。② 用户自定义的常量名、变量名、函数名和类型名不能使用上述保留字。

3. 预定义标识符

预定义标识符在 C 语言中都具有特定含义，如 C 语言提供的编译处理预命令#define 和 #include。C 语言语法允许用户把这类标识符做其他用途，但这将使这些预定义标识符失去系统规定的原意。鉴于目前各种计算机系统的 C 语言已经把这类标识符作为统一的编译预处理中的专用命令名使用，因此为了避免误解，建议用户不要把这些预定义标识符另做它用或将它们重新定义。

1.3　算法及其描述方法

在程序设计过程中，算法设计的正确与否直接决定着程序的正确性，算法的好坏直接影响着程序的最终质量，因此，设计一个正确、高效的算法是完成一个优秀程序的基本前提，本节在介绍算法、算法的特性的同时，又简单介绍了几种常用的算法描述方法。

1.3.1　算法的概念

1. 算法

在日常生活中，我们每做一件事，都要遵循一定的方法，如要到某一个地方，要按照某一条路线去，乘什么车，在什么地方下车，这就是解决问题的方法即算法。程序设计也是如此，编写一个程序，首先要设计算法，依据此算法进行编程。那么，什么是算法呢？著名计算机科学家沃思（N.Wirth）对程序有如下的描述：

程序=数据结构+算法

这个描述说明一个程序由两部分组成。

（1）对数据的描述和组织形式，即数据结构（data structure）。

（2）对操作或行为的描述，即操作步骤，也就是算法（algorithm）。

数据是操作的对象，操作的目的是对数据进行加工处理。编写一个程序的关键就是合理地组织数据和设计算法。所谓算法，就是一个有穷规则的集合，规则确定了一个解决某一特定类型问题的运算序列。简单地说，算法就是为解决一个具体问题而采取的确定的有限操作步骤。这里的算法指的是计算机算法。

2. 算法的特性

算法必须具备如下 5 个特性：

（1）有穷性：一个算法必须总是在执行有限步之后结束。有穷性也称为有限性，就是指算法的操作步骤是有限的，每一步骤在合理的时间范围之内完成，计算机执行一个算法要上百年才结束，这虽然是有穷的，但是超过了合理的限度，也不能视为有效的算法。

（2）确定性：算法中每条指令的含义必须明确，不允许有歧义性。例如，规定输入值大于 0 时，输出正值；输入值小于 0 时，则输出负值。当程序执行时，如果输入 0 值，就会产生不确定性，因为没有规定输入 0 值时的输出。

（3）有效性：有效性也称为可行性，算法中的每一个操作步骤都能有效地执行，且能得到确定的结果。例如，对一个负数取对数就是一个无效的步骤。

（4）输入：一个算法有零个或多个输入，即在执行算法时，有时需要从外界输入数据，有时不需要从外界输入数据。如果算法是计算整数 1～n 的累加和，但 n 是不确定的，那么这就需要由外界输入 n 的值。如果算法是计算整数 1～100 的累加和，就不需要由外界输入数据。

（5）输出：一个算法有一个或多个输出。算法的目的就是为了求"解"。无任何输出的算法是没有任何意义的。

3．算法的组成要素

算法含有以下两大要素：

（1）操作：每个操作的确定不仅取决于问题的需求，还取决于它们取自哪个操作集，它与使用的工具系统有关。例如，算盘上的操作集由进、退、上、下和去等组成；做菜的操作集包括煎、炒、炸、煮等。计算机算法要由计算机实现，组成它的操作集是计算机所能进行的操作。在高级语言中所描述的操作主要包括各种运算，如算术运算、关系运算、逻辑运算、函数运算、位运算和 I/O 操作等，计算机算法是由这些操作组成的。

（2）控制结构：每一个算法都是由一系列的操作组成。同一操作序列，不同的执行顺序，就会得出不同的结果。控制结构即如何控制组成算法的各操作执行的顺序。在结构化程序设计中，一个程序只能由 3 种基本控制结构组成。这 3 种基本控制结构可以组成任何结构的算法，解决任何问题。

3 种基本控制结构如下：

（1）顺序结构：顺序结构中的语句是按书写的顺序执行的，即语句执行顺序与书写顺序一致。这是一种最简单的结构，不能处理复杂问题。

（2）选择结构：最基本的选择结构是当程序执行到某一语句时，要进行判断，从两种路径中选择一条。计算机的判断能力就是通过选择结构实现的。

（3）循环结构：这种结构是将一条或多条语句重复地执行若干次。这种结构充分利用了计算机速度快的优势，将复杂问题用循环结构来实现。

1.3.2 算法的描述方法

进行算法设计时，可以用不同的算法描述工具。常用的有自然语言、传统流程图、N–S 结构化流程图等。

1．自然语言表示

自然语言就是人们日常生活中使用的语言，可以用汉语、英语和数学符号等，它比较符合人们日常的思维习惯，通俗易懂，但文字冗长，不易直接转化为程序，易产生歧义。

【例 1.5】用自然语言描述求 $n!$ 的算法。

问题分析：$n!=1×2×3×4×\cdots×n$，因此计算 $n!$ 可用 n 次乘法运算来实现。每次在原有结果的基础上乘上一个数，而这个数是从 1 变化到 n 的，用自然语言描述该算法如下：

S1：输入 n 的值。

S2：如果 $n<0$，则打印"输入错"提示信息，转去执行 S4。

S3：如果 $n\geq 0$，则

　　S3.1：给存放结果的变量 fact 置初值 1。

　　S3.2：给代表乘数的变量 i 置初值 1。

　　S3.3：进行累乘运算 fact=fact*i。

　　S3.4：乘数变量 i 加 1，得到下一个乘数的值，$i=i+1$。

　　S3.5：如果 i 未超过 n，则重复执行步骤 S3.3 和 S3.4，否则执行步骤 S3.6。

　　S3.6：输出 fact 的值。

S4：结束算法。

2．流程图表示

流程图是一个描述程序的控制流程和指令执行情况的有向图，它是程序的一种比较直观的表示形式，美国国家标准化协会（ANSI）规定了图 1-1 所示的符号作为流程图常用符号。

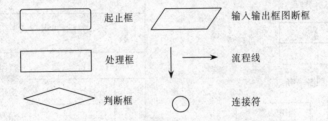

图 1-1　传统流程图常用符号

结构化程序设计的 3 种基本控制结构的流程图如图 1-2 所示。

用传统流程图描述例 1.5 求 $n!$ 的算法，如图 1-3 所示。

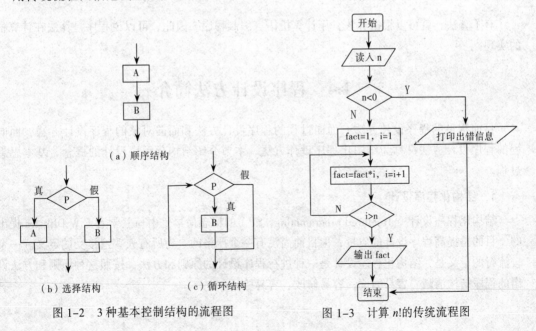

图 1-2　3 种基本控制结构的流程图　　　　图 1-3　计算 $n!$ 的传统流程图

从图中可以看出：用传统流程图描述算法的优点是形象直观，各种操作一目了然，不会产生"歧义性"，便于理解，算法出错时容易发现，并可直接转化为程序。缺点是所占篇幅较大，由于允许使用流程线，过于灵活，不受约束，使用者可使流程任意转移，从而造成阅读和修改上的困难，不利于结构化程序的设计。

3．N–S 结构化流程图表示

N–S 结构化流程图是 1973 年美国学者 I.Nassi 和 B.Schneiderman 提出的一种新的流程图形式。N–S 图是以两位学者名字的首字母命名的。它的最重要的特点就是完全取消了流程线，全部算法在一个矩形框内，这样算法只能从上到下顺序执行，从而避免了算法流程的任意转向，保证了程序的质量。另外 N–S 图形象直观，节省篇幅，尤其适于结构化程序的设计。用 N–S 图表示的 3 种基本控制结构如图 1–4 所示。在结构化程序设计中，N–S 图由 3 种基本控制结构组成。用 N–S 图描述例 1.5 求 $n!$ 的算法，如图 1–5 所示。

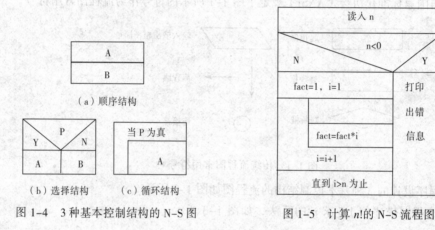

图 1–4　3 种基本控制结构的 N–S 图

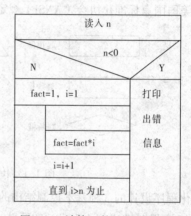

图 1–5　计算 $n!$ 的 N–S 流程图

有了算法，就可以根据算法，用计算机语言编制程序。因此，可以说程序是算法在计算机上的实现。

1.4　程序设计方法简介

目前常见的程序设计方法有面向过程的程序设计方法和面向对象的程序设计方法，面向过程的程序设计方法又称为结构化程序设计方法，本节介绍结构化程序设计的概念、基本思想和过程。

1．结构化程序设计

结构化程序设计（structured programming，SP）的概念最早是由荷兰学者 E.W.Dijkstra 提出来的，目的是提高程序设计的质量，但目前尚没有一个严格的、为所有人普遍接受的定义。一个比较流行的定义是，结构化程序设计是一种进行程序设计的原则和方法，按照这种原则和方法设计出的程序结构清晰、容易阅读、容易修改、容易验证。

按照结构化程序设计方法的要求，结构化的程序由 3 种基本控制结构组成：顺序结构、选择结构和循环结构。

2．结构化程序设计的基本思想

（1）采用顺序、选择和循环 3 种基本结构作为程序设计的基本单元，避免无限制地使用 goto 语句而使流程任意转向。

（2）3 种基本结构均具有如下良好特性：

- 只有一个入口。
- 只有一个出口。
- 无死语句，即不存在永远都执行不到的语句。
- 无死循环，即不存在永远都执行不完的循环。

（3）程序设计采用"自顶向下，逐步求精，模块化设计，结构化编码"的方法。程序设计时，首先考虑程序的总体结构，按程序实现的功能再细分若干个子问题，如果子问题还包含子问题，则再细化，直到每一个细节均可以用高级语言清楚地表达为止。这个过程就是"自顶向下，逐步求精"。每个子问题都作为子程序，在 C 语言中用函数表示，又称为模块。这种设计方法层次分明、思路清楚、有条不紊的一步一步地进行设计，既严谨又方便。

3．结构化设计程序的过程

下面举例说明用结构化程序设计方法设计程序的过程。（S1，S2，S3 表示第 1 步，第 2 步，第 3 步。）

【例 1.6】 求 3 个数中的最大数。

（1）首先很容易给出程序的总体设计算法。

S1：给定或输入 3 个数 a、b、c。

S2：在 a、b、c 中找出大数赋给 max。

S3：输出 max。

（2）对第二步需进一步细化，即求最大数的设计算法。

S2.1：从 a、b 中取大数赋给 max。

S2.2：再用 max 与 c 进行比较，取较大的赋值给 max。

将①、②用流程图描述，如图 1-6 所示。

（3）用计算机语言实现算法。

```
main()
{
  int a,b,c,max;
  a=3;b=7;c=5;            /*s1,也可以使用 scanf()对 a、b、c 赋值*/
  if(a>b)                 /*s2.1*/
    max=a;
  else
    max=b;
  if(max<c)               /*s2.2 */
    max=c;
  printf("max=%d\n",max);  /*s3*/
}
```

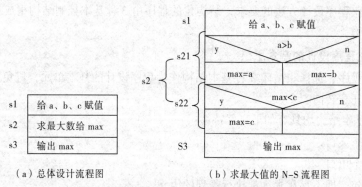

（a）总体设计流程图　　　　　　（b）求最大值的 N-S 流程图

图 1-6　例 1.6 的流程图

1.5　C 程序的开发环境

C 语言是一种编译型的程序设计语言。一个 C 程序要经过编辑、编译、连接和运行 4 个步骤，才能得到程序的运行结果。

1．编辑

编辑是指对 C 语言源程序的输入和修改。将编辑好的源程序以文本文件的形式存放在磁盘上，文件名由用户自己设置，扩展名一般为 c，如 file.c 等。编辑程序所使用的软件就是可以提供给用户用来输入和修改源程序的书写环境，如 Windows 系统提供的记事本、Turbo C 的集成开发环境以及 Visual C++集成开发环境等，都可以用来编写 C 源程序。

2．编译

编译是指把 C 源程序翻译成二进制目标程序的过程。编译程序自动对源程序进行语法检查，当发现错误时，就将错误的类型和错误的位置显示出来，以帮助用户修改源程序中的错误。如果未发现语法错误，就自动形成目标代码并对目标代码进行优化后生成目标文件。

3．连接

连接也称链接，是指用连接程序将编译过的目标文件和程序中用到的库函数连接在一起，生成可执行文件。

4．运行

运行是指将可执行的目标文件调入内存并使之执行。

上述 4 个步骤的执行顺序如图 1-7 所示。图中，带箭头的实线表示操作流程，带箭头的虚线表示操作所需要的条件和产生的结果。

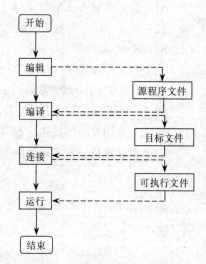

图 1-7　C 程序的上机步骤

下面分别就 Turbo C 2.0 和 Visual C++ 6.0 不同环境下运行 C 程序的方法进行简单介绍。

1.5.1　Turbo C 2.0 集成开发环境

进入 Turbo C 2.0 系统需要调用 tc.exe 文件，可以在 DOS 平台下，在 tc 子目录下输入 tc，按【Enter】键，进入 Turbo C 2.0；也可以在 Windows 平台下，打开 tc 文件夹，双击 tc.exe 应用程序，进入 Turbo C 2.0。

1. Turbo C 2.0 的工作窗口

打开 Turbo C 2.0 后，会显示 Turbo C2.0 的版本信息框，用户只需按任意键，此信息框就会关闭。启动后的 Turbo C 2.0 的工作窗口如图 1-8 所示。

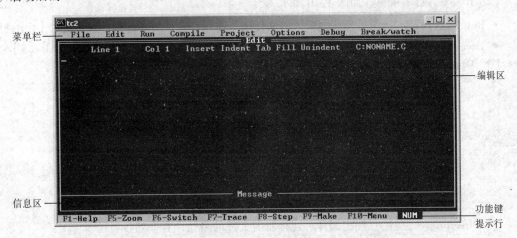

图 1-8　Turbo C 的工作窗口

Turbo C 2.0 窗口包括的内容如下：

（1）菜单栏：包括 File（文件）、Edit（编辑）、Run（运行）、Compile（编译）、Project（项目）、Options（选项）、Debug（调试）、Break/watch（断点/监视）主菜单。除 Edit 项外每一个主菜单还有相应的子菜单，只要按【Alt】键的同时按某项中第一个字母，就可进入该项的子菜单中。通过菜单可以实现相应的操作。

（2）编辑区：正上方有 Edit 字符作为标志。编辑窗口的作用是对 Turbo C 源代码进行输入和修改。该窗口的上部有一行说明性标志，如 Line 1 和 Col 1，它们表示当前光标的位置。在该行的最右边显示当前正在编辑的源程序的文件名（默认的文件名为 NONAME.C）。

（3）信息区：Message 字符标记以下的区域。

（4）功能键提示行：提示一些功能键（快捷键）的作用。

2. Turbo C 2.0 常用命令的功能

（1）File（文件）菜单，如图 1-9 所示。

- Load（加载）：装入一个文件，可用类似 DOS 的通配符（如*.C）来进行列表选择。也可装入其他扩展名的文件，只要给出文件名（或只给路径）即可。其热键为【F3】。
- New（新文件）：创建一个新文件，默认文件名为 NONAME.C，保存时可改名。
- Save（保存）：将编辑区中的文件保存，若文件名是 NONAME.C 时，

图 1-9　File 菜单

将询问是否改名。其热键为【F2】。

- Write to（另存为）：将编辑区中的文件保存，可由用户给出文件名，若该文件已存在，则询问是否覆盖。
- Quit（退出）：退出 Turbo C 2.0，返回到 DOS 操作系统中。其热键为【Alt+X】。

说明：

Turbo C 2.0 所有菜单均可用光标键移动来进行选择，按【Enter】键则执行，也可用每一项的第一个大写字母直接选择。若要退到主菜单或从它的下一级菜单退回均可用【Esc】键。

（2）Run（运行）菜单，如图 1-10 所示。

- Run（运行程序）：先对当前编辑区的文件进行编译、连接后才运行。其热键为【Ctrl+F9】。
- User screen（用户屏幕）：显示程序运行时在屏幕上显示的结果。其热键为【Alt+F5】。

（3）Options（运行环境设置）菜单，如图 1-11 所示。

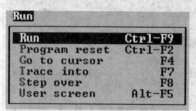

图 1-10　Run 菜单

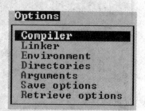

图 1-11　Options 菜单

① Directories（路径）：规定编译、连接所需文件的路径，有下列各项：

- Include directories：包含文件的路径，多个子目录用“;”分开。
- Library directories：库文件路径，多个子目录用“;”分开。
- Output directoried：输出文件（.obj、.exe 和.map 文件）的目录。
- Turbo C directoried：Turbo C 所在的目录。

② Save options（保存设置）：将用户进行的设置保存起来，生成配置文件，默认的文件名是 TCCONFIG.TC。

3. 编辑并运行 C 程序

我们以创建一个名为 hello.c 的 C 语言源程序为例，介绍如何在 Turbo C 集成开发环境中创建一个新程序并使之运行的步骤。

进入 Turbo C 工作窗口后，按【F3】键，即可在随之出现的框中输入文件名，文件名可以带“.c”也可以不带（此时系统会自动加上）。输入文件名后，按【Enter】键，即可将文件调入，如果文件不存在，就创建一个新文件（也可用下面例子中的方法输入文件名）。系统随之进入编辑状态，就可以输入或修改源程序了。源程序输入或修改完毕以后，按【Ctrl+F9】组合键，则进行编译、连接和执行，这 3 项工作是连续完成的。

创建并执行程序的步骤如下：

（1）进入 Turbo C 集成开发环境，通过键盘输入如下程序，如图 1-12 所示。

```
void main()                  /*主函数*/
{
  printf("Hello, world!\n");   /*输出语句*/
  printf("I am a student.");   /*输出语句*/
}
```

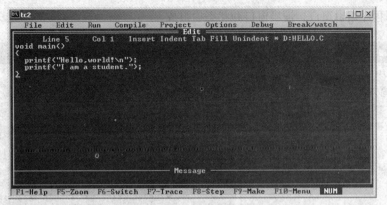

图 1-12 在 Turbo C 中输入源程序

（2）保存程序：在编辑窗口下，可以使用 File 菜单中的 Save 命令保存文件，也可直接按【F2】键将文件保存。此时，系统将弹出一个 Rename NONAME 对话框，这里将创建一个名为 hello.c 的文件，如图 1-13 所示。

图 1-13 程序命名保存

（3）编译、连接并运行程序：按【Ctrl+F9】组合键对源程序进行编译，若显示信息 Success:press any key，则表示编译成功。如果编译时产生警告 Warning 或出错 Error 信息，会显示在屏幕下部的信息窗口中，可按提示对源程序进行修改，重新进行编译。经编译无误后，这时屏幕会出现一个连接窗口，显示 Turbo C 正在连接程序所需的库函数。连接完毕后，屏幕会突然一闪，又回到编辑窗口，此时可按【Alt+F5】组合键切换到程序输出窗口，查看输出结果。再按任意键，即可又回到编辑窗口。

这时，在磁盘上生成了 3 个文件：hello.c、hello.obj、hello.exe。其中，文件 hello.c 是 C 语言源文件；文件 hello.obj 是 Turbo C 编译程序产生的二进制机器指令目标文件（目标代码）；文件 hello.exe 是 Turbo C 连接程序后产生的可执行文件。

程序运行结果：

```
Hello, world!
I am a student.
```

1.5.2 Microsoft Visual C++ 6.0 的集成开发环境

要启动 Visual C++，先单击任务栏中的"开始"按钮，选择"程序"选项，找到 Microsoft Visual Studio 6.0 文件夹后，选择其中的 Microsoft Visual C++ 6.0 命令，就可以启动 Visual C++。

1. Visual C++ 6.0 的用户界面

进入 Visual C++ 用户集成开发界面，如图 1-14 所示。该界面由标题栏、菜单栏、工具栏、工作区窗口、源程序编辑窗口、输出窗口和状态栏组成。

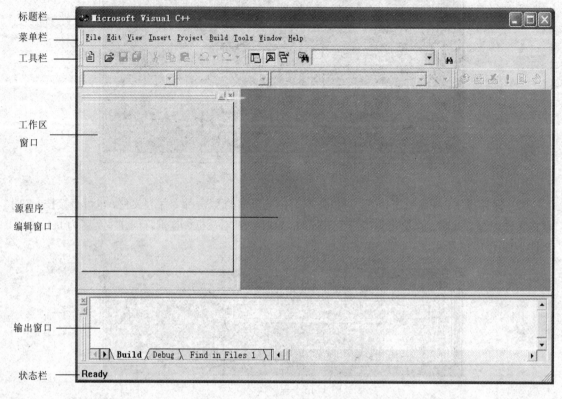

标题栏
菜单栏
工具栏
工作区
窗口
源程序
编辑窗口
输出窗口
状态栏

图 1-14　Visual C++6.0 开发环境

屏幕最上端是标题栏。标题栏用于显示应用程序名和所打开的文件名。标题栏的下面是菜单栏和工具栏。工具栏的下面是两个窗口，一个是工作区窗口，一个是源程序编辑窗口。工作区窗口的下面是输出窗口，它用于显示项目创建过程中所产生的各种信息。屏幕最底端是状态栏，它给出当前操作或所选择命令的提示信息。

2. Visual C++ 6.0 集成开发环境常用命令的功能

（1）File（文件）菜单，如图 1-15 所示。

- New：弹出 New 对话框。
- Open：弹出"打开"对话框，选择需要的程序并加载到内存中。
- Save：将编辑区中的文件保存。
- Save as：弹出"保存为"对话框，可由用户给出文件名将编辑区中的文件保存，若该文件已存在，则询问是否覆盖。

（2）Build（编译）菜单，如图 1-16 所示。

- Compile hello.c：编译当前编辑区正在编辑的程序，即 hello.c。
当编译通过后，Build 菜单会发生变化，所图 1-17 所示。
- Build hello.exe：创建 hello.exe 可执行文件。
- Execute hello.exe：执行 hello.exe 可执行文件。

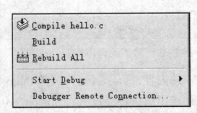

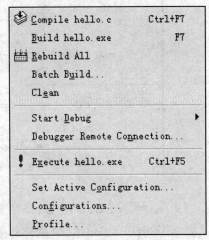

图 1-15　File 菜单　　　　　图 1-16　Build 菜单　　　　图 1-17　编译成功后的 Build 菜单

3. 编辑并运行 C 程序

这里仍然以创建一个名为 hello.c 的 C 语言源程序为例，介绍在 Visual C++ 6.0 集成开发环境中创建一个新程序并编译、运行的过程。

（1）创建 C 语言源程序：选择 File 菜单中的 New 命令，在 New 对话框中单击 File 标签，选择 C++ Source File 选项，如图 1-18 所示。在右边的 File 编辑框中为文件指定一个名字，如 hello.c，如果不指定文件的后缀，系统将自动为其加上后缀.cpp。新的空白文件将自动打开，在源程序编辑窗口输入图 1-19 所示的程序。

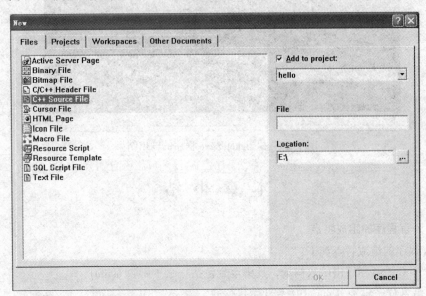

图 1-18　New 对话框

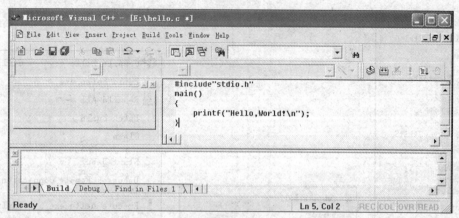

图 1-19　输入源程序

（2）编译程序：编辑结束后，检查输入的内容，确认无误后，选择 Build 菜单中的 Compile hello.c 命令。如果编译没有错误，在屏幕下方的输出窗口将会显示 "hello.obj – 0 error(s), 0 warning(s)" 信息。如果在编译时得到错误或警告，用鼠标双击输出窗口中显示的编译错误，光标自动移动到源程序错误发生的相应位置，改正错误，再重新编译，直到编译通过为止。

（3）运行程序：编译成功后，选择 Build 菜单中的 Execute hello.exe 命令执行程序。程序运行后，将在一个类似于 DOS 的窗口中输出结果，如图 1-20 所示。在输出结果的下面显示 Press any key to continue，提示按任意键退出当前运行的程序，回到 Visual C++ 6.0 的开发环境中。

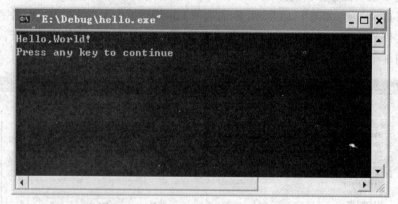

图 1-20　执行 hello.exe 程序的输出结果

本 章 小 结

1．C 语言程序的组成特点

C 语言程序的组成特点如下：

（1）一个 C 语言程序由函数构成，其中至少包括一个主函数 main()。

（2）C 语言程序总是由 main() 函数开始执行的。

（3）分号 ";" 是 C 语句的一部分。

（4）一行内可写多条语句，且语句中的空格和回车符均可忽略不计。

（5）程序的注释部分在"/*"和"*/"之间，"/"和"*"之间不允许留有空格。注释允许出现在程序中的任何位置上。

2．标识符

C 语言的标识符可分为保留字、预定义标识符和用户标识符 3 类。

用户根据需要对 C 程序中用到的变量、符号常量、自定义函数或文件指针进行命名，形成标识符。C 语言中，标识符的命名规则如下：

（1）用户标识符由英文字母、数字、下画线组成。第一个字符不能是数字，必须是字母或下画线。

（2）标识符大小写字母不通用，保留字全部用小写字母。

（3）标识符中所允许包含的字符个数因不同的 C 编译系统而有所不同，通常可以识别前面 8 个字符。

（4）大多数高级语言都规定用户标识符必须以字母开始，而 C 中仅规定了不得用数字开始，因此以下画线开始的数字也是正确的变量名。

（5）C 语言提供了大量的库函数和头文件，这些库函数名和头文件中定义的一些标识符都统称为预定义标识符。C 语言允许用户定义的标识符和这些预定义标识符相同，但这些预定义标识符将失去原有的作用。例如，一旦用户把 printf 说明为整型变量，则程序中将不能再调用 printf() 进行输出。因此，用户取名时应该注意尽量避免和预定义标识符重名（除非有特殊需要）。

3．结构化程序设计方法

（1）算法的概念：简单地说，算法就是为解决一个具体问题而采取的确定的有限操作步骤。这里的算法指的是计算机算法。

算法必须具备 5 个特性：有穷性、确定性、有效性、输入和输出。

进行算法设计时，可以用不同的算法描述工具。常用的有自然语言、传统流程图、N-S 结构化流程图等。

（2）结构化的程序由 3 种基本控制结构组成：顺序结构、选择结构和循环结构。

结构化程序设计的基本思想：采用顺序、选择和循环 3 种基本结构作为程序设计的基本单元，避免无限制地使用 goto 语句而使流程任意转向；3 种基本结构均具有如下良好特性，即只有一个入口，只有一个出口，无死语句，无死循环；程序设计采用"自顶向下，逐步求精，模块化设计，结构化编码"的方法。

4．C 程序的开发环境

C 语言是一种编译型的程序设计语言。在 Turbo C 2.0 和 Visual C++ 6.0 两种不同的环境下，一个 C 程序都要经过编辑、编译、连接和运行 4 个步骤，才能得到程序的运行结果。

（1）编辑：对 C 语言源程序的输入和修改，最后以文本文件的形式存放在磁盘上。

（2）编译：把 C 源程序翻译成二进制目标程序。

（3）连接：用连接程序将编译过的目标文件和程序中用到的库函数连接在一起，生成可执行文件。

（4）运行：将可执行的目标文件调入内存并使之运行。

习 题 一

一、选择题

1. 以下各组标识符中，不能作为合法的 C 语言用户定义标识符的是（ 1 ）、（ 2 ）、（ 3 ）、
   （ 4 ）。
   （1）A. a3_b2　　　　B. void　　　　C. _123　　　　D. IF
   （2）A. For　　　　　B. printf　　　　C. WORD　　　D. sizeof
   （3）A. answer　　　　B. to　　　　　C. signed　　　D. _if
   （4）A. putchar　　　　B. _double　　　C. 123_　　　　D. INT

2. 下列各组字符序列中，可用做 C 语言标识符的一组字符序列是（　　　）。
   A. S.b，sum，average，_above　　　　B. class，day，lotus_1，2day
   C. #mid，&12x，month，student_n1　　D. D56，r_1_2，name，_st_l

3. 算法有 5 个特性，下列选项中不属于算法特性的是（　　　）。
   A. 有穷性　　　　B. 简洁性　　　C. 可行性　　　D. 确定性

4. 下列叙述中错误的是（　　　）。
   A. 算法正确的程序一定会结束　　　B. 算法正确的程序可以有零个输出
   C. 算法正确的程序可以有零个输入　D. 算法正确的程序对于相同的地输入一定有相同的结果

5. 在算法中，对需要执行的每一步操作，必须给出清楚、严格的规定。这属于算法的（　　　）。
   A. 正当性　　　　B. 可行性　　　C. 确定性　　　D. 有穷性

6. 对于一个正常的 C 程序，下列叙述中正确的是（　　　）。
   A. 程序的执行总是从 main()函数开始，在 main()函数结束
   B. 程序的执行总是从第一个函数开始，在 main()函数结束
   C. 程序的执行总是从 main()函数开始，在程序的最后一个函数中结束
   D. 程序的执行总是从程序中的第一个函数开始，在程序的最后一个函数中结束

7. C 语言源程序名的后缀是（　　　）。
   A. .exe　　　　　B. .c　　　　　C. .obj　　　　D. .cp

8. 下列叙述中正确的是（　　　）。
   A. C 程序的注释只能出现在程序的开始位置和语句的后面
   B. C 程序书写严格，要求一行内只能写一个语句
   C. C 程序书写格式自由，一个语句可以写在多行上
   D. 用 C 程序编写的程序只能放在一个程序文件中

9. C 语言源程序的基本单位是（　　　）。
   A. 过程　　　　B. 函数　　　C. 子程序　　　D. 标识符

10. 在一个程序中，main()函数出现的位置是（　　　）。
    A. 必须在程序的最后　　　　　　　　B. 可以在任何地方
    C. 必须在系统调用的库函数的后面　　D. 必须在程序的最前面

二、填空题

1. C 语言程序经过编译后生成文件的扩展名是_____。

2. Visual C++ 6.0 中对编译后产生的文件进行连接生成的文件的扩展名是_____。

3. 下面程序用 scanf()函数从键盘接收两个整数，用 printf()函数输出两个变量的值，请在画线处填上正确的内容。

```
main()
{ _____ ;
  scanf("%d,%d",&a,&b);
  printf("%d,%d",_____ );
}
```

三、编程题

1. 输入两个整数 20 和 30，编写程序用 printf()函数输出这两个数的和。

2. 编写程序在屏幕上输出下列信息：

```
This is a C Program!
```

3. 找出下列程序中的错误，并上机调试验证。

程序 1：

```
main()
{
  int a;
  scanf("%d" &a);
  printf("%d",a);
}
```

程序 2：

```
main()
{
  int a,b;
  scanf("%d,%d",a,b);
  printf("a+b=%d",a+b);
}
```

程序 3：

```
main()
{
  int x,y;
  scanf("%d,%d",&x &y);
  printf("x*y=%d",a*b);
}
```

第 2 章　数据类型及其表达式

C 语言程序中的数据要区分类型安排在不同的存储单元中。C 语言程序中的数据类型是数据结构的表示形式，体现的是数据的操作属性，即不同数据类型的数据要进行不同的操作，在计算机中占用不同的存储空间，具有不同的取值范围和用途。

本章介绍 C 语言的基本数据类型：整型、浮点型、字符型，相应类型的变量和常量以及类型之间的转换，并介绍算术、赋值、逗号、关系和逻辑以及条件表达式的概念和使用。通过本章的学习，读者应该可以掌握 C 语言数据类型和运算的基本概念，为以后各章的学习打下基础。

2.1　数　据　类　型

数据是程序处理的对象，C 程序在处理数据之前，要求数据具有明确的数据类型。不同类型的数据在数据表示形式、合法的取值范围、内存中的存放形式以及可以参与的运算种类等方面有所不同。用户在程序设计过程中所使用的每个数据都要根据其不同的用途赋予不同的类型，一个数据只能有一种类型。在 C 语言中具有数据属性的量有常量、变量、函数值、函数参数、表达式等。C 语言的数据通常分为图 2-1 所示的类型。

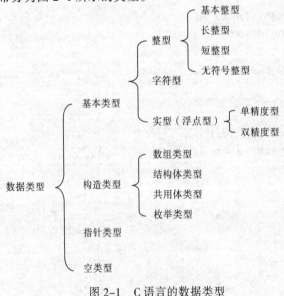

图 2-1　C 语言的数据类型

2.2　常　　量

常量是指在程序运行过程中其值不能被改变的量。在 C 语言中常量有数值常量、字符常量、字符串常量，这些数据（常量）在程序中不需预先说明就能直接引用。在 C 语言中使用的数值常量有两种：整型常量和实型常量，在 C 语言中还存在另外两种表现形式不同的常量：符号常量和转义字符。本节主要介绍这 4 种常量的表示和使用方法。

2.2.1　整型常量

1. 3 种进制的整型常量

计算机中的数据虽然最终都以二进制形式存储，但在 C 程序中为了方便，使用的整型常量都是用其他形式表示的，编译系统会自动将其转换为二进制形式存储。C 语言中有 3 种形式的整型常量：十进制整型常量、八进制整型常量和十六进制整型常量。

（1）十进制整型常量：以人们通常习惯的十进制整数形式给出，由 0～9 的数字序列组成，数字前可以带正负号，如：

```
12  -30
```

（2）八进制整型常量：就是八进制数。C 语言中凡是以数字 0 开头的，由 0～7 的数字序列组成的数字串都是八进制数，并且 0 后面只能是有效的八进制数字 0～7，若写成 9 就错了，因为 9 不是八进制数字，但 C 语言编译程序对此并不报错，程序将不会得到正确结果。例如：

```
0123        /*十进制 83*/
0400        /*十进制 256*/
```

（3）十六进制整型常量：就是十六进制数。C 语言中十六进制整数是以数字 0 和英文字母 x（或英文字母 X）开头的十六进制字符串。但 0x（或 0X）后面只能是有效的十六进制数字 0～9，a～f（或 A～F）。其中，a～f（或 A～F）表示十进制值 10～15，如：

```
0x123       /*十进制 291*/
-0x11       /*十进制-17*/
0xb         /*十进制 11*/
```

2. 整型常量的类型

C 语言中 3 种形式的整型常量又都可表示成短整型常量、长整型常量、无符号整型常量。短整型常量就是我们常用的普通整型常量或称为基本整型常量。对于不同类型的常量，主要区别除了表示形式不同外，其在计算机中能够表示的数值范围和储存时数据所占的字节数也是不同的。

（1）一个整型常量在计算机中能够表示的十进制数的范围是-32 768～32 767（对于无符号整常量为 0～65 535）；能够表示的八进制数的范围是-0100000～077777；能够表示的十六进制数的范围是-0x8000～0x7FFF。

一个整型数在计算机中以两个字节存储。

（2）为扩大整数的取值范围，C 语言提供了一种长整型数，长整型数由整型数后面紧跟大写字母 L（或小写字母 l）来表示，如 369L，-396L 等。

长整型数能够表示的十进制数的范围是-2 147 483 648～2 147 483 647。

一个长整型数在计算机中占 4 个字节。对于写法不同的 369L 和 369 在数值上没有区别，但在内存中占用的字节数不同，369L 在计算机中占 4 个字节，369 占 2 个字节。另外，36L、036L、

0x36L 虽然都是长整型数，由于是不同的计数制，它们表示的数值也不同。

（3）C语言提供无符号整型数，无符号整型数由整型数后面紧跟大写字母 U（或小写字母 u）表示，如 369U、396u 等。

无符号长整型数由整型数后面紧跟字母 LU、Lu、lU、lu 来表示。

一个无符号整型数在计算机中占 2 个字节，无符号长整型数在计算机中占 4 个字节。

2.2.2 实型常量

C语言中的实型常量就是实型数，因为计算机中的实型数以浮点形式表示，即小数点位置可以是浮动的，所以实型常量既可以称为实数，也可以称为浮点数。在 C 语言中实型常量只使用十进制表示。

C语言中的实型常量有两种表示形式：十进制小数形式和指数形式。例如，36.78，36.0，0.0 都是实型常量。

1．十进制小数形式

十进制小数形式由数字、小数点和可能的正负号组成，其中小数点是必须有的。例如：

```
0.123   .123   123.0   123.   0.0   -1.23
```

注意：如果没有小数点，则不能作为小数形式的实数。

2．指数形式

在实际应用中，有时会遇到绝对值很大或很小的数。这时候我们将其写成指数形式更方便、直观。指数形式也称科学计数法，用 e 或 E 表示指数，其一般形式如下：

$$ae\pm b$$

表示 $a \times 10^{\pm b}$，其中 a 是十进制数，b 必须是整数。例如：

```
345e+2      /*相当于345×10²*/
-3.2e+5     /*相当于-3.2×10⁵*/
.5e-2       /*相当于0.5×10⁻²*/
```

下面都是不合法的实型常量：

```
e3   .e3   e   2.1e3.5
```

因为，e3、.e3 和 e 中 e 前没有数字；2.1e3.5 中，e 后面是实数，应该是整数。

注意：在用指数形式表示实型数据时，字母 e 可以用大写 E 代替，指数部分必须是整数（若为正整数时，可以省略 "+" 号）。

3．实型常量的类型

（1）实型常量隐含按双精度型（double）处理。

（2）单精度实型常量由常量值后跟 F 或 f 来表示，如 3.69F，3.69e-2f 等。

2.2.3 字符常量

C语言的字符常量代表 ASCII 码字符集里的一个字符，C 语言中的字符常量在程序中要用单引号括起来，以便与一般的用户标识符区分。例如：

```
'a'、'b'、'x'、' '、'?'、'0'、'A'
```

字符常量两侧的一对单引号是必不可少的，如'3'是字符常量，而 3 则是一个整数；又如'a'是字符常量，而 a 则是一个标识符。

注意：

（1）'a'和'A'是不同的字符常量。

（2）单引号只是作为定界符使用，并不表示字符常量本身。

（3）两个单引号括起的字符不能是单引号（'）和反斜线（\），即'''和'\'是错误的表示形式，正确的单引号和反斜线的表示形式是'\''和'\\'。

C 语言规定，字符常量都具有数值，即字符常量都可以作为整数常量来处理（这里整数常量指的是相应字符的 ASCII 代码值），也就是字符常量可以参与算术运算。可以说字符常量在 C 语言中实际上就是一个正整数，如：

```
字  符        十进制（ASCII 代码值）
'a'            97
'A'            65
'5'            53
'?'            63
```

由于字符常量是个整数值，因此它可以像整数一样参加数值运算，例如：

```
a='D';
b='A'+5;
S='!'+'G';
```

它们分别相当于下列运算：

```
a=68
b=65+5
S=33+71
```

【例 2.1】字符常量举例。

```
main()
{
  char ch;
  ch='b';
  printf("%c,%d",ch,ch);
}
```

运行结果：

```
b,98
```

2.2.4　字符串

C 语言中的字符串（即字符串常量）是由一对双引号（" "）括起来的零个或多个字符的序列。注意，不要将字符常量和字符串混淆，如'a'与"a"在 C 语言中是两种不同类型的数据。

C 语言对字符串的长度不加限制，如：

```
"china"
"a"
"0123456789"
" "        /*引号中有一个空格*/
""         /*引号中什么也没有*/
```

字符串中不能包括双引号（"）和反斜线（\），双引号仅作为定界符使用，并不是字符串中的字符。例如：

```
"I say:"Goodbye!""
```

是错误的表示形式。正确的表示形式是：

```
"I say:\"Goodbye!\""
```

字符串在计算机内存中存储时，C 编译程序总是自动地在字符串的结尾加一个转义字符'\0'作为字符串的结束标志。它也是一字节代码，在 ASCII 码中，其代码值为 0。因此，长度为 n 个字符的字符串，在内存中占有 $n+1$ 字节的空间。由于 C 语言的字符串具有这种特性，所以一般称它为 C 语言字符串。例如，字符串"China"有 5 个字符，它存储于内存中时，占用 6 个字节空间。它在内存中的形式如图 2-2 所示。

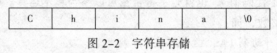

图 2-2　字符串存储

实际上，字符应当用对应的 ASCII 码表示，但为了方便，直接用字符本身表示。

了解了这一点，可以看出字符常量和字符串在表示形式和存储性质上是不同的。例如"a"和'a'是两个不同的常量。字符'a'占一个字节，而字符串"a"占两个字节。在内存中的形式分别如图 2-3（a）和图 2-3（b）所示。

（a）'a'的存储表示　　　　　　（b）"a"的存储表示

图 2-3　字符 a 不同形式的储存表示

字符串以'\0'结束这种形式表明，C 语言中的字符串长度是不受限制的，其长度可以根据'\0'来判断。但是，字符串中的'\0'，在输出时并不显示。

C 语言中没有专门存放字符串的变量，如果需要把字符串放到变量中，要使用字符数组处理。

【例 2.2】字符常量和字符串输出举例。

```
main()
{
  printf("%c,%s\n",'a',"a");
}
```

运行结果：

```
a,a
```

2.2.5　符号常量

在 C 语言中，常量也可以用一个标识符来命名，称为符号常量。为了便于与一般变量区分，符号常量一般用大写字母表示，变量用小写字母表示。符号常量在使用之前必须预先定义，其定义的一般格式如下：

```
#define 标识符 常量
```

例如：

```
#define PI 3.1415926
#define NULL 0
#define EOF -1
```

其中，PI、NULL 和 EOF 可以代替常量，它们代替的常量分别是 3.1 415 926、0 和-1。

#define 是宏定义，每个 #define 定义一个符号常量，并且占据一个书写行。使用 #define 时不要以分号结束，它不是一个语句，而是通知编译系统的预处理命令，使得在编译程序时，将程序中所有该符号都用所定义的常量替换。

【例 2.3】符号常量举例。

```
#define PI 3.1415926
main()
{
    float radius,circum,area;
    scanf("%f",&radius);
    circum=2*PI*radius;
    area=PI*radius*radius;
    printf("circumference is %f\n",circum);
    printf("area is %f\n",area);
}
```

运行输入：

    3

运行结果：

```
circumference is 18.849556
area is 28.274334
```

这个程序是通过输入的半径值，求圆周及圆的面积。第一行定义了一个常量 PI，以后凡在程序中出现 PI，都表示 3.1 415 926。PI 是一个常量，在程序中只能引用，而不能被改变。使用符号常量至少有两个好处：

（1）可以使程序更清晰易读。

例如，定义了一个表示每页行数的常量：

```
#define PAGESIZE 55
```

则语句

```
while(line<=PAGESIZE)
    line++;
```

比较清楚地表现了当行（line）小于每页尺寸时应做的工作。如果用

```
while(line<=55)
    line++;
```

就很难清楚 55 代表什么。

（2）程序更易修改。

把页的大小改变为 66 行时，只需要改写：

```
#define PAGESIZE 66
```

而程序的其余部分不用改变，如果不用符号常量而用数值本身，就需要在程序中到处寻找数值 55，而且并不是所有 55 都表示是每页的尺寸，这就大大增加了修改的难度，也容易出错。

2.2.6 转义字符

除了上述形式的常量外，C 语言中还有一类特殊形式的常量，通常称为转义字符或换码序列常量，它们是以"\"开头的特殊字符，如表 2-1 所示。

表 2-1　转义字符序列表

字符形式	功　　能	ASCII 码值
\n	换行	10
\t	水平制表（下一个 Tab 键的位置）	9
\v	垂直制表（竖向跳格）	11
\b	退格	8
\r	回车	13
\f	走纸换页	12
\0	空字符	0
\a	响铃符号	7
\\	反斜杠字符\	92
\'	单引号'	39
\"	双引号"	34
\ddd	1～3 位八进制数所代表的字符	
\xhh	1～2 位十六进制数所代表的字符	

\ddd 表示用 1～3 位八进制数来表示相应的 ASCII 码，如'\n'也可以表示为'\012'或'\12'。\xhh 表示用1～2 位十六进制数来表示相应的 ASCII 码。

转义字符是 C 语言中使用字符的一种特殊表现形式。它们代表某个特定的 ASCII 码字符，在程序中使用这种常量时要括在一对单引号内，转义字符常常用于表示某些非图形字符，这就是以"\"开头的转义字符序列。例如，当表示单引号（'）、双引号（"）和反斜线（\）等代码序列时，要在反斜线"\"后面跟有一个字符或一个数字表示。例如，'\'表示单引号字符；'\"'表示双引号字符；'\\'表示反斜线字符。

【例 2.4】转义字符举例。

```
main()
{
  printf("\tHello!");
  printf("\n1234567890");
  printf("\bHello!");
}
```

输出结果：

```
    Hello!
123456789Hello!
```

本例的程序中，第一个 printf()函数先横向跳格（即从光标当前位置向右移动 8 个空格)，再输出"Hello!"字符串；第二个 printf()函数先换行再输出"1234567890"数字字符串，第三个 printf()函数先退格再输出"Hello!"字符串（0 被覆盖）。

2.3　变　　量

变量是指程序执行过程中，其值可以改变的量。本节主要介绍变量的说明、使用和基本属性。变量的属性包括变量的值和变量的类型。

2.3.1　变量的概念

在 C 语言中，变量要有一个名字，称为变量名。变量要在计算机中占据一定的存储单元，该存储单元用来存放此变量的值。要注意区别变量名和变量值这两个不同的概念。事实上，变量名就是一个符号地址，就好像宾馆房间号，变量值就好像宾馆中住的客人。

变量名用标识符表示，但变量名不能与 C 语言中的保留字重名，即不能与语句名、类型名等重名。例如，sum、dass、student_name、_above 是合法的变量名，而 int、char、static、while 是不合法的变量名。

1．整型变量

C 语言中的整型变量可分为 4 种，它们是基本型、短整型、长整型和无符号型，分别用 int、short int（或 short）、long int（或 long）、unsigned int（unsigned short 或 unsigned long）对它们进行定义，如表 2-2 所示。

表 2-2　整型变量类型

类　型	定　义	存储空间	类　型	定　义	存储空间
基本型	int	2 个字节	无符号型	unsigned　int 或	2 个字节
短整型	short int 或 short	2 个字节	无符号长整型	unsigned long	4 个字节
长整型	long int 或 long	4 个字节			

2．实型变量

C 语言中的实型变量分为两种：单精度类型和双精度类型，分别用保留字 float 和 double 进行定义。在一般系统中，一个 float 型数据在计算机中占 4 个字节，数值精度约 6～7 位有效数字；一个 double 型数据占 8 个字节，数值精度约 15～16 位有效数字；一个 long double 型数据占 16 个字节，数值精度约 18～19 位有效数字，如表 2-3 所示。在初学阶段，对 long double 型用得较少，这里不进行详细介绍，读者知道有此类型即可。

表 2-3　实型变量类型

类　型	定　义	存储空间	数值精度
单精度类型	float	4 个字节	6～7 位
双精度类型	double	8 个字节	15～16 位
长双精度类型	long double	16 个字节	18～19 位

3．字符变量

C 语言中的字符变量用保留字 char 来说明，每个字符变量中只能存放一个字符。在一般系统中，一个字符变量在计算机内存中占一个字节。与字符常量相同，字符变量也可出现在任何允许整型变量参与的运算中。

C 语言中没有专门的字符串变量，如果需要把字符串存放在变量中，则要用一个字符型数组来实现。

2.3.2 变量说明

在 C 语言中，所有变量在使用之前必须加以说明，即"先定义，后使用"。这样做的目的：

（1）凡未被事先定义的，不能作为变量名，这就能保证程序中变量名的正确使用。

（2）每一个变量被指定为一个确定的数据类型和存储类型，在编译时就能为其分配相应的存储单元。

（3）每一个变量属于一个类型，以便于在编译时据此检查该变量所进行的运算是否合法。

变量说明的一般形式为：

存储类型 数据类型 变量名；

具有相同存储类型和数据类型的变量可以在一起说明，它们之间用逗号分隔。例如：

```
static int i,j,k;        /*定义整型变量 i,j,k*/
float f,p;               /*定义实型变量 f,p*/
char ch;                 /*定义字符型变量 ch*/
```

变量的存储类型是 C 语言的重要特点之一，体现了变量的物理特性，它是实现低级语言特性的机制。

2.3.3 变量地址

在 C 语言程序运行时，变量的数值存放在一定的存储空间中。存储某变量的内存空间的首地址称为变量的地址。在 C 语言中，变量的地址用变量名加上"&"符号表示。如图 2-4 所示，存放变量 a 的内存首地址为 0x8400，则 &a 的值为 0x8400，而 a 的数据值为 10；&b 的值为 0x8402，而 b 的数据值为 20。

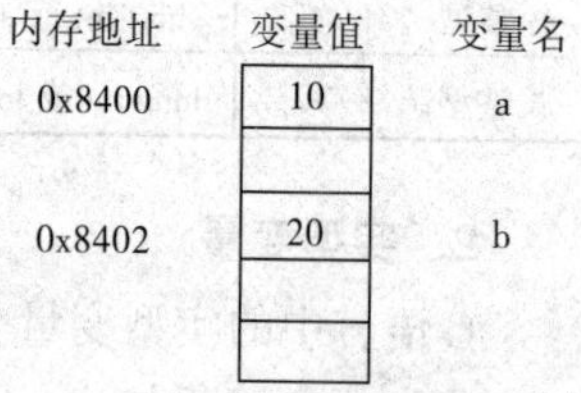

在 C 语言中，符号"&"是一个运算符号，它所表示的是取地址运算。上述的&a 是一个运算表达式，它执行的运算是取变量 a 的存储空间首地址。因此，这个运算表达式的结果就是变量 a 的存储空间首地址。

内存地址	变量值	变量名
0x8400	10	a
0x8402	20	b

图 2-4　变量的地址

注意：*虽然地址的值在形式上与整型数一样，也可以用十进制或十六进制表示，但意义不一样。整型数有算术、关系、逻辑等运算，而地址只有有限的算术运算和关系运算。如图 2-4 所示的数据定义，a/b 是表示变量 a 和变量 b 的商，而&a/&b 是毫无意义的。其次，地址的值一定是一个整型量。*

2.3.4 变量的初始化

变量定义之后，可以用赋值的形式赋给它确定的值，也可以在定义变量的同时给它设置初值，定义变量的同时给变量赋初值，称为变量的初始化。

【例 2.5】变量的初始化。

```
main()
{
  char  c1='a';
  char  c2='b';
  char  c3,c4;
  c3=c1-('a'-'A');
  c4=c2-('a'-'A');
```

```
    printf("%c,%c\n",c3,c4);
    }
```
运行结果：
```
    A,B
```
在这里 char c1='a';相当于：
```
    char c1;
    c1='a';
```
两条语句。

2.3.5　数据类型

1．各类数据的精度

数据类型用于说明变量在内存中所占空间的大小和变量的取值范围。计算机给不同的数据类型的变量分配不同大小的存储空间。但相同的数据类型变量在不同的计算机中占有的空间也不完全相同，即变量的取值范围不同，变量的精度不同。计算机中，几种基本数据类型所占的空间和数值范围如表 2-4 所示。对于构造数据类型和用户自定义数据类型，空间的大小和数的范围随不同的场合而不同。

表 2-4　基本数据类型和数的范围

类　　　型	所 占 空 间	取　　值　　范　　围
int	2 个字节	$-32\ 768 \sim 32\ 767$，即 $-2^{15} \sim (2^{15}-1)$
short	2 个字节	$-32\ 768 \sim 32\ 767$，即 $-2^{15} \sim (2^{15}-1)$
long	4 个字节	$-2\ 147\ 483\ 648 \sim 2\ 147\ 483\ 647$，即 $-2^{31} \sim (2^{31}-1)$
unsigned	2 个字节	$0 \sim 65\ 535$，即 $0 \sim (2^{16}-1)$
unsigned short	2 个字节	$0 \sim 65\ 535$，即 $0 \sim (2^{16}-1)$
unsigned long	4 个字节	$0 \sim 4\ 294\ 967\ 295$，即 $0 \sim (2^{32}-1)$
char	1 个字节	$-128 \sim 127$，即 $-2^7 \sim (2^7-1)$
unsigned char	1 个字节	$0 \sim 255$，即 $0 \sim (2^8-1)$
float	4 个字节	$-10^{-38} \sim 10^{38}$（七位精度）
double	8 个字节	$-10^{-306} \sim 10^{306}$（十六位精度）

【例 2.6】测试所用计算机的基本数据类型及其所占内存的字节数。

```
main()
{
printf("int:%d\n",sizeof(int));
printf("short:%d\n",sizeof(short));
printf("long:%d\n",sizeof(long));
printf("unsigned:%d\n",sizeof(unsigned));
printf("unsignedshort:%d\n",sizeof(unsignedshort));
printf("unsignedlong:%d\n",sizeof(unsignedlong));
printf("char:%d\n",sizeof(char));
printf("unsignedchar:%d\n",sizeof(unsignedchar));
printf("float:%d\n",sizeof(float));
printf("double:%d\n",sizeof(double));
}
```

运行结果：
```
int:2
short:2
long:4
unsigned:2
unsigned short:2
unsigned long:4
char:1
unsigned char:1
float:4
double:8
```
其中，sizeof 是一个运算符，它的功能是求括号中的变量或数据类型的长度，它的结果是以字节为单位的。

2. 数据类型间的转换

双目运算符两侧的操作数的类型必须一致，所得计算结果的类型与操作数的类型一致。如果一个运算符两边的操作数类型不同，则系统将自动按照转换规律先对操作数进行类型转换再进行运算，即转换为相同的类型（较低类型转换为较高类型），转换规则如表 2-5 所示。

表 2-5 运算的类型转换规则

操作数 1	操作数 2	转换结果类型	操作数 1	操作数 2	转换结果类型
短整型	长整型	短整型→长整型	有符号型	无符号型	有符号型→无符号型
整型	长整型	整型→长整型	整型	实型	整型→实型
字符型	整型	字符型→整型	实型	双精度型	实型→双精度型

当运算符两边的操作数为不同类型时，如一个 long 型数据与一个 int 型数据一起运算，需要先将 int 型数据转换为 long 型，然后两者再进行运算，结果为 long 型；如果一个 float 型数据和 float double 型数据参加运算，虽然它们同为 float 类型，但两者精度不同，仍要先转成 double 型再进行运算，结果为 double 型。所有这些转换都是由系统自动进行的，使用时用户只需从中了解结果的类型即可。例如：
```
int i;float f;double d;long e;
10+'a'+i*f-d/e;
```
其中，i 为 int 变量，f 为 float 变量，d 为 double 变量，e 为 long 变量，则此表达式运算次序如下：

（1）进行 10+'a'的运算。先将'a'转换整数 97 再进行计算，运算结果为 107。

（2）进行 i*f 的运算。先将 i 与 f 都转换成 double 型再进行计算，运算结果为 double 型。

（3）整数 107 与 i*f 的积相加。先将整数 107 转换成双精度数再进行计算，结果为 double 型。

（4）将变量 e 转换成 double 型再进行计算。d/e 的结果为 double 型。

（5）将 10+'a'+i*f 的结果与 d/e 的商相减，最后结果为 double 型。

上面的转换是自动的，但 C 语言也提供了以显示的形式强制转换类型的机制，其一般形式为：

(数据类型名)表达式

它把后面的表达式运算结果的类型强制转换为要求的类型，而不管类型的高低，如：
```
(double)a        /*将变量 a 的值转换成 double 型*/
(int)(x+y)       /*将表达式 x+y 的结果转换为 int 型*/
```

要转换的表达式要用括号括起来，如(int)(x+y)与(int)x+y 是不同的，后者相当于(int)(x)+y，也就是说，只将 x 转换成整型，然后与 y 相加。

在很多情况下，强迫转换是必须的。例如，调用函数 sqrt()时，要求参数是 double 型数据。若变量 n 是 int 型，且作为该函数的参数使用时则必须按下列方式强制进行类型转换：

```
sqrt((double)n)
```

需要指出的是，无论是自动地还是强制地实现数据类型的转换，仅仅是为了本次运算或赋值的需要而对变量的数据长度进行一时性的转换，并不能改变在数据说明时对该数据规定的数据类型。

2.4　运算符和表达式

在 C 语言中运算符种类较多，其优先级和结合方向不尽相同，本节介绍运算符优先级和结合方向和由运算符形成的相应的表达式及其使用方法。

2.4.1　运算符和表达式

1. 运算符

C 语言的运算符种类较多，灵活性大，除了控制语句和输入/输出语句以外，几乎所有的基本操作都可用运算符实现。参加运算的数据称为运算量或操作数。

（1）运算符有以下几类：

算术运算符：+ – * / % –（取负）　++ −−

关系运算符：> >= < <= == !=

位运算符：~ & | ^ << >>

逻辑运算符：! && ||

赋值运算符：= 和扩展的复合赋值运算符

条件运算符：? :

逗号运算符：,

指针运算符：* &

求字节数运算符：sizeof

强制类型转换运算符：(类型)

分量运算符：. −>

下标运算符：[ ]

其他：如函数调用运算符( )等。

（2）关于运算符的说明：

① 掌握运算符的功能。例如，+、–、*、/ 表示加、减、乘、除等。

② 理解运算符与运算量的关系。

- 要求运算量的个数。例如，有的运算符要求有两个运算量参加运算（如+、–、*、/），称为双目运算符；而有的运算符（如负号运算符、地址运算符&）只允许有一个运算量，称为单目运算符。

- 要求运算量的类型。例如，+、-、*、/ 的运算对象可以是整型或实型数据，而求余%的运算符要求参加运算的两个运算量都必须为整型数据。

③ 区分运算符的优先级别。如果一个运算量的两侧有不同的运算符，先执行"优先级别"高的运算，如*、/的优先级别高于+、-。

④ 掌握结合方向。如果在一个运算量的两侧有两个相同优先级别的运算符，则按结合方向顺序处理。例如：3*5/6，在 5 的两侧分别为*和/，根据"先左后右"的原则先乘后除，即 5 先和其左面的运算符结合，这种称为"自左至右的结合方向（或称左结合性）"。在 C 语言中并非都采取自左至右的结合方向，有些运算符的结合方向是"自右至左"的，即"右结合性"。例如，赋值运算符的结合方向就是"自右至左"的，因此：

```
a=b=c=5
```

b 和 c 的两侧有相同的赋值运算符，根据自右至左的原则，它应先与其后的赋值运算符结合，即相当于：

```
a=(b=(c=5))
```

在运算时，先执行 c=5，然后把 c 的结果赋给 b，再把 b 的值 5 赋给 a。

⑤ 注意运算结果的类型，尤其当两个不同类型数据进行运算时，特别要注意结果值的类型。

本章介绍算术、关系、逻辑、赋值、条件、逗号、求字节数、强制类型转换运算符组成的表达式的运用，其他运算符组成的表达式将在以后各有关章节中介绍。

2．表达式

C 语言中的表达式是十分丰富的，表达式是由数据和运算符组合而成的式子。它有如下定义：

（1）常量、变量和函数是一个表达式。

（2）运算符与表达式的组合是一个表达式。

表达式是一种复合数据，也具有数据的一般属性：值和类型。例如，a、b 是整型变量，a 的值为 1，b 的值为 2，则 a+b 是合法的表达式，并且是整型，结果是 3。

2.4.2 赋值运算

1．赋值运算符

C 语言的赋值运算符用"="表示，它的功能是把其右侧表达式的值赋给左侧的变量，赋值的一般形式为：

```
变量=表达式
```

例如，a=1 表示把数值 1 赋给变量 a，也就是让变量 a 的值为 1。

赋值运算符"="表示把表达式的值送到变量代表的存储单元中去。由此，赋值运算符的左侧只能是变量，因为它表示一个存放值的地方，而

```
1=a
a+b=c
```

这样的赋值显然是不合法的。

2．赋值表达式

赋值运算符连接变量和表达式而得到的式子就是赋值表达式，如：

```
a=2
```

这种形式可以出现在表达式可以出现的任何地方（实际上赋值语句在 C 语言中被认为是一种表达式语句），如果赋值表达式再加上分号，即：

>   a=2;

就是一个赋值语句了。既然是表达式，也就具有一个值和类型。赋值表达式求值过程：先求赋值运算符右部表达式的值，然后把这个值赋给左部的变量，而赋值表达式的值就是这时左侧变量的值，表达式的类型是左侧变量的类型。例如：

>   a=2+3

它的运算结果值是 5，该表达式的类型是 a 的类型，即整型。

当赋值表达式两边的数据类型不同时，由系统自动进行类型转换。其原则是将赋值运算符的右边的数据类型转换成左侧变量的数据类型。

3．复合赋值运算

在 C 语言中，+、-、*、/和%这 5 种算术运算符可以与赋值运算符"="组成复合赋值运算符，如表 2-6 所示。

表 2-6　复合赋值运算符

运　算　符	名　　称	表达式形式	适 用 范 围		相　当　于
			整　数	实　数	
+=	加赋值	a+=b	√	√	a=a+b
-=	减赋值	a-=b	√	√	a=a-b
*=	乘赋值	a*=b	√	√	a=a*b
/=	除赋值	a/=b	√	√	a=a/b
%=	取余赋值	a%=b	√	×	a=a%b

例如，变量 a 的值为 5，b 的值为 3，那么

>   a+=b;

相当于：

>   a=a+b;

结果 a 的值为 8。

【例 2.7】复合赋值运算符举例。

```
main()
{
  int a=3,b=9,c=-7;
  a+=b;
  c+=b;
  b+=(a+c);
  printf("a=%d,b=%d,c=%d\n",a,b,c);
  a+=b=c;
  printf("a=%d,b=%d,c=%d\n",a,b,c);
  a=b=c;
  printf("a=%d,b=%d,c=%d",a,b,c);
}
```

运行结果：

>   a=12,b=23,c=2
>   a=14,b=2,c=2

```
a=2,b=2,c=2
```

4．赋值的类型转换规则

在算术赋值运算中，当赋值号右边表达式值的类型与左边变量的类型不一致但都是数值时，计算机系统将自动地把右边的类型转换成左边变量的类型后再进行赋值。赋值的类型转换规则如表2-7所示。

表2-7　赋值的类型转换规则

赋值号左边	赋值号右边	转　换　说　明
float	Int	将整型数据转换成实型数据后再赋值
int	float	将实型数据的小数部分截去后再赋值
long int	Int 或 short int	值不变
Int 或 short int	long int	右侧的值不超过左侧数据值的范围时值不变，否则出错
unsigned	signed	按原样赋值，如果数据范围超过相应整型的范围，出错
signed	unsigned	按原样赋值，如果数据范围超过相应整型的范围，出错

2.4.3　算术运算

1．算术运算符

C 语言中有 8 种算术运算符，其中+、-、*、/、-（取负）、++、--这 7 种运算符对于整型和实型都适用。但%运算符只适用于整型，如表2-8所示。

表2-8　算术运算符

运　算　符	名　　称	表　达　式	适用范围		运算功能
			整　数	实　数	
+	加	a+b	√	√	求 a 与 b 的和
-	减	a-b	√	√	求 a 与 b 的差
*	乘	a*b	√	√	求 a 与 b 的积
/	除	a/b	√	√	求 a 与 b 的商
%	取余	a%b	√	×	求 a 除以 b 的余数
++	自增	++a 或 a++	√	√	相当于 a=a+1
--	自减	--a 或 a--	√	√	相当于 a=a-1
-	取负	-a	√	√	求-a

说明：

（1）两个整数相除为整数，舍去小数部分。当被除数与除数有一个为负，即商为负整数时，则取值一般采取"向零取整"的方法。例如，-5/3=-1 而不是-5/3=-2。

（2）如果参加+、-、*、/运算的两个操作数中有一个为实数，则结果为实数。

（3）取余%只用于整数，所得到的余数与被除数的符号相同，如 5%3=2，6%3=0，4%-3=1，-4%3=-1。

2. 算术表达式

C 语言算术表达式由运算对象（常量、变量、函数等）、圆括号和算术运算符组成，最简单的情况是一个常量或一个变量（赋过值的），如 5、0、x 都是合法的表达式。作为一般情况，则可有更多的运算符和圆括号，如：

```
-a/(b1+5)-11%7*'a'
```

要注意，C 表达式中的所有字符都是写在一行上的，没有分式，也没有上下标，括号只有圆括号 种，如数学表达式：

$$\frac{a+b}{c+d}$$

需写成：

```
(a+b)/(c+d)
```

C 语言中，规定了算术运算符的优先级和结合性，圆括号可用来改变优先级，如图 2-5 所示。

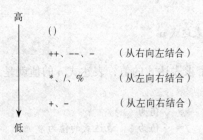

图 2-5　运算符的优先级和结合性

例如，表达式-a/(b1+5)-11%7*'a'的求值过程如下：

① 求-a 的值。

② 求 b1+5 的值。

③ 求①/②的值。

④ 求 11%7 的值。

⑤ 求④*'a'的值。

⑥ 求③-⑤的值。

在算术运算表达式中，自增、自减运算表达式是 C 语言中特有的，下面着重介绍它们的使用。

3. 自增、自减表达式

从运算功能上看，自增和自减表达式是对某一变量加（或减）1。自增（减）运算符既可用做前缀也可用做后缀，如：

```
++i    /*先把 i 值加 1，然后再引用*/
i++    /*先引用值，然后再把 i 值加 1*/
```

注意： 自增和自减运算符都要求运算对象是变量，因此++5 和(x+y)--都是错误的。

【例 2.8】自增运算符举例。

```
main()
{
  int i=2;
```

```
        printf("%d\n",-i++);
        printf("%d\n",i);
    }
```

运行结果：

```
    -2
    3
```

程序中的表达式-i++，相当于-(i++)，也就是给 i 赋值为 2，求其负数后输出-2，然后 i 自身加 1，输出 3。

2.4.4 逗号运算

C 语言中，可以用"，"作为运算符，称之为逗号运算符。用逗号运算符把两个或多个表达式连接起来构成逗号表达式。这种表达式的求值是从左至右进行的，且逗号运算符是所有运算符中优先级别最低的一种运算符。

逗号表达式的格式：

    表达式1,表达式2,…,表达式n

例如，a+5,b-3。

逗号表达式从左到右，逐个求表达式的值，表达式 n 的值就是逗号表达式的值。下面两个表达式将得到不同的计算结果：

```
    y=(b=2,3*2)        /* y值为 6 */
    (y=b=3,3*b)        /* y值为 3，表达式的值为 9 */
```

【例 2.9】逗号运算和逗号表达式举例。

```
    main()
    {
        int a,b;
        a=(b=2,++b,b+5);
        printf("The value of a is %d\n",a);
    }
```

运行结果：

```
    The value of a is 8
```

语句 a=(b=2,++b,b+5);的执行顺序是首先求 b=2，b 的值为 2；然后求++b，b 的值变为 3；最后求 b+5 的值，结果为 8，把 8 作为逗号表达式的值赋给变量a。

注意：语句中的括号是必需的，因为逗号运算符是所有 C 语言运算符中优先级最低的一个，如果没有括号，则相当于(a=b=2),++b,b+5;。

实际上，逗号表达式只在 for 循环语句中才经常被用到，其他地方基本上不用，这里的例子只是为了说明它的用法。

2.4.5 关系运算

1. 关系运算符

关系运算符如表 2-9 所示。

表 2-9　关系运算符

运　算　符	名　　称	形　　式	运　算　功　能
>	大于	a>b	求 a 是否大于 b
<	小于	a<b	求 a 是否小于 b
==	等于	a==b	求 a 是否等于 b
>=	大于等于	a>=b	求 a 是否大于等于 b
<=	小于等于	a<=b	求 a 是否小于等于 b
!=	不等于	a!=b	求 a 是否不等于 b

例如，a>b、8<5、a+b<=c+d、(i=j+k)!=0 都是合法的关系表达式。

2．关系运算表达式

用关系运算符将两个表达式连接起来的式子就是关系表达式。关系表达式用于比较两个量的大小，值应该是一个逻辑量"真"或"假"。C 语言编译系统没有逻辑类型数据，在给出逻辑结果时，以数值 1 代表"真"，以 0 代表"假"。若关系表达式表示的关系成立，则它的值是 1，否则值为 0。关系表达式的值是整型。因此，若 a=3，b=2，则 a>b 的值为 1，而 a<b 的值为 0。

关系运算符的优先级比算术运算符低，比赋值运算符高，结合规则是从左到右。关系运算符 <、<=、>、>= 同级，它们高于 == 和 !=，== 和 != 同级。因此，a+b<=c+d 实际上相当于 (a+b)<=(c+d)，而 (i=j+k)!=0 中的括号有与没有是不一样的，如果去掉括号则相当于 i=(j+k)!=0。

【例 2.10】关系运算举例。

```
main()
{
    int a,b;
    scanf("a=%d,b=%d",&a,&b);
    printf("a>b:%d\n",a>b);
    printf("a<b:%d\n",a<b);
    printf("a==b:%d\n",a==b);
    printf("a>=b:%d\n",a>=b);
    printf("a<=b:%d\n",a<=b);
    printf("a!=b:%d\n",a!=b);
}
```

运行输入：

```
a=3,b=5
```

运行结果：

```
a>b:0
a<b:1
a==b:0
a>=b:0
a<=b:1
a!=b:1
```

2.4.6 逻辑运算

逻辑运算表示各运算量的逻辑关系。由逻辑运算符连接的表达式称做逻辑表达式。逻辑表达式的结果是一个逻辑量，"真"用 1 表示，"假"用 0 表示。但在判断一个量是否为"真"时，以 0 代表"假"，以非 0 代表"真"，即将一个非零的数值作为"真"，逻辑运算符如表 2-10所示。

表 2-10　逻辑运算符

运　算　符	名　　　称	形　　　式	运　算　功　能
!	逻辑反	!a	求 a 的反
&&	逻辑与	a&&b	求 a 和 b 的与
||	逻辑或	a||b	求 a 和 b 的或

（1）"逻辑与"运算是当且仅当两个运算量都是非 0 值，运算结果为 1；否则运算结果是 0。

（2）"逻辑或"运算是两个运算量中只要有一个是非 0 值，运算结果为 1。只有当两个运算量都是 0 时，结果为 0。

（3）"逻辑非"运算是当运算量非 0 值时（包括实型数），运算结果是 0。反之，当运算量是 0值时，运算结果为 1。例如，!(a%b)，若 a 能被 b 整除，则 a%b 的值是 0，!(a%b)的值为 1；否则表达式的结果为 0。

逻辑运算符的优先级："逻辑非" > "逻辑与" > "逻辑或"最低。结合规则："逻辑与"和"逻辑或"为左结合，"逻辑非"为右结合。在逻辑运算中，当 a 与 b 的值为不同组合时，逻辑运算所取的值，如表 2-11 所示，此表称为真值表。

表 2-11　逻辑运算真值表

A	B	!a	!b	a&&b	a||b
真	真	假	假	真	真
真	假	假	真	假	真
假	真	真	假	假	真
假	假	真	真	假	假

例如，a&&b、a&&!b、8\|\|5 都是合法的逻辑表达式。如果 a=3、b=2，则!a 为假，结果值是 0；a&&b 为真，结果值是 1；a&&!b 相当于 3&&0，结果值为 0；!a\|\|b 为真，结果值是 1。

逻辑运算经常和关系运算结合在一起表示关系表达式间的逻辑关系，并构成一些复杂的条件。例如：

```
a>b&&c>d
a>b||c>d
```

第一个式子表示 a>b 和 c>d 都成立时，表达式的结果为 1。第二个式子表示 a>b 或者 c>d 中只要有一个关系成立，逻辑表达式的结果为 1。

运算符&&和\|\|具有这样的性质，它们从左到右计算各运算量的值，一旦能够确定表达式的值就不再继续运算下去，如：

```
a&&b
```

如果 a 为假（0），就不必再求 b 的值了，因为逻辑与运算只有当运算符两侧的运算量都为真

（非 0）时，才为真值，而 a 为假已决定了表达式的值为假。如果 a 为真，则要继续求 b 的值，以
判断表达式的真假。以此类似，运算 a‖b，一旦 a 为真，也就不再求 b 的值了。因此，如果有下
面的逻辑表达式：

　　　　(m=a>b)&&(n=c>d)

当 a=1、b=2、c=3、d=4 时，m 和 n 的原值为 1 时，由于 a>b 的值为 0，m=0；而 n=c>d 不被
执行，因此 n 的值不是 0 而仍保持原值 1。

【例 2.11】逻辑运算举例。

```
main()
{
  int a,b;
  scanf("a=%d,b=%d",&a,&b);
  printf("a&&b=%d\n",a&&b);
  printf("a||b=%d\n",a||b);
  printf("!a=%d",!a);
}
```

运行输入：

　　a=10,b= 20

运行结果：

```
a&&b=1
a||b=1
!a=0
```

2.4.7　条件运算

条件运算符是 C 语言独有的运算符，用 "? … :" 表示。条件表达式就是由条件运算符构成的
表达式。条件运算符要求有 3 个对象，是 C 语言中唯一的一个三目运算符。条件运算符具有自右
向左的结合性。其优先级别比关系运算符和算术运算符都低。

条件表达式一般形式为：

　　表达式 1?表达式 2:表达式 3

它的执行过程是先计算表达式 1 的值，若表达式 1 的值为真（非 0），则计算表达式 2 的值并
将其作为这个条件表达式的值；否则，计算表达式 3 的值作为该条件表达式的值。

条件表达式可以出现在允许表达式 2 或表达式 3 出现的任何位置上。

例如：

　　a>b?a:b

是一个条件表达式。它先计算第一个表达式 a>b 的值，若为真（非 0），则取 a 值为这个条件
表达式的值，否则取 b 值为该条件表达式的值。

条件表达式可以用分支结构来表示，如条件表达式：

　　a=(b==0)?c*d: c/d

可表示为：

```
if(b==0)
  a=c*d;
else
  a=c/d;
```

显然，条件表达式简单得多。

【例 2.12】用条件表达式求出输入的两个整型数中的较小者。

```
main()
{
 int a,b;
 scanf("a=%d,b=%d",&a,&b);
 printf("The min is %d",(a<b)?a:b);
}
```

运行输入：

a=3,b=4

运行结果：

The min is 3

2.4.8 运算符的结合律和优先级

在 C 语言中，对各种运算符都规定了它在计算时的结合律和优先级，如表 2-12 所示。例如，"3+4*5"先计算"4*5"，然后再与 3 相加。如果想使计算不按规定好的优先级进行，可用括号把想要先进行计算的表达式括起来。例如，将上式改写成"(3+4)*5"则加法在乘法之前计算。

表 2-12　运算符的结合律和优先级

优 先 级	运 算 符	结 合 方 向
1	[] () -> .	从左至右
2	! ~ ++ -- - * & seizeof	从右至左
3	* / %	从左至右
4	+ -	从左至右
5	<< >>	从左至右
6	< <= > >=	从左至右
7	== !=	从左至右
8	&	从左至右
9	^	从左至右
10			从左至右
11	&&	从左至右
12	||	从左至右
13	? :	从右至左
14	= += -= *= /= %= &= ^= |= >>= <<=	从右至左
15	,	从左至右

注意：第 2 级中"-"是取负符号运算，"*"是间接寻址运算，"&"是取地址运算。

在 C 语言中，运算符可以从左开始运算，也可以从右开始运算，这种运算方向的规定称为结合律。在优先级相同的运算符连续出现时，可以根据其结合律决定是左侧的运算符先进行运算，还是右侧的运算符先进行运算。

本 章 小 结

1．C 语言数据类型

C 语言中数据有类型和数值两种属性，一个数据只能有一种类型，具有数据属性的量有常量、变量、函数值、函数参数、表达式等。C 语言的数据类型通常分为基本类型、构造类型、派生类型 3 类。

C 语言中，整型数有较多的类型，因此虽然是整型数，但也有不同的表示形式和类型之间的转换操作，在这些转换操作中，同一个整数会产生不同的数值。例如，若有以下说明：

```
int a;unsigned b;long c;
```

则

a=–2;b=a;c=b; 语句表示 a 中的值为–2，b 和 c 中的值都为 65534。

a=–2;c=a;b=a; 语句表示 a 和 c 中的值都为–2，b 中的值为 65534。

c=70000L;b=c;a=c; 语句表示 c 中的值为 70000，b 和 a 截取 c 的两个低字节中的内容，其值为 4464。

c=102768L;b=c;a=c; 语句表示 a 中的值为–28304，b 中的值为 37232。虽然 a 和 b 都截取了低位上的两字节的内容，但由于在两个低字节中的最高位是 1，所以 a 和 b 又各不相同。

2．运算符和表达式

C 语言中有丰富的运算符，只有掌握这些运算符的运算规则和它们之间的优先关系才能写出正确的表达式。例如，(int)2.6*2 表达式的值是 4 而不是 5，"(类型名)"是类型转换运算符，它的优先级高于乘号"*"，因此先进行(int)2.6 运算，把 2.6 转换为整数 2，然后再乘以 2，结果为 4。

C 语言中的算术运算符包括单目（一元）运算符++、--、-（负号）、+（正号）、(类型)和双目（二元）运算符+、-、*、/、 %。使用这些算术运算符时，要注意运算符的优先级和结合性。

C 语言的算术表达式由算术运算符、函数和运算对象（操作数）组成，在对算术表达式进行运算时，应注意以下几点：

（1）左、右括号必须配对，运算时先计算出内层括号表达式的值，再计算外层括号内表达式的值。

（2）双目运算符两侧的操作数的类型必须一致，所得计算结果的类型与操作数的类型一致。若运算符两侧的操作数类型不一致，则系统将自动按照转换规律先对操作数进行类型转换再进行相应的运算。

（3）强制类型转换运算符能将一个表达式的值转换成所需的数据类型，其一般形式为：

(类型名) (表达式)

（4）求余运算符%两侧的操作数必须为整数，所得结果的符号与运算符左侧操作数的符号相同。

（5）单目运算符++（增 1）和--（减 1）的运算对象只能是变量，且这两种运算符既可作为前缀运算符，又可作为后缀运算符。

C 语言中的"="是赋值运算符，用它既可进行赋值操作又可组成一个表达式。赋值号左边必须是变量，或代表一个存储单元的表达式，右边是一个表达式。该运算符具有自右至左的结合性。

C 语言中可由形式多样的赋值表达式构成赋值语句。例如,i=i+1 和 i++是赋值表达式,而 i=i+1;

和 i++;则是赋值语句。i=1,j=2 是一个逗号表达式，而 i=1,j=2;则是一条赋值语句。

在赋值运算中，把单目运算符++、－－分别作为前缀运算符和作为后缀运算符使用时，所得到的赋值运算结果不同。

C 语言中的下述运算符既可进行算术运算又能完成赋值运算： *=、/=、%=、+=、-=。在 C 语言中，凡是二元运算符，都可以与赋值符一起组成复合运算符，使用时要注意两个运算符之间不能有空格。

赋值号是一个运算符，所以在一个 C 语言的算术表达式中可以包含多个赋值运算符。运算顺序是自右至左。例如，表达式 a=c=b=5 和 a=(b=3)*(c=4)+1 都是合法的赋值表达式。

3. 关系和逻辑运算

C 语言可以提供 6 种关系运算符： <、>、<=、>=、==、!=。前 4 种关系运算符（<、>、<=、>=）的优先级相同，且前 4 种的优先级高于后两种。

关系运算的结果是一个整数值：0 或 1。在 C 语言中没有逻辑值，而是用 0 代表假，用非零值代表真。

C 语言提供了 3 种逻辑运算符：&&（逻辑与）、‖（逻辑或）、!（逻辑非）。其中，前两种逻辑运算符（&&和‖）为双目运算符，它们具有自左至右的结合性，后一种逻辑运算符（!）是单目运算符，具有自右至左的结合性。算术运算符、逻辑运算符和关系运算符三者间的优先级关系从高到低为：

　　!→算术运算符→关系运算符→&&→‖

因为关系或逻辑表达式的值或者为 1，或者为 0，所以关系表达式 0<x<10 在 C 语言中是合法的表达式，而这种形式的表达式在其他高级语言（如 Pascal，FORTRAN）中是非法的，但此关系表达式并不等价于(x>0)&&(x<10)。

应该注意，若进行如下形式的逻辑与运算：

　　（表达式 1）&&（表达式 2）&&…&&（表达式 n）

程序将先求出（表达式 1）的值，只要其值为假，便可决定整个表达式的值为假，所以程序将不再对后面的各表达式进行求值操作；若（表达式 1）的值为真，再去求（表达式 2）的值，若（表达式 2）的值为真，再去求（表达式 3）的值，依此类推。

例如：

```
x=4;y=5;i=1;
if(x++==5)&&(Y++==6) i++;
```

在执行了以上语句段之后，因为 x 的值为 4，不等于 5，所以(x++==5)的值为 0，同时 x 的值自增 1 变为 5。但由于上述原则，程序将不再对(y++==6)求值，y++的运算也未执行，因此 y 的值不变。执行了 if 语句后，x 和 y 值都为 5。若 x 的初值为 5 时，将进行(y++==6)的运算，同时 y 自增 1 为 6。由以上分析可知，由于 C 语言表达式中允许包含各种赋值表达式，即使对于同一个控制表达式，也有可能进行不同的运算过程。

若在逻辑表达式中进行以下形式的或运算：

　　（表达式 1）‖（表达式 2）‖……‖（表达式 n）

将先进行（表达式 1）的求值，若值为真（非零），则不管以后各表达式的值是什么，已经可以确定整个表达式的值为真，将不再进行其余表达式的求值；如果（表达式 1）的值为假，则再去进行（表达式 2）的运算，如果（表达式 2）的值为假，则再去进行（表达式 3）的运算，依此类推。

习 题 二

一、选择题

1. 以下各组数据中，不正确的数值或字符常量是（ 1 ）、（ 2 ）、（ 3 ）、（ 4 ）。

（1）A. 0.0 　　　　B. 5l 　　　　C. o13 　　　　D. 9861

（2）A. 011 　　　　B. 3.987E-2 　　C. 018 　　　　D. 0xabcd

（3）A. 8.9e1.2 　　B. 1el 　　　　C. 0xFF00 　　　D. 0.825e2

（4）A. "c" 　　　　B. '\"' 　　　　C. 0xaa 　　　　D. 50

2. 在 C 语言中，能代表逻辑值"真"的是（ 　　　 ）。

A. true 　　　　B. 大于 0 的数 　　C. 非 0 整数 　　D. 非 0 的数

3. 若给定条件表达式(M)?(a++):(a--),则其中表达式 M（ 　　　 ）。

A. 和(M==0)等价 　　　　　　　　B. 和(M==1)等价

C. 和(M!=0)等价 　　　　　　　　D. 和(M!=1)等价

4. 表达式 3.6-5/2+1.2+5%2 的值是（ 　　　 ）。

A. 4.3 　　　　B. 4.8 　　　　C. 3.3 　　　　D. 3.8

5. 若已定义 "int a=7;float x=2.5,y=4.7;"，则表达式 x+a%3*(int)(x+y)%2/4 的值是（ 　　　 ）。

A. 2.500000 　　B. 2.750000 　　C. 3.500000 　　D. 0.000000

6. 以下变量 x、y、z 均为 double 类型且已正确赋值，不能正确表示数学式 x/(y*z)的 C 语言表达式是（ 　　　 ）。

A. x/y*z 　　　　B. x*(1/(y*z)) 　　C. x/y*1/z 　　　D. x/y/z

7. 设变量 x 为 float 型且已经赋值，则以下语句中能将 x 中的数值保留到小数点后两位，并将第三位四舍五入的是（ 　　　 ）。

A. x=x*100+0.5/100.0 　　　　　　B. x=(x*100+0.5)/100

C. x=(int)(x*100+0.5)/100.0 　　　D. x=(x/100+0.5)*100.0

8. 设 i 为 int 类型，其值为 3，则执行完表达式 i+=i-=i*i 后，i 的值为（ 　　　 ）。

A. -3 　　　　B. 9 　　　　C. -12 　　　　D. 6

9. C 语言中以下几种运算符的优先次序中，（ 　　　 ）的排列是正确的。

A. 由高至低为 !>&&>||>算术运算符>关系运算符>赋值运算符

B. 由高至低为 !>算术运算符>关系运算符&&>||>赋值运算符

C. 由高至低为算术运算符>关系运算符>赋值运算符>! >&& >||

D. 由高至低为算术运算符>关系运算符>!>&&>||>赋值运算符

10. 已知 x = 3、y = 2，则表达式 x*=y+8 的值为（ 　　　 ）。

A. 3 　　　　B. 2 　　　　C. 30 　　　　D. 10

11. 如果有 "int i=3;int j=4;" 语句，则 k=i+++j 执行之后，k、i 和 j 的值分别为（ 　　　 ）。

A. 7　3　4 　　B. 8　3　5 　　C. 7　4　4 　　D. 8　4　5

12. 如果 int i=3，则 m=(i++)+(++i)+(i++)执行后，m 的值为（ 　　　 ），i 的值为（ 　　　 ）。

A. 12　6 　　B. 12　5 　　C. 18　6 　　D. 15　5

13. 下列程序的输出是结果（　　　　）。
```
main()
{
    int a=7,b=5;
    printf("%d\n",b=b/a);
}
```
    A. 0　　　　　　　　　B. 5　　　　　　　　C. 1　　　　　　　　D. 不确定值

14. 下列程序的输出结果是（　　　　）。
```
main()
{
    int x,y,z;
    x=y=1;
    z=x++-1;
    printf("%d,%d\t",x,z);
    z+=-x+++(++y||++z);
    printf("%d,%d\t",x,z);
}
```
    A. 2,0　　　　　　　　B. 2,1　　　　　　　C. 2,0　　　　　　　D. 2,1
　　　3,-1　　　　　　　　　3,0　　　　　　　　　2,1　　　　　　　　　0,1

15. 下列程序的输出结果是（　　　　）。
```
main()
{
    int m=12,n=34;
    printf("%d%d",m++,++n);
    printf("%d%d",n++,++m);
}
```
    A. 12353514　　　　　B. 12353513　　　　C. 12343514　　　　D. 12343513

16. 下列程序的输出结果是（　　　　）。
```
main()
{
    int k=2,i=2,n;
    n=(k+=i*=k);
    printf("%d,%d\n",n,i);
}
```
    A. 8,6　　　　　　　　B. 8,3　　　　　　　C. 6,4　　　　　　　D. 7,4

17. 下列程序输出结果是（　　　　）。
```
main()
{
    int a=5,b=4,c=6,d;
    printf("%d\n",d=a>c?(a>c?a:c):(b));
}
```
    A. 5　　　　　　　　　B. 4　　　　　　　　C. 6　　　　　　　　D. 不确定

二、填空题

1. 在 C 语言中，程序运行期间，其值不能改变的量被称为_____。

2. 在 C 语言中，其值可以改变的量被称为_____。

3. 实型变量分为_____ _____，即 float 和 double 型。

4. 设 C 语言中，int 类型数据占 2 字节，则 long 类型数据占_____字节；unsignedint 类型数据占_____字节；short 类型数据占_____字节。

5. 设 a、b、t 为整型变量，初值为 a=7，b=9，执行完语句 t=(a>b)?a:b 后，t 的值是_____。

6. x=5、y=8 时，C 语言表达式 x+5<=y-3<x-5 的值是_____。

7. C 语言表达式 !(3>=6)&&(5<=7) 的值是_____。

8. C 语言中没有逻辑型数据，在给出逻辑运算结果时，以_____代表"真"，以_____代表"假"；但在判断一个量是否为真时，以_____代表"真"，以_____代表"假"。

9. 如有 int x=20，下面各表达式运算后 x 的值是_____。

（1）x+=x （2）x-=2 （3）x*=2+5

（4）x/=x+x （5）x%=(x%3) （6）x+=x-=x*=x

10. 执行下面的程序后，变量 w、x、y、z 的值分别为_____。

```
main()
{
  int w=5,x=4,y,z;
  y=w++*w++*w++;
  z=--x*--x*--x;
}
```

11. 下列程序的运行结果为_____。

```
main()
{
  int i,j;
  i=16;j=i+++i;printf("%d\t",j);
  i=15;printf("%d\t%d\t",++i,i);
  i=20;j=i--+i; printf("%d\t",j);
  i=13;printf("%d\t%d\n",i++,i);
}
```

12. 下列程序的运行结果为_____。

```
main()
{
  int a=5,b=5,y,z;
  y=b-->++a?++b:a;
  z=++a>b?a:y;
  printf("%d,%d,%d,%d",a,b,y,z);
}
```

13. 以下程序的运行结果是_____。

```
#define  GZ 30
main()
{
  int num,total;
  num=10;
  total=num*GZ;
  printf("total=%d\n",total);
}
```

14. 输入 a 字母时，下列程序的运行结果为_____。

```
#include<stdio.h>
main()
```

```
    {
        char ch;
        ch=getchar();
        (ch>='a'&&ch<='z')? putchar(ch+'A'-'a'):putchar(ch);
    }
```

15. 下列程序的运行结果为_____。

```
main()
{
    int x,y,z;
    x=36;
    y=036;
    z=0x36;
    printf("%d,%d,%d\n",x,y,z);
}
```

16. 下列程序的运行结果为_____。

```
#include "stdio.h"
main()
{
    int a=5,b,c;
    a*=3+2;
    printf("%d\t",a);
    a*=b=c=5;
    printf("%d\t",a);
    a=b=c;
    printf("%d\n",a);
}
```

17. 执行下列语句后，z 的值是_____。

```
int x=4,y=25,z=2;
z=(--y/++x)*z--;
```

三、编程题

1. 从键盘输入球的半径 r 的值，编写程序求圆的面积。

2. 从键盘输入 A～Z 中的一个大写字母，编写程序把它转换成对应的小写字母输出。

3. 如果圆锥底面半径 r 为 16cm，高 h 为 24cm，求锥的体积 $V=1/3\pi r^2h$。

第 3 章　顺序结构的程序设计

任何程序都可用顺序、选择、循环 3 种控制结构来实现，而结构化程序设计的研究成果表明，用这 3 种控制结构编写的程序易于保证正确性。本章主要介绍如何设计顺序结构的程序。所谓顺序结构程序就是按语句书写顺序执行的程序。

C 程序是由函数组成的，函数体中通常是由数据类型定义和执行语句两部分组成的。用户编写的程序是用来完成某项任务的，执行程序中的语句就是为了完成程序的某项功能，若干条具有一定功能的语句集合就构成了 C 语言的程序段。要编写 C 语言必须掌握语句的使用，C 语言的语句有赋值语句、空语句、复合语句、函数调用语句和控制语句。本章介绍设计顺序结构程序常用的语句，包括赋值语句、空语句、复合语句和实现输入和输出操作的函数调用语句，控制语句在后面的章节介绍。

3.1　顺序结构的语句

顺序结构程序是指程序执行过程中按程序书写的顺序从上到下，逐条语句顺序执行，没有跳转，一直到最后一条语句，程序才算执行完毕，退出程序。本节介绍编写顺序结构程序常用的赋值语句、空语句和复合语句。

3.1.1　表达式语句、空语句和赋值语句

1. 表达式语句

C 语言中的表达式语句是由一个表达式加上一个分号组成的。其格式为：

    表达式;

例如：

    x=5

是一个赋值表达式，而其后加一个分号就是赋值语句了：

    x=5;

任何表达式加上分号都是一个语句，如：

    printf("ABCD");   /*函数调用语句,输出字串 ABCD*/
    i++;   /*语句使变量 i 增加 1*/
    x+y;   /*语句的操作无实际意义*/

以上都是合法的语句。但是，x+y 的和并没有保存起来，所以这个语句无实际意义。

2．空语句

在 C 语言中，只有一个分号构成的语句称为空语句：

```
;
```

空语句在语法上占据一个语句的位置，但是它不执行任何功能。

3．赋值语句

C 语言中的赋值语句由赋值表达式加上一个分号构成，其格式为：

```
变量=表达式;
```

赋值语句的功能是先求赋值运算符右部表达式的值，然后把这个值赋给左部的变量。

说明：

（1）赋值语句中的"="叫做赋值号，是一种带有方向性的操作命令，与数学中的等号"="具有不同的意义。例如，等式 x=x+1 在数学中是不成立的，但在赋值语句中 x=x+1 是有意义的，它表示把变量 x 中原来的值与 1 相加后（新值）送到变量 x 中去，同时 x 中原有的值就被新值替换。

（2）赋值号左端必须是一个变量，不能是常量或表达式。一行内可写多个赋值语句，各语句末尾必须用分号结束。例如：

```
a=20; b=30; c=40;
```

（3）赋值语句可以改变变量的值。在一个程序中，如果多次给一个变量赋值，变量的值取的是最后一次赋的值。例如：

```
x=2;
x=4;
```

执行第一语句后，x 值为 2，执行第二语句后 x 为 4，因此最后 x 的值为 4。

【例 3.1】设 a 单元的值为 5，b 单元的值为 10，试编写一个程序，把两单元的内容互换。程序如下：

```
main()
{
    int a=5,b=10,s;
    s=a;                    /*变量a的值送给变量s，暂时存储*/
    a=b;                    /*变量b的值送给变量a，此时a与b的值相同*/
    b=s;                    /*变量s的值送给变量b，a与b的值交换*/
    printf("a=%d,b=%d\n",a,b);  /*输出变量a与b的值*/
}
```

运行结果：

```
a=10, b=5
```

本例中变量 a 与 b 的值交换方法是：

第一步：先将变量 a 的原值暂存到变量 s 中。

第二步：变量 b 的值送给变量 a，如果 a 的值没有暂存到 s，执行这一步 a 的值被 b 的值替换。

第三步：变量 s 的值送给变量 b，实现了 a 与 b 变量的值交换。

（4）C 语言中有形式多样的赋值操作。例如，i*=i+5;和 i--;都是赋值语句；又如，x=1,y=2,z=3;这是由赋值表达式构成的逗号表达式语句，也可以实现赋值功能。

（5）一个 C 语言的赋值语句中可以包含多个赋值运算符，运算顺序是自右至左。例如，a=c=b=8;和 a=(b=2)*(c=6)+8;都是合法的赋值语句。

（6）当赋值运算符两边的数据类型不同时，系统自动将赋值运算符右边的表达式数据类型转换成左边变量的数据类型。

3.1.2 复合语句

复合语句由花括号"{ }"括起的多个语句组成，有时也称为分程序。复合语句的一般格式如下：

```
{
    内部数据说明;
    执行语句;
}
```

【例 3.2】复合语句举例。

```
main()
{
  int a=10;                 /*定义第一个 a 变量，初值为 10*/
  printf("a=%d\n",a);       /*输出第一个 a 变量的值，a=10*/
  {
      int a=20;   /*在复合语句中又定义了一个 a 变量，与前一个变量名相同，值为 20*/
      printf("a=%d\n",a);     /*输出第二个 a 变量的值，a=20*/
  }
  printf("a=%d\n",a);         /*又一次输出第一个 a 变量的值，a=10*/
}
```

运行结果：

```
a=10
a=20
a=10
```

其中：

```
{
  int a=20;
  printf("a=%d\n",a);
}
```

为复合语句。从上例可以看出，复合语句在语法上等价于一个语句。复合语句内的变量与复合语句外的变量的关系如同全局变量和局部变量（本书第 7 章介绍）的关系一样，当复合语句内定义的变量与复合语句外定义的变量同名时，复合语句内定义的变量有效。

3.2 字符数据的输入和输出

C 语言本身并不提供输入、输出操作的语句，C 程序中的输入和输出是用一组库函数来完成的。本节介绍最常用的 2 个标准输入、输出函数：putchar()函数和 getchar()函数。

putchar()和 getchar()是 C 语言标准库提供的函数。使用时，在调用了 putchar()或 getchar()函数的程序开头一定要使用预编译命令：#include <stdio.h>或#include "stdio.h"将输入、输出的头文件"stdio.h"包括到用户源文件中。即：

```
#include "stdio.h"
```

stdio.h 是 standard input & output 的缩写，称为标准输入、输出预说明，h 是头文件的扩展名。它包含了与标准 I/O 库有关的变量定义和宏定义。

3.2.1　字符输入函数 getchar()

getchar() 函数的作用是从键盘上读入一个字符，它的一般调用形式如下：

getchar()

功能：从键盘接收一个字符。

说明：

（1）getchar 是函数名，函数本身没有参数，其函数值就是从输入设备得到的字符。

（2）等待输入字符的应答时，输入一个需要的字符，按【Enter】键，则程序执行下一个语句。

【例 3.3】输入一字符 B（变量为字符型）。

```
#include "stdio.h"
main()
{
  char c;
  c=getchar();           /*从键盘接收一个字符送给字符型变量c*/
   putchar (c);          /*输出字符型变量c的值*/
}
```

运行输入：

B   /*输入字符 B 后，按【Enter】键*/

运行结果：

B   /*输出值*/

【例 3.4】输入一字符 B（变量为整型）。

```
#include "stdio.h"
main()
{
  int c;
  c=getchar();           /*从键盘接收一个字符送给整型变量c*/
  putchar(c);            /*输出整型变量c的值*/
}
```

运行输入：

B

运行结果：

B

【例 3.5】输入一字符 B。

```
#include "stdio.h"
main()
{
  putchar(getchar());    /*输出从键盘接收一个字符*/
}
```

运行输入：

B

运行结果：

B

3 个程序运行时，均有相同的输入字符和输出值。

注意：getchar()函数只接收一个字符，函数得到的字符可以赋给一个字符变量（如例 3.5 所示）或整型变量（如例 3.6 所示）。getchar()函数也可以作为表达式的一部分（如例 3.7 所示）。

3.2.2 字符输出函数 putchar()

putchar()函数的作用是把一个字符输出到标准输出设备（通常指显示器或打印机）上，putchar 函数的一般调用形式为：

```
putchar(ch);
```

功能：向显示器或打印机输出一个字符。

说明：putchar 是函数名，ch 是函数的参数，该参数可以是一个整型变量或一个字符型变量。ch 也可以是整型常量或字符常量。

注意：ch 也可以是转义字符常量，并且经常用 putchar()函数来输出一些特殊的控制符。例如，用 putchar('\n')输出换行，用 putchar('\r')输出回车，用 putchar('\t')输出跳格，用 putchar('\b')输出退格等。

【例 3.6】输出字符 B（变量为字符型），用转义字符输出换行。

```
#include "stdio.h"
main()
{
   char  c;
   c='B';
   putchar(c);               /*输出字符型变量 c 的值*/
   putchar('\n');            /*转义字符常量\n 输出一个换行*/
   putchar('B');             /*输出字符型常量 B 的值*/
}
```

运行结果：

```
B
B
```

程序运行时，先输出字符型变量 c 的值 B，然后用转义字符常量'\n'输出一个换行，再输出一个字符常量 B。此例中变量 c 做函数参数输出时，在代码中只输入变量名 c 就可以了，而函数参数为常量 B 时，常量 B 必须加引号（'B'），转义字符常量\n 也须加引号（'\n'）。

【例 3.7】输出字符 B（变量为整型），用转义字符输出换列。

```
#include "stdio.h"
main()
{
   int  c;
   c=66;
   putchar(c);               /*输出字符型变量 c 的值*/
   putchar('\t');            /*转义字符常量\t，使光标从当前位置跳到第 9 列*/
   putchar(66);              /*输出 ASCII 码为 66 时对应的字符 B*/
}
```

运行结果：

```
B       B
```

整型变量 c 的 ASCII 值 66 对应的是字符 B。程序运行时，执行 putchar(c);输出一个字符 B；执行 putchar('\t');时，转义字符常量'\t'代表跳过 8 列，输出结果到第 9 列；执行 putchar(66);在第 9 列又输出一个字符 B。当 putchar(66)函数参数是数字 66 时，输出的是 ASCII 值 66 对应的字符 B。

3.3 格式输入函数 scanf()

在 C 语言中，scanf()函数的作用是把从终端（如键盘）上输入的数据传送给对应的变量。从输入设备输入任意类型的数据时，使用 scanf()函数接收数据。

1．scanf()函数的一般调用形式

scanf()函数的一般调用形式如下：

```
scanf(格式控制字符串,输入项地址表);
```

其中，格式控制部分是一个用双引号括起来的字符串，用来确定输入项的格式和需要输入的字符串；输入项地址表是由若干个地址组成的，代表每一个变量在内存中的地址。

功能：读入各种类型的数据，接收从输入设备按输入格式输入的数据并存入指定的变量地址中。

2．格式控制字符串说明

与 printf()函数类似，scanf()函数的格式控制字符串中也可以有多个格式说明，格式说明的个数必须与输入项的个数相等，数据类型必须从左至右一一对应，scanf()函数常用的格式符如表 3-1 所示。在%和格式字符之间可以插入附加格式说明字符，scanf()函数可以使用的附加格式说明字符，如表 3-2 所示。

表 3-1　scanf()函数中的格式字符

格 式 字 符	说　　　　明
d	以带符号的十进制形式输入整数
o	以八进制无符号形式输入整数
x	以十六进制无符号形式输入整数
c	以字符形式输入单个字符
s	输入字符串。以非空字符开始，以第一个空白字符结束
f	以小数形式输入单、双精度数，隐含输入 6 位小数
e	以标准指数形式输入单、双精度数，数字部分小数位数为 6 位

表 3-2　scanf()函数的附加格式说明字符

字　　　符	说　　　　明
l	表示输入的是长整数或双精度实型数，可加在 d、o、x、f、e 前面
h	表示输入短整形数据（可用于 d、o、x）
m	表示输入数据的最小宽度（列数）
*	表示本输入项在读入后不赋给相应的变量

3．输入项地址表说明

（1）输入项地址表是若干个变量的地址，而不是变量名，与 printf()函数的输出项表不同。其表示的方法是在变量名前冠以地址运算符&，如&x 指变量 x 在内存的地址。例如：

```
scanf("%d",x);
```

是不合法的，应将 x 改为&x。

（2）输入时不能规定精度，如 scanf("%6.2f",&x);是不合法的。

（3）在 scanf()函数中一般不使用%u 格式，对 unsigned 型数据，以%d 或%o、%x 格式输入。

4．输入数据时的格式和输入方法

（1）如果在格式控制字符串中，每个格式说明之间不加其他符号，如：

```
scanf("%d%d",&i,&j);
```

在执行时，输入的两数据之间以一个或多个空格（空格用"␣"表示）间隔，也可以按【Enter】键或【Tab】键。例如，输入 i、j 的值：

3␣␣4　<按【Enter】键>

或

3　<按【Enter】键>
4　<按【Enter】键>

（2）如果在格式控制字符串中，格式说明间用逗号分隔。例如：

```
scanf("%d,%d",&i,&j);
```

在执行时，输入的两数据间以逗号间隔。例如，输入 i、j 的值：

3,4　<按【Enter】键>

（3）如果在格式控制字符串中，除了格式说明以外还有其他字符，则输入数据时，在与之对应的位置上也必须输入与这些字符相同的字符。例如:

```
scanf("a=%d,b=%d",&a,&b);
```

数据说明中的"a="、"b="都要原样输入,

a=3,b=4　<按【Enter】键>

在执行键盘输入时，应先输入与这些字符串相同的字符"a="，再输入数据 3,同样地输入",b="，再输入数据 4。"a=,b="不是提示信息，而是要求用户输入的字符串。

（4）在用%c 格式输入字符时，输入的数据之间不需要分隔标志，空格、转义字符和回车符都将作为有效字符读入。例如：

```
scanf("%c%c%c",&c1,&c2,&c3);
```

在执行时，如果输入：

a␣b␣c　<按【Enter】键>

则字符'a'赋给变量 c1，空格' '赋给变量 c2，字符'b'赋给变量 c3。正确的输入方法是：

abc　<按【Enter】键>

字符'a'赋给 c1，字符'b'赋给 c2，字符'c'赋给 c3。

（5）用户可以指定输入数据的域宽，系统将自动按此域宽截取所读入的数据，但输入实型数据时，用户不能规定小数点后的位数。输入实型数据时，可以不带小数点，即按整型数方式输入。

（6）格式说明%*表示跳过对应的输入数据项不予读入。

（7）每次调用 scanf()函数后，函数将得到一个整型函数值，此值等于正常输入数据的个数。

5．数值输入结束的情况

在输入数值型数据时，遇到以下情况时认为该数据输入结束。

（1）遇空格或按【Enter】键或【Tab】键。

（2）遇宽度结束，如：scanf("%3d",&x);只取 3 列。

（3）遇非法输入，如：scanf("%d%c%f",&i,&j,&k);

若输入：

> 1234a123o.26   <按【Enter】键>

则第一个数据对应%d 格式输入 1234 之后遇字母'a'，则认为第一个数据到此结束，把 1234 赋给变量 i。字符'a'赋给变量 j，因为只要求输入一个字符，因此'a'后面不需要空格，后面的数值应赋给变量 k。如果由于疏忽把 1230.26 错打成 123o.26，则认为数值到英文字符'o'就结束，将 123 赋给 k。

【例 3.8】输入格式举例。

```
main()
{
    char ch;
    int i;
    char str[80];
    float x;
    scanf("%c%d%s%f",&ch,&i,str,&x);
    printf("%c,%d,%s,%f\n",ch,i,str,x);
}
```

运行输入：

> w_123_hello_123.456

运行结果：

> w,123,hello,123.456000

3.4 格式输出函数 printf()

前面介绍的 putchar()和 getchar()函数每次只能输出或输入一个字符，而 printf()和 scanf()函数一次可以输出或输入若干个任意类型的数据。虽然它们也是库函数，但在使用时不需要使用预编译命令"#include"包括文件"stdio.h"。在 C 语言中，也只有这两个库函数在使用时不需要包含头文件。

1．printf()函数的一般调用形式

在 C 语言中如果向终端或指定的输出设备输出任意的数据且有一定格式时，则需要使用 printf()函数。其作用是按照指定的格式向终端设备输出数据，printf()函数的一般调用形式为：

> printf(格式控制字符串,输出值参数表);

其中，格式控制部分是一个用双引号括起来的字符串，用来确定输出项的格式和需要原样输出的字符串；输出值参数表的输出项可以是合法的常量、变量和表达式，输出值参数表中的各项之间要用逗号分开。

功能：在格式控制字符串的控制下，将各参数转换成指定格式，在标准输出设备上显示或打印。

2．格式控制字符串说明

格式控制字符串可包含两类内容：普通字符和格式说明。通常有以下 3 种使用情况：不含有"%"符号的普通字符串，含有"%"符号的格式化规定字符，普通字符串与格式化字符混合使用。以下分别介绍各种使用说明。

（1）不含有"%"符号的普通字符，这时后边的"输出值参数表"为空，普通字符只被简单地复制到屏幕上；所有字符（包括空格）一律按照自左至右的顺序原样输出，若为转义字符，则按照转义字符的含义输出。例如：

> printf("\"How do you do.\"");

输出结果：

> "How do you do."

（2）含有"%"符号的格式化规定字符。在输出值参数表中的每个输出项必须有一个与之对应的格式说明，每个格式说明均以百分号%开头，后跟一个格式符作为结束。例如，%f、%d，其中%是格式标识符，d 和 f 是格式字符。每个格式说明导致 printf() 函数中对应参数的转换和输出。表 3-3 列出了 printf() 函数中可用的格式字符及其含义。

表 3-3　printf() 函数中使用的格式字符及其含义

格　式　字　符	说　　　　　　明
d	以十进制形式输出带符号的整数（正数不输出符号）
o	以八进制无符号形式输出整数（不输出前导符 0）
x 或 X	以十六进制无符号形式输出整数（不输出前导符 0X）
u	以十进制形式输出无符号整数
c	以字符形式输出，只输出一个字符
s	输出字符串
f	以小数形式输出单、双精度实数，隐含输出 6 位小数
e 或 E	以标准指数形式输出单、双精度数，数字部分小数位数为 5 位
g 或 G	以%f 或%e 格式中较短的输出宽度输出单双精度实数，不输出无意义的 0

（3）普通字符串与格式化字符混合使用。

【例 3.9】以不同的进制数输出同一个整型数据。

```
main()
{
    int x=125;
    printf("1: %d\n",x);        /*输出十进制整数*/
    printf("2: %x\n",x);        /*输出十六进制整数*/
    printf("3:%o\n",x);         /*输出八进制整数*/
}
```

运行结果：

```
1:125
2:7D
3:175
```

3. 输出值参数表说明

输出值参数表是需要输出的一系列参数，可以是任意类型的变量、常量、表达式。使用函数输出时，格式控制字符串后的输出项，必须与格式控制字符串对应的数据按照从左到右的顺序一一匹配。如果输出值参数表中有多个输出项，则各输出项之间用逗号间隔。

格式命令的一般形式如下：

> %+/-0m.nl 格式字符

其中，+、-、0、m、.n、l 通常称为附加格式说明符，说明输出数据的精度以及左右对齐方式，如表 3-4 所示。

表 3-4　printf()函数的附加格式说明字符

字　　符	说　　　　明
l	表示输出的是长整形整数，可加在 d、o、x、u 前面
m	表示输出数据的最小宽度，当 m 小于输出数据的实际位数时不起作用
n	对实数，表示输出 n 位小数；对字符串，表示截取 n 个字符
0	表示左边补 0
+	指定在有符号数的正数前显示正号（+），缺省时数据右对齐
-	转换后的数据左对齐

格式字符必须用小写字母，如%d 不能写成%D。

（1）在控制字符串中可以增加提示修饰符和换行、跳格、竖向跳格、退格、回车、换页、反斜杠、单撇号、八进制代表符等转义字符，即\n、\t、\v、\b、\r、\f、\\、\'、\ddd。

（2）如果想输出字符"%"，则应该在格式控制字符串中用连续的两个百分号（即%%）表示。例如：

```
printf("%f%%",1.0/3);
```

输出结果：

```
0.333333%。
```

（3）当格式说明个数少于输出项时，多余的输出项不输出。若格式说明多于输出项时，各个系统的处理不同，如 Turbo C 对于缺少的项输出不定值；VAX C 则输出 0 值。

（4）用户可以根据需要，指定输出项的字段宽度（域宽），对于实型数据还可指定小数点后的位数。当指定的域宽大于输出项的宽度时，输出采取右对齐方式，左边填空格。若字段宽度前加一个"-"号，如%-10.2f，则输出采取左对齐方式；若在字段宽度前加 0，在输出采取右对齐方式时，左边不填空格，而是填 0。

（5）每次调用 printf()函数后，函数将得到一个整型函数值，该值等于正常输出的字符个数。

【例 3.10】输出格式举例。

```
main()
{
    char c='a';
    char str[]="see you";
    int i=1234;
    float x=123.456789;
    float y=1.2;
    printf("1:%c,%s,%d,%f,%e,%f\n",c,str,i,x,x,y);
    printf("2:%4c,%10s,%6d,%12f,%15e,%10f\n",c,str,i,x,x,y);
    printf("3:%-4c,%-10s,%-6d,%-12f,%-15e,%-10f\n",c,str,i,x,x,y);
    printf("4:%0c,%6s,%3d,%9f,%10e,%2f\n",c,str,i,x,x,y);
    printf("5:%12.2f\n",x);
    printf("6:%.2f\n",x);
    printf("7:%10.4f\n",y);
    printf("8:%8.3s,%8.0s\n",str,str);
    printf("9:%%d:%d\n",i);
}
```

运行结果：

```
1:a,see you,1234,123.456787,1.23457e+02,1.200000
```

```
2:   a,  see you,  1234,  123.456787,   1.23457e+02, 1.200000
3:a   ,see you   ,1234  ,123.456787  ,1.23457e+02     ,1.200000
4:a,see you,1234,123.456787,1.23457e+02,1.200000
5:    123.46
6:123.46
7:  1.2000
8:    see,
9:%d:1234
```

本 章 小 结

C 语言本身没有提供输入、输出操作的语句，C 程序中的输入和输出完全依靠调用 C 语言的标准输入、输出函数来完成。

因为 printf()和 scanf()函数调用和格式控制项有较多的限制和规则，而 C 编译程序对此并不进行严格的语法检查，在程序的执行过程中也不报错，所以一些不正确的用法和误操作会导致意想不到的错误结果。

（1）在 scanf()函数调用中，要求输入项必须是地址值，即在每个普通变量前面必须加上求地址运算符"&"，用户往往忘记这一规则而写成：scanf("%d",i);（假设 i 是一个 int 类型变量）。对此，系统并不报错，因此必然导致输入错误，使变量 i 不能得到正确的输入数据。

（2）如果 x 是 long 类型变量，用户往往忽略使用%ld 格式描述而使用 scanf("%d",&x);语句输入 123456 给 x 变量，这时 x 将不能正确接收数据，系统也不报错，而是给 x 赋一个随机值。此时若用 x 参与运算，程序必然将产生一个错误的结果。对于双精度变量若使用%f 而不使用%lf 格式描述，也将产生相似的情况。

（3）对于一些初学者来说，往往容易在 scanf()函数调用的格式控制字符串中加入一些与输入无关的字符，如写成 scanf("i=%d",&i);，对这样的格式控制字符串，C 语言要求在输入时首先打入 i=，然后才能接收数据，一些用户往往不了解这些规则，因而造成不能正确输入。

（4）在调用 printf()函数输出 long 整型变量的值时要求使用%ld 格式描述，若因为疏忽而漏写字母 l 只用了%d，虽然也能执行输出，但却不是变量中的真实数据。

（5）一些 C 语言编译系统，在 printf()函数调用中要求格式描述字符必须用小写字母，否则就不能正确输出。

（6）应该注意，输入字符时，若字符之间设有分隔符、空格、回车，则都将作为字符而被读入。

习 题 三

一、选择题

1. 执行下列程序时：

```
#include "stdio.h"
main()
{
  char c1,c2,c3,c4,c5,c6;
  scanf("%c%c%c%c",&c1,&c2,&c3,&c4);
  c5=getchar();
```

```
        c6=getchar();
        putchar(c1);
        putchar(c2);
        printf("%c%c\n",c5,c6);
    }
```

若从键盘上输入数据：

```
    123
    678
```

则输出是（　　　）。

A. 1267　　　　　　　　B. 1256　　　　　　　　C. 1278　　　　　　　　D. 1245

2. 若 k1、k2、k3、k4 均为 int 型变量。为了将整数 20 赋给 k1 和 k3，将整数 30 赋给 k2 和 k4，则对应下列 scanf()函数调用语句的正确输入方式是（　　　）。（<CR>代表换行符，_代表空格)

```
        scanf("%d%d",&k1,&k2);
        scanf("%d,%d",&k3,&k4);
```

A. 2030<CR>　　　　　B. 20_30　　　　　　　C. 20,30<CR>　　　　　D. 20_30<CR>
　　2030<CR>　　　　　　20_30<CR>　　　　　20,30<CR>　　　　　　20,30<CR>

3. 若 a 是 float 型变量，b 是 unsigned 型变量，以下输入语句中合法的是（　　　）。

A. scanf("%6.2f%d",&a,&b);　　　　　　　B. scanf("%f%n",&a,&b);

C. scanf("%f%3o",&a,&b);　　　　　　　　D. scanf("%f%f",&a,&b);

4. 下列程序的运行结果是（　　　）。

```
        #include "stdio.h"
        main()
        {
            printf("%d\n",NULL);
        }
```

A. 0　　　　　　　　　　B. –1　　　　　　　　C. 1　　　　　　　　D. 不确定

5. 下列程序输出的结果是（　　　）。

```
        main()
        {
            float f=123.456;
            printf("%-5.2f",f);
        }
```

A. 123.4　　　　　　　　B. 123.45　　　　　　　C. 123.5　　　　　　　D. 123.46

6. 若 k 为 int 变量，则以下语句（　　　）。

```
        k=8567;
        printf("%-06d \n",k);
```

A. 输出格式描述符不合法　　　　　　　　　B. 输出为 008567

C. 输出为 8567　　　　　　　　　　　　　　D. 输出为–08567

7. 已知字符 a 的 ASCII 为 97，则执行下列程序段后输出结果是（　　　）。

```
        char ch;int k;
        ch='a';k=12;
        printf("%c,%d,",ch,ch,k);
        printf("k=%d\n",k);
```

A. 因变量类型与格式描述符的类型不匹配输出无定值

B. 输出项与格式描述符个数不符，输出为零值或不定值

C.　a,97,12k=12

D.　a,97,k=12

8. 下列程序的运行结果是（　　　）。

```
main()
{
    char a='1',b= '2';
    printf("%c,",b++);
    printf("%d\n",b-a);
}
```

A.　3,2　　　　　　　　B.　50,2　　　　　　C.　2,2　　　　　　D.　2.50

9. 有程序：

```
main()
{
    int m,n,p;
    scanf("m=%dn=%dp=%d",&m,&n,&p);
    printf("%d%d%d\n",m,n,p);
}
```

若想从键盘上输入数据，使变量 m 中的值为 123，n 中的值为 456，p 中的值为 789，则正确地输入是（　　　）。

A.　m=123n=456p=789　　　　　　　　B.　m=123_n=456_p=789

C.　m=123,n=456,p=789　　　　　　　D.　123_456_789

10. 有下列程序：

```
main()
{
    int a=0,b=0;
    a=10;                    /*给 a 赋值*/
    b=20;                    /*给 b 赋值*/
    printf("b-a=%d\n",b-a);  /*输出计算结果*/
}
```

A.　b-a=10　　　　　　B.　b-a=20　　　　　C.　10　　　　　　D.　出错

二、填空题

1. 下列程序的运行结果为_____。

```
main()
{
    int a=1,b=2,c=3;
    ++a;c+=++b;
    {
        int b=4,c;
        c=b*3;
        a+=c;
        printf("1:%d,%d,%d \t",a,b,c);
        a+=c;
        printf("2:%d,%d,%d \t",a,b,c);
    }
    printf("3:%d,%d,%d \n",a,b,c);
}
```

2. 下列程序的运行结果为_____。

```
main()
{
  unsigned char a='a',b='b',c='C';
  a=a-32;
  b+=c-a;
  c=c-32+b-a;
  printf("a=%c,b=%c,c=%c \n",a,b,c);
}
```

3. 下列程序的运行结果为_____。

```
main()
{
  int k=11;
  Printf("k=%d,k=%o,k=%x\n",k,k,k);
}
```

4. 下列程序的运行结果为_____。

```
main()
{
  int a,b,c,x,y,z;
  a=10;b=2;
  c=!(a%b);x=!(a/b);
  y=(a<b)&&(b>=0);
  z=(a<b)||(b>=0);
  printf("c=%d,x=%d,y=%d,z=%d、n",c,x,y,z);
}
```

三、编程题

1. 从键盘上输入三角形的 3 个边 a、b、c 的值，编写程序求三角形的面积 s（根据公式 $p=\dfrac{1}{2}(a+b+c)$，$s=\sqrt{p(p-a)(p-b)(p-c)}$ 计算）。

2. 从键盘上输入球的半径 r 的值，编写程序求球的体积。

3. 编写求一元二次方程 $ax^2+bx+c=0$ 的解 x 的程序。

4. 从键盘上输入整型变量 b、c 的值，交换它们的值后输出结果。

第4章　选择结构的程序设计

用户编写程序时经常根据所指定的条件是否满足，来决定下一步进行什么操作，这种结构就是选择结构。选择结构是程序设计的一个基本结构，是一种选择执行形式，多数的程序都会包含选择结构。在 C 语言中，为实现选择结构程序设计，引入了 if 条件语句和 switch…case 多条件分支开关语句，它的流程控制方式是根据给定的条件进行判断，以决定执行哪些语句或跳过哪些语句。本章讨论选择结构程序设计的语句和方法。

4.1　条件选择结构

条件分支是实现选择结构的一种形式。在 C 语言中，条件分支语句有三种基本形式：分别是 if 语句、if–else 语句和条件分支嵌套语句。

1．if 语句的简单形式

if 语句的简单形式有时也称单选择结构，它的形式如下：

```
if(表达式)
    语句
```

它的结构流程如图 4–1 所示。

if 语句用来判断给定的条件是否满足，根据结果（真或假）来选择执行相应的操作。它的执行过程是，如果表达式为真（非0），则执行其后所跟的语句，否则不执行该语句。这里的语句可以是一条语句，也可以是复合语句。

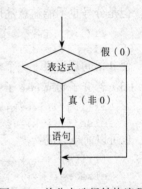

图 4–1　单分支选择结构流程图

【例 4.1】求一个整数的绝对值。

```c
main()
{
  int n;
  printf("input a number:");
  scanf("%d",&n);
  if(n<0)
    n=-n;
  printf("The absolute value is %d\n",n);
}
```

运行输入：

```
Input a number:-5
```

运行结果：

```
The absolute value is 5
```

再次运行输入：

```
Input a number:10
```

再次运行结果：

```
The absolute value is 10
```

该程序的执行功能是，输入一个整数 n，如果 n<0，则输出-n 的值，否则输出 n 的值。

2. if...else 结构

If...else 型分支有时也称双选择结构，它的形式是：

```
if(表达式)
  语句 1
else
  语句 2
```

它的结构流程如图 4-2 所示。

它的执行过程是，如果表达式的值为真（非 0），就执行语
句 1，否则执行语句 2。这里的语句 1 和语句 2 可以是一条语句，
也可以是复合语句。

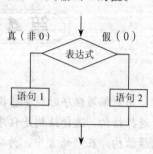

图 4-2 双分支选择结构流程图

说明：

（1）if 后面的表达式不仅限于是关系表达式或逻辑表达式，可以是任意表达式。

（2）if 语句中的控制表达式应该用括号括起来，如果有 else 子句，则控制表达式后的语句同
样必须用分号结束。例如：

```
if(i>j) j++;
else i++;
```

但是分号也不能随意乱用，如果写成：

```
if(i>j);j++;
else i++;
```

使 if 语句后面跟了一个空语句而使语句 "else i++;" 变得不合法。

（3）若 if 子句或 else 子句由多个语句构成，则应该构成复合语句，例如：

```
if(i>j) {j++;k++;}
else {i++;k++;}
```

也可以简单写成：

```
if(i>j) j++,k++;
else i++,k++;
```

if 子句和 else 子句都是由逗号表达式构成的简单语句。

【例 4.2】输入一个整数，判断它是奇数还是偶数。

```
main()
{
  int n;
  printf("Input a number\n");
  scanf("%d",&n);
  if(n%2==0)
    printf("The number is even.\n");
  else
    printf("The number is odd.\n");
}
```

运行输入：

```
Input a number
100
```

运行结果：

```
The number is even.
```

再次运行输入：

```
Input a number
25
```

再次运行结果：

```
The number is odd.
```

【例 4.3】求整数 a 的平方值。

```
main()
{
    int a;
    printf("Enter an integer A:\n");
    scanf("%d",&a);
    if(a!=0)
    {
        a=a*a;
        printf("a*a=%d\n",a);
    }
     else
        printf("a*a=0\n");
}
```

运行输入：

```
Enter an integer A:
5
```

运行结果：

```
a*a=25
```

该程序要求输入一个整数 a，当 a 不为 0 时，执行 if 下语句，结果显示 a*a 的值。否则，执行 else 下的语句，结果显示 a*a=0。在该程序中，表达式 if(a!=0)可改写成 if(a)，两者等价。If 下面的语句是一个复合语句，而 else 下面的语句是一个单语句。

4.2 条件分支的嵌套

在一个条件分支语句中还可以包含一个或多个条件分支语句，称为条件分支的嵌套。

1. 条件分支嵌套的一般形式

if 语句嵌套的一般情况是 if 后和 else 后的语句都可以再包含 if 语句。

【例 4.4】求一个点所在的象限。

```
main()
{
    float x,y;
    printf("Input the coordinate of a point\n");
    printf("x=");
    scanf("%f",&x);
```

```
            printf("y=");
            scanf("%f",&y);
            if(x>0)
              if(y>0)
                printf("The point is in 1st quadrant.\n");
              else
                printf("The point is in 4th quadrant.\n");
            else
              if(y>0)
                printf("The point is in 2nd quadrant.\n");
              else
                printf("The point is in 3rd quadrant.\n");
          }
```

运行输入：

```
    Input the coordinate of a point
    x=5
    y=3
```

运行结果：

```
    The point is in 1st quadrant.
```

再次运行输入：

```
    Input the coordinate of a point
    x=-2
    y=-7
```

再次运行结果：

```
    The point is in 3rd quadrant.
```

这个程序没有考虑点在 x 轴或 y 轴时的情况。

if 语句中的 else 并不总是必需的，在嵌套的 if 结构中，可能有的 if 语句带有 else，有的 if 语句不带 else。那么一个 else 究竟与哪个 if 匹配呢？C 语言规定：else 总是与前面最近的并且没有与其他 else 匹配的 if 相匹配。例如：

```
    if(n>0)
      if(a>b)
        c=a;
      else
        c=b;
```

这里，else 与内层的 if 相匹配，如果希望 else 与外层 if 相匹配，不能写成：

```
    if(n>0)
      if(a>b)
        c=a;
    else
      c=b;
```

因为缩进只是为了便于阅读，毫不影响计算机的执行，C 语言编译器总是把 else 与其前面最近的没有相匹配的 if 匹配。如果要想使 else 与前面的 if 相匹配，办法就是用花括号，例如：

```
    if(n>0)
    {
      if(a>b) c=a;
    }
    else
      c=b;
```

这样 else 就与外层的 if 相匹配了。

2．If...else...if 形式

If...else...if 形式是条件分支嵌套的一种特殊形式，它经常用于多分支处理。它的一般形式为：

```
if(表达式 1)
    语句 1
else if (表达式 2)
    语句 2
        …
else if (表达式 n)
    语句 n
else
    语句 n+1
```

根据上述的 else 与 if 的匹配原则，可以清楚地看出，else if 结构实质上是 if...else 的分支的多层嵌套。它的执行过程是，如果表达式 1 为真，则执行语句 1；否则，如果表达式 2 为真，则执行语句 2，以此类推否则，如果表达式 n 为真，则执行语句 n，如果 n 个表达式都不为真，则执行语句 n+1。它的结构流程如图 4-3 所示。

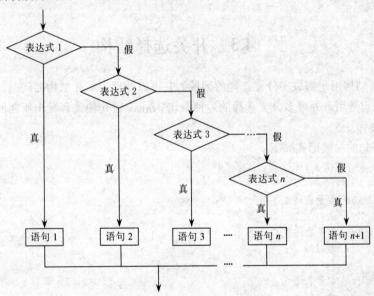

图 4-3　嵌套的选择结构流程图

【例 4.5】求解符号函数。

```
main()
{
  int x,sign;
  printf("Please input a number\n");
  scanf("%d",&x);
  if(x>0)
    sign=1;
  else if(x==0)
    sign=0;
  else
    sign=-1;
```

```
        printf("The sign is %d\n",sign);
    }
```
运行输入：
```
    Please input a number
    -100
```
运行结果：
```
    The sign is -1
```
再次运行输入：
```
    Please input a number
    2
```
运行结果：
```
    The sign is 1
```
继续运行输入：
```
    Please input a number
    0
```
运行结果：
```
    The sign is 0
```

4.3　开关选择结构

开关选择结构用于解决多分支选择的问题，它可以处理 else if 结构的问题，而且表达得更清楚。switch 语句是用来处理多分支选择的一种语句。break 语句使流程跳出所在的 switch 语句或跳出所在的循环体。

switch 语句的一般形式如下：
```
    switch(表达式)
    {
        case 常量表达式1:
            语句组1
        case 常量表达式2:
            语句组2
        …
        case 常量表达式n:
            语句组n
        default:
            语句组n+1
    }
```

switch 语句的执行过程：根据 switch 后面表达式的值，找到与某一个 case 后面的常量表达式的值相等时，就以此作为一个入口，执行此 case 后面的语句；执行后，流程控制转移到后面继续执行连续多个 case 及 default 语句（不再进行判断），直至 switch 语句的结束。若所有的 case 中的常量表达式的值不与 switch 后面表达式的值匹配，则执行 default 后面的语句。

在使用 switch 语句时，应注意以下几点：

（1）switch 后面的表达式和 case 后面的常量表达式可以为任何整型或字符型数据。

（2）每一个 case 后的常量表达式的值应当互不相同。

（3）switch 语句组中可以不包含 default 分支，如果没有 default，则所有的常量表达式都不与表达式的值匹配时，switch 语句就不执行任何操作。

另外，default 写在最后一项也不是语法上必需的，它也可写在某个 case 前面（习惯上总是把 default 写在最后）。若把 default 写在某些 case 前面，当所有的常量表达式都不与表达式的值匹配时，switch 语句就以 default 作为一个入口，执行 default 后面的语句及连续多个 case 语句，直至 switch 语句的结束。

（4）由于 case 及 default 后都允许是语句组，所以当安排多个语句时，也不必用花括号括起。

（5）为了在执行某个 case 分支后，使流程跳出 switch 结构，即终止 switch 语句的执行，总是把 break 语句与 switch 语句一起合用，即把 break 语句作为每个 case 分支的最后一条语句，当执行到 break 语句时，使流程跳出本条 switch 语句。这种使用 switch 语句的形式如下：

```
switch (表达式)
{
  case 常量表达式1：
    语句组1
    break;
  case 常量表达式2：
    语句组2
    break;
        :
  case 常量表达式n：
    语句组n
    break;
  default：
    语句组n+1
}
```

它的语句结构如图 4-4 所示。

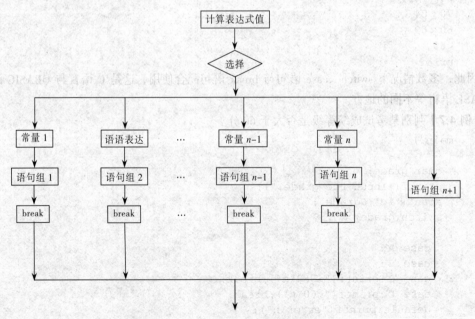

图 4-4　switch 和 break 语句结构图

【例 4.6】根据考试成绩的等级打印出百分制分数段。

```
main()
{
  char grade;
  printf("Input the grade:");
  scanf("%c",&grade);
  switch(grade)
  {
    case 'A':printf("85~100\n");break;
    case 'B':printf("70~84\n");break;
    case 'C':printf("60~69\n");break;
    case 'D':printf("<60\n");break;
    default:printf("error\n");
  }
}
```

运行输入：

```
Input the grade: A
```

运行结果：

```
85~100
```

再次运行输入：

```
Input the grade: E
```

再次运行结果：

```
error
```

用户也许已注意到，在每个 case 语句执行完后，增加一个 break 语句（中断 switch…case 语句，使流程跳出 switch 结构）来退出 switch…case 结构。在例 4.6 中，如果去掉程序中所有的 break 语句，当 grade 的值等于'A'，则连续输出如下（不正确）结果：

```
85~100
70~84
60~69
<60
error
```

因此，多数情况下 switch…case 语句与 break 语句配合使用，这是 C 语言与 QBASIC 语言及 FoxBASE 语言等不同的地方。

【例 4.7】判别某考试成绩等级是否大于 60 分。

```
main()
{
  char grade;
  printf("Input the grade:");
  scanf("%c",&grade);
  switch(grade)
  {
    case 'A':
    case 'B':
    case 'C':printf(">=60\n");break;
    case 'D':printf("<60\n");break;
    default:printf("error\n");
  }
}
```

运行输入：

```
Input the grade:B
```

运行结果：

```
>=60
```

再次运行输入：

```
Input the grade: D
```

再次运行结果：

```
<60
```

各个 case 和 default 的出现次序可以任意，但必须做适当处理，否则将会影响执行结果。例如，在例 4.7 的 switch 语句中，如果把 default 放在最前面，则应该在最后加 break 语句：

```
switch(grade)
{
  default:printf("error\n");break;
  case 'A':
  case 'B':
  case 'C':printf(">60\n");break;
  case 'D':printf("<60\n");break;
}
```

假设以下程序段中各变量均已正确说明：

```
v1=v2=0;
while((ch=getchar())!='#')
{
  switch(ch)
  {
    case 'a':case 'A':case 'e':case 'E':
    case 'o':case 'O':case 'i':case 'I':
    case 'u':case 'U':v2++;
    default:v1++;
  }
printf("v1=%d v2=%d\n",v1,v2);
```

若输入数据：A University#，则输出结果：v1=12 v2=5

若把以上程序段改写如下，移动了 default 的位置：

```
v1=v2=0;
while((ch=getchar())!='#')
  switch(ch)
  {
    case 'a':case 'A':
    default:v1++;
    case 'e':case 'E':case 'o':case 'O':
    case 'i':case 'I':case 'u':case 'U':
    v2++;
  }
printf("v1=%d v2=%d\n",v1,v2);
```

对于相同的输入数据，输出结果却不同：

```
v1=8 v2=12
```

第一个程序段用 v1 统计了所有输入字符的个数（不包括#号），v2 统计了所有元音字母的个数。第二个程序段中却是由 v2 统计了所有输入字符的个数，而 v1 统计了元音字母 a、A 和所有其他非元音字母的个数。

下面再举几个 switch 语句程序设计的实例。

如果在某个 case 后面又嵌套了一个 switch 语句，一定要注意，在执行了内层嵌套的 switch 语句后还需要执行一条 break 语句才能跳出外层的 switch 语句。

【例 4.8】在 case 后面嵌套 switch 语句的程序。

```
main()
{
    int x=1,y=0,a=0,b=0;
    switch(x)
    {
      case 1:
      switch(y)
      {
        case 0:a++; break;
        case 1:b++; break;
      }
      case 2:
        a++; b++; break;
      case 3:
        a++; b++;
    }
    printf("a=%d,b=%d\n",a,b);
}
```

运行结果：

```
a=2,b=1
```

【例 4.9】设计求 $ax^2+bx+c=0$ 一元二次方程解的程序。

分析：$a=0$，不是二次方程。判别式 b^2-4ac 的值等于 0 有两个相等实根；大于 0 有两个不相等实根；小于 0 有两个共轭复根。

计算 $d=b^2-4ac$ 后，由于计算的实数误差，若确定为 0，可能出现 $d!=0$，因此用取绝对值后的计算结果是否小于一个很小的数（10^{-6}）来解决。

程序如下：

```
#include "math.h"
main()
{
  float a,b,c,d,x1,x2,p,q;
  printf("a,b,c=?");
  scanf("%f,%f,%f",&a,&b,&c);
  printf("The equation");
  if(fabs(a)<=1e-6)
    printf("is not quadratic");
  else
  {
    d=b*b-4*a*c;
    if(fabs(d)<1e-6)
```

```
            printf ("has two equal roots: %8.4f\n",-b/(2*a));
        else
            if(d>1e-6)
            {
                x1=(-b+sqrt(d))/(2*a);
                x2=(-b-sqrt(d))/(2*a);
                printf("has distinct real roots: %8.4f and %8.4f\n",x1,x2);
            }
            else
            {
                p=-b/(2*a);
                q=sqrt(-d)/(2*a);
                printf("has complex roots: \n");
                printf("%8.4f+%8.4fi\n",p,q);
                printf("%8.4f-%8.4fi\n",p,q);
            }
    }
}
```

运行输入：

    a,b,c=? <u>1,2,1</u>

运行结果：

    The equation has two equal roots:-1.0000

再次运行输入：

    a,b,c=? <u>1,2,2</u>

再次运行结果：

    The equation has complex roots:
    -1.0000+1.0000i
    -1.0000-1.0000i

继续运行输入：

    a,b,c=? <u>2,6,1</u>

运行结果：

    The equation has distinct real roots: -0.1771 and -2.8229

fabs()函数是 C 语言中取绝对值的函数，由于使用了 fabs()函数，所以在程序的开始添加了程序行：

```
#include "math.h"
```

因为 math.h 文件包含 fabs()函数。

【例 4.10】设计当输入年、月后输出该月天数的程序。

分析：每年的 1、3、5、7、8、10、12 月，每月有 31 天，4、6、9、11 月，每月有 30 天，2 月闰年 29 天，平年 28 天。年号能被 4 整除但不能被 100 整除，或者年号能被 400 整除的年均是闰年。

变量 year、month、days 为整型，分别表示年、月和天数。该程序可用 switch 多分支结构实现，程序如下：

```
main()
{
    int year,month,days;
    printf("input year,month=?\n");
```

```
            scanf("%d,%d",&year,&month);
            switch(month)
            {
              case 1:
              case 3:
              case 5:
              case 7:
              case 8:
              case 10:
              case 12:days=31; break;
              case 4:
              case 6:
              case 9:
              case 11:days=30; break;
              case 2:
                if((year%4==0)&&(year%100!=0)||(year%400==0))
                  days=29;
                else
                  days=28; break;
              default:printf("month is error\n");
            }
            printf("year=%d,month=%d,days=%d\n",year,month,days);
        }
```

运行输入：

```
    input year,month=?
    1994,8
```

运行结果：

```
    year=1994,month=8,days=31
```

再次运行输入：

```
    input year,month=?
    1994,2
```

再次运行结果：

```
    year=1994,month=2,days=28
```

4.4 无条件选择结构

无条件分支是实现选择结构的另一种形式。在 C 语言中，无条件分支语句有 3 种基本形式：goto 语句、break 语句和 continue 语句。

goto 语句是无条件转向语句，其一般形式如下：

goto 语句标号；

语句标号用标识符表示，用来表示程序的某个位置。goto 语句的功能是使程序的执行无条件地转到标号所在的位置。

goto 语句一般来说有两个用途：一是与 if 语句一起构成循环结构；二是用于从多重循环的嵌套结构中跳出，或从多重 if 嵌套结构中跳出。例如，下面的计算 5! 的程序就是用 goto 语句和 if 语句一起构成循环结构来完成的。

```
#define N 10
main()
{
    int i=1,sum=1;
    loop:if(i<=5)
    {
      sum=sum*I;
      i++;
      goto loop;
    }
    printf("SUM=%d\n",sum);
}
```

break 语句的功能是使程序的执行无条件转向本层复合结构的下一条语句,主要用于条件选择结构中的 switch 语句,也可在循环结构中跳出本层循环。

continue 语句的功能是使程序的执行无条件转向本层复合结构的末尾,多用于循环结构中的结束本次循环操作。

计算机语言中的无条件选择结构曾引起过很大争议,尤其是 goto 语句的使用,有人主张不使用 goto 语句,原因是它使程序难以控制,也大大降低了可读性。而有人主张保留 goto 语句,原因是它在解决一些特定问题时很方便。这几年人们倾向有保留地使用 goto 语句,前提是使用 goto 语句能使程序更清晰。实际这是对熟练的程序员而言的,对于初学者,最好不使用 goto 语句。

本 章 小 结

1．控制表达式的正确使用

在 C 语言中,条件表达式、if 语句和所有循环都是用表达式的值作为控制手段的,因此正确写出控制表达式是能否正确构成控制语句的关键所在。

（1）控制表达式并不局限于只是使用关系表达式或逻辑表达式。任何合法的 C 语言表达式都可以作为控制表达式,只要表达式的值为非零（即代表真）,无论是正数还是负数,只要不为零就代表真。

（2）对于同一个控制功能可以有多种多样的表示形式,这使得控制结构虽灵活但不易掌握,因此要求使用者有较强的逻辑判断和分析能力。

（3）由于 C 语言中控制功能可以是任意表达式,因此只有正确掌握包括关系运算符和逻辑运算符在内的各种运算符的优先关系才能写出正确的表达式。注意,即使是关系运算符本身的优先级也不相同,如 a==b>c 相当于 a==(b>c),而不是(a==b)>c。

2．if 语句及嵌套结构

在 C 语言中,常用的 if 语句是以下两种形式:

```
形式 1：  if(表达式) 语句
形式 2：  if(表达式) 语句 1
         else 语句 2
```

if 后面的表达式可以是任意表达式。if 语句中可以再嵌套 if 语句,根据 C 语言规定,在嵌套的 if 语句中,else 子句总是与前面最近的,不带 else 的 if 相匹配。if 语句中的控制表达式应该用括号括起来，如果有 else 子句，则控制表达式后的语句同样必须用分号结束。若 if 子句或 else 子句由多个语句构成，则应该构成复合语句。

3. switch 语句

掌握 switch 语句的执行过程和使用 switch 语句时的注意事项：

（1）每一个 case 后的常量表达式的值应当互不相同。

（2）switch 语句组中可以不包含 default 分支，如果没有 default，且所有的常量表达式都不与表达式的值匹配时，则 switch 语句就不执行任何操作。另外，若把 default 写在某些 case 前面，当所有的常量表达式都不与表达式的值匹配时，switch 语句就以 default 作为一个入口，执行 default 后面的语句及连续多个 case 语句，直至 switch 语句的结束。

（3）为了在执行某个 case 分支后终止 switch 语句的执行，总是把 break 语句作为每个 case 分支的最后一条语句，即当执行到 break 语句时，能使流程跳出本条 switch 语句。

习 题 四

一、选择题

1. 在 C 语言中，if 语句后的一对圆括号中，用以决定分支流程的表达式（　　　）。
   A. 只能用逻辑表达式　　　　　　　　B. 只能用关系表达式
   C. 只能用逻辑表达式或关系表达式　　D. 可用任意表达式
2. 用 C 语言的 if 语句嵌套时，与 else 的配对关系是（　　　）。
   A. 每个 else 总是与它上面的最近的并且没有与其他 else 匹配的 if 配对
   B. 每个 else 总是与最外层的 if 配对
   C. 每个 else 与 if 的配对是任意的
   D. 每个 else 总是与它上面的 if 配对
3. 下列程序的运行结果是（　　　）。
```
main()
{
    int a=-1,b=1;
    if((++a<0)&&!(b--<=0))
        printf("%d%d\n",a,b);
    else
        printf("%d%d\n",b,a);
}
```
   A. -1 1　　　　　　B. 0 1　　　　　　C. 1 0　　　　　　D. 0 0
4. 下列程序的运行结果是（　　　）。
```
main()
{
    int n=1,a=0,b=0;
    switch(n)
    {
        case 0:b++;
        case 1:a++;
        case 2:a++;b++;
```

```
        }
      printf("a=%d,b=%d\n",a,b);
    }
```

A. a=2,b=1　　　　　B. a=1,b=1　　　　C. a=1,b=0　　　　D. a=2,b=2

5. 下列程序的运行结果是（　　　）。

```
    main( )
    {
      int m=100,a=10,b=20,k1=5,k2=0;
      if(a<b)
        if(b!=15)
          if(!k1) m=1;
          else if(k2)
            m= 10;
            m=-1;
        printf("%d\n",m);
    }
```

A. -1　　　　　　　B. 10　　　　　　　C. 1　　　　　　　D. 不确定

6. 下列程序的运行结果是（　　　）。

```
    #include<stdio.h>
    main()
    {
      int x=1,y=0,a=0,b=0;
      switch(x)
      {
        case 1:
        switch(y)
        {
          case 0:a++;break;
          case 1:b++;break;
        }
        case 2:a++;b++;break;
        case 3:a++;b++;
      }
      printf("a=%d,b=%d\n",a,b);
    }
```

A. a=1,b=0　　　　　B. a=2,b=2　　　　C. a=1,b=1　　　　D. a=2,b=1

7. 若变量已正确定义，执行下面程序段：

```
    int a=3,b=5,c=7;
    if(a>b) a=b;c=a;
    if(c!=a) c=b;
    printf("%d,%d,%d\n",a,b,c);
```

其输出结果是（　　　）。

A. 3,5,3　　　　　　B. 3,5,5　　　　　C. 3,5,7　　　　　D. 程序段语法有错误

二、填空题

1. 以下程序将 3 个数从小到大输出。

```
main()
{
    float a,b,c,t;
    scanf("%f%f%f",&a,&b,&c);
    if(    (1)    ) {t=a;a=b;b=t;}
    if(a>c) {t=a;    (2)    ;c=t;}
    if(b>c) {t=b;b=c;c=t;}
    printf("%5.2f,%5.2f,%5.2f\n",_____;
}
```

2. 若变量已正确定义，则下面程序的运行结果是_____。

```
main()
{
  int a=2,b=7,c=5;
  switch(a>0)
  {
    case 1:switch(b<0)
    {
      case 1:printf("@");break;
      case 0:printf("!");break;
    }
    case 0:switch(c==5)
    {
      case 0:printf("*");break;
      case 1:printf("#");break;
      default:printf("%");break;
    }
    default:printf("&");
  }
  printf("\n");
}
```

3. 执行下面程序的输出结果是_____。

```
main()
{
  int x,y=1,z=10;
  if(y!=0) x=5;
    printf("x=%d\t",x);
  if(y==0) x=3;
  else x=5;
    printf("x=%d\t\n",x);
  x=1;
  if(z<0)
    if(y>0) x=3;
    else  x=5;
    printf("x=%d\t\n",x);
    if(z=y<0) x=3;
    else if(y==0) x=5;
  else x=7;
```

```
    printf("x=%d\t",x);
  printf("z=%d\t\n",z);
  if(x=z=y) x=3;
  printf("x=%d\t",x);
  printf("z=%d\t\n",z);
}
```

三、编程题

1. 从键盘上输入 3 个数，编程实现 3 个数的比较，按由小到大顺序输出这 3 个数。

2. 从键盘上输入一个数，如果该数为正数，求出它的平方根；如果该数为负数，求出这个数的立方。

3. 函数 $y=\begin{cases} 2x & (x<1) \\ 3x+2 & (1\leqslant x\leqslant 10) \\ 4x-10 & (x>10) \end{cases}$，从键盘上任意给 x 赋一数值，编写程序输出 y 的值。

4. 编写程序求某月某天到年底的天数。

5. 输入一个不超过 5 位的正整数，编写程序：（1）求出它是几位数；（2）分别输出每位数字。

第 5 章　循环结构的程序设计

用户编写程序时经常会遇到一些需要进行多次重复的问题，为解决这类问题，C 语言提供了循环语句，用以完成重复的计算问题。C 语言中用于循环控制的语句有 for 语句、do...while 语句和 while 语句，以及通常与它们配合使用的空语句、复合语句、break 语句、continue 语句、goto 语句等。

5.1　用 goto 语句构成循环结构

一段反复执行若干次的程序段就构成了循环结构，C 语言中专门用来进行循环结构程序控制的语句就是循环语句，反复执行的程序段被称为循环体。循环语句是在给定条件成立时，反复执行某个程序段的语句。

下面以求 sum=1+2+3+…+100 为例介绍 goto 语句与 if 语句一起构成的循环结构。

问题分析：考虑 sum=1+2+3+…+100，因此计算 sum 可用加法运算来实现，每次在原有结果的基础上加上一个数，而这个数是从 1 变化到 100 的，在程序中这个数是用变量 i 每次增加 1 实现，sum 变量存放求和的中间值和最后结果值。求 sum=1+2+3+…+100 的流程如图 5-1 所示。

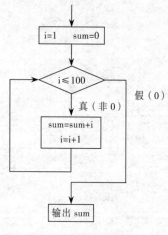

图 5-1　求和流程图

自然语言描述该算法如下：

S1：变量赋初值 i=1,sum=0。

S2：如果 i≤100，则执行 S3；否则，转去执行 S4。

S3：（反复执行的这个程序段被称为循环体）

　S3.1：进行累加运算 sum=sum+i。

　S3.2：变量 i 增 1，得到下一个加数的值，i=i+1。

　S3.3：无条件转移到 S2。

S4：结束循环，输出累加和 sum。

【例 5.1】用 goto 语句与 if 语句一起构成循环结构编写求 SUM=1+2+3+…100 的程序。

```
main()
{
  int i,sum=0;
  i=1;
  loop:if(i<=100)
  {
```

```
        sum=sum+I;
        i++;
        goto loop;
    }
    printf("SUM=%d\n",sum);
}
```

运行结果：
　　SUM=5050

5.2　while 语句

while 语句用来实现"当型"循环结构。它的一般形式如下：
　　　　while(表达式)
　　　　　　语句
它的流程如图 5-2 所示。

　　这里的语句称为循环体，它可以是一条单独的语句，也可以是复合语句。while 语句的执行步骤如下：

　　（1）求出表达式的值，当值为真（非 0）时，执行步骤（2），若值为 0，则执行③。

　　（2）执行循环体内的语句，转向执行步骤（1）。

　　（3）结束 while 循环，执行 while 循环体后的语句。

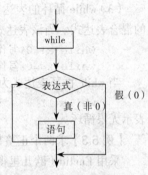

图 5-2　while 语句流程图

　　每执行完一次循环体后，要判断表达式的真假，为真时继续执行循环体，为假时结束 while 语句。即当表达式为真时，反复执行其后跟的循环体。

　　while 循环的执行功能与其他高级语言中的相似，但因为可用任意合法的 C 表达式作为控制表达式，所以对于同一功能可以写出很多形式的 while 循环。如果不能灵活掌握 C 语言的各种表达式和控制条件，对一些控制条件则难以理解，如下面这个简单的循环：

```
    x=10;while(x!=0) x--;        /*退出循环时 x 为 0*/
```
可以写成：
```
    x=10;while(x) x--;           /*退出循环时 x 为 0*/
```
可以改写成：
```
    x=10;while(x--);             /*退出循环时 x 为-1*/
    x++;                         /*使 x 值自增 1*/
```

【例 5.2】用 while 语句编写程序，求 sum=1+2+…+100。

其 N-S 图如图 5-3 所示。

```
    main()
    {
        int i,sum=0;
        i=1;
        while(i<=100)
        {
            sum=sum+i;
            i++;
        }
        printf("SUM=%d\n",sum);
    }
```

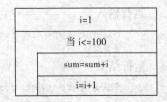

图 5-3　使用 while 语句的 N-S 图

运行结果：

```
SUM=5050
```

说明：

（1）在 while 循环中应在循环内改变 while 表达式中变量的值，使此表达式最终得到 0 值，使循环趋向于结束。例如，本例中使循环结束的条件是"i<=100"，可见循环中至少要有一个改变循环条件的表达式或语句，而语句"i++"是使"i>100"的语句。如果无此语句，该循环将永远不结束，通常称为"死循环"。

（2）这种循环结构在执行循环体前，先判别表达式是否成立，只有表达式为非 0 时，才执行循环体。因此，循环体有可能一次也不执行。

（3）while 循环的表达式一般是关系表达式，它表明进行循环的条件，有时也使用关系与逻辑的混合表达式。当该表达式表示不等于 0 或等于 0 的关系时，经常使用如下省略形式：

```
while(x!=0)写作 while(x)
while(x==0)写作 while(!x)
```

当 while 循环表达式为永真（为 1）时，即形式如下：

```
while(1)
```

表示无限循环。

【例 5.3】求两个正整数的最大公因子。

采用 Euclid（欧几里得）算法来求最大公因子，其算法如下：

（1）输入两个正整数 m 和 n。

（2）用 m 除以 n，余数为 r，如果 r 等于 0，则 n 是最大公因子，算法结束，否则执行步骤（3）。

（3）把 n 赋给 m，把 r 赋给 n，转向执行步骤（2）。

例如：假设 m=49、n=21，用 m 除以 n，余数为 7。由于 7≠0，将 n 赋给 m、r 赋给 n，这时 m=21，n=7；再次用 m 除以 n，21 除以 7，余数为 0，此时的 n 值 7 就是 49 和 21 的最大公因子。其程序如下：

```
main()
{
  int m,n,r;
  printf("please type in two positive integers\n");
  scanf("%d%d",&m,&n);
  while(n)
  {
    r=m%n;
    m=n;
    n=r;
  }
  printf("Their greatest common divisor is %d\n",m);
}
```

运行输入：

```
please type in two positive integers
49 21
```

运行结果：

```
Their greatest common divisor is 7
```

再次运行输入:

```
please type in two positive integers
50 100
```

再次运行结果:

```
Their greatest common divisor is 50
```

在这个程序中判别的是 n 是否为 0, 因为在循环体中 r 的值已赋给了 n, 所以判断的就是原来 m%n 的余数, printf 中输出的 m 也是如此, 这是原来的 n 值, 也就是最大公因子。另外

```
while(n)
```

也可以写成:

```
while(n!=0)
```

因为 n 非 0 时为真, 与 n!=0 为真时是一致的, 当然对初学者 n!=0 可能更清楚些。

5.3 do...while 语句

C 语言还提供了另一种循环语句 do...while 语句, 它的一般形式如下:

```
do
  语句
while(表达式);
```

它的流程如图 5-4 所示。

do...while 循环的执行步骤如下:

(1) 执行 do 和 while 之间的语句。

(2) 求出 while 后的表达式值, 若值为非 0, 执行步骤(1); 若值为 0, 执行步骤(3)。

(3) 结束循环, 去执行 do...while 循环后的语句。

说明:

(1) 无论 while 后的表达式值是什么, 循环体总是先执行一次。

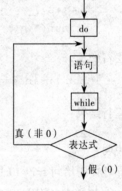

图 5-4　do...while 语句流程图

(2) 在循环内应该改变 while 后的表达式中变量的值, 使之最终能得到一个零值而退出循环。

(3) do...while 语句与 while 语句的差别在于: while 语句先判断后执行, do...while 语句先执行后判断。当条件不满足时, while 语句不执行循环体中的内容, 而 do...while 语句至少要执行一遍循环体。

(4) 在 do...while 语句中, while(表达式)后面必须带一分号 ";"。

【例 5.4】用 do...while 语句编写程序求 SUM=1+2+3+…100。

其 N-S 图如图 5-5 所示。

```
main()
{
int i,sum=0;
i=1;
do
{
  sum=sum+i;
  i++;
```

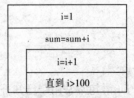

i=1
sum=sum+i
i=i+1
直到 i>100

图 5-5　使用 do...while 语句的 N-S 图

```
        }while(i<=100);
        printf("SUM=%d\n",sum);
    }
```
运行结果：

　　　SUM=5050

【例 5.5】将一个整数的各位数字颠倒后输出。

对于这个问题，需要首先提取最后一个数字输出，这可用取 10 的模运算余数来求得，然后去掉最低位再取 10 的模运算余数就得到次低位，依此类推，可得到整数数字的反序。其程序如下：

```
    main()
    {
    int i,r;
    printf("Input an integer\n");
    scanf("%d",&i);
    do
    {
      r=i%10;
      printf("%d",r);
    }while((i/=10)!=0);
    printf("\n");
    }
```
运行输入：

```
Input an integer
1234
```
运行结果：

```
4321
```

说明：

循环体中语句 r=i%10;是求最后一位的余数，接着用 printf()输出它。在 while 部分，首先计算 i/=10，它相当于 i=i/10。

由于 i 是整数，整数相除的商仍是整数，运算结果就是去掉 i 的最后一位数，这时再判断剩下的部分是否为 0，如果为 0 则表示所有的位都已经转换完了，循环结束；如果不为 0，就说明此整数中还有没有被转换的位数，就继续执行循环体。这里用 do…while 循环，不管输入的数据有多少位总要进行颠倒。这是很自然的，因为输入的数至少有一位，做一次转换是不会出错的。

再次运行输入：

```
Input an integer
0
```
再次运行结果：

```
0
```

5.4　for 语句

for 语句常常用于已知开始条件和结束条件的重复问题。for 语句的一般形式如下：

　　for(表达式 1;表达式 2;表达式 3) 语句

for 循环的 3 个表达式起着不同的作用。表达式 1 用于进入循环之前给某些变量赋初值；表达式 2 表明循环的条件，它与 while 循环的表达式起相同作用；表达式 3 用于循环一次后对某些变量的值进行修正，是使循环趋向结束的语句。for 中的语句称为循环体，是一条单独的语句或复合语句。

for 语句的执行过程是：

（1）求解表达式 1。

（2）求解表达式 2，若其值为真（非 0），则转向执行步骤（3）。若其值为假（0），则转向执行步骤（5）。

（3）执行 for 循环中的语句，转向执行步骤（4）。

（4）计算表达式 3，转向执行步骤（2）。

（5）for 语句结束，执行其后的语句。

for 语句的程序流程如图 5-6 所示。

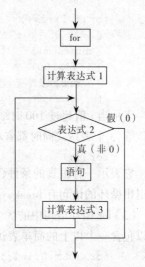

图 5-6　for 语句的程序流程图

【例 5.6】用 for 语句求 SUM=1+2+3+…+100。

```
main()
{
int i,sum=0;
for(i=1;i<=100;i++) sum=sum+i;
printf("SUM=%d",sum);
}
```

运行结果：

```
SUM=5050
```

说明：

（1）语法规定：循环体语句只能包含一条语句，若需多条语句，应使用复合语句，此规定也同样适用于 while 和 do…while 循环语言。

（2）for 语句中的 3 个表达式之间用分号隔开，可以省略其中任意 1 个、2 个表达式，甚至可以都不写，但用于分隔表达式的分号"；"不能省略。例如：

```
x=0;
for(;x<100;) ++x;
```

① 当表达式 1 省略时，表示该循环无初值，也许初值已在前面给出。

② 当表达式 3 省略时，有可能产生死循环，一般在循环体中增加一个改变循环结束条件的语句。

③ 当表达式 1 和表达式 3 同时省略时，for 语句就相当于 while 语句。例 5.6 也可用如下程序段来完成。

```
i=1;
for(;i<=100;)    /*这里省略了表达式1和表达式3,其中for就相当于 while(i<=100)*/
{
sum=sum+i;
i++;
}
```

④ 当表达式 2 省略时，程序无法靠 for 循环语句本身的条件来控制结束，也就是说没有终止条件，这会引起无限循环。因此循环体中一定要有能转出循环的语句，例如：

```
for(i=1;;i++)
{
  sum=sum+i;
  if(i>100)
    break;
}
```

表示当 i 值超过 100 时结束循环。语句 break 在这里的作用是跳出循环。

⑤ 3 个表达式同时都省略，其形式为：

```
for(;;)
```

它表示一种恒真的条件，在这种情况下，很显然退出循环要靠循环体中的语句来完成。能完成退出循环的语句有 break、goto、return 和 exit()函数。

（3）for 循环语句中的 3 个表达式可以是任何有效的 C 语言表达式。经常用逗号表达式，这样可以包含一个以上的简单表达式。例如：

```
for (sum=0,i=1;i<=100;i++)
    sum=sum+i;
```

又如：

```
for(printf(":");scanf("%d",&x),t=x;printf(":"))
printf("x*x=%d t=%d\n",x*x,t);
```

当给 x 输入 0 时，以上 for 循环将结束执行。在此 for 语句中，"scanf("%d",&x),t=x" 是循环控制表达式，这是一个逗号表达式，以 t=x 的值作为此表达式的值，因此只有 x 的值为 0 时，表达式的值才为假，循环才会结束。

（4）for 语句的使用十分灵活，它与其他高级语言中的 for 循环（或 do 循环）有很大区别。for 语句中条件测试总是在循环开始时进行的。例如：

```
x=10;
for(y=10;y!=x;++y) printf("%d",y);
```

以上 for 循环一次也不执行。

（5）在循环体中如果执行了一个 break 语句，例如：

```
for(;;) {scanf("%d",&x); if(x==123) break;}
```

将使本层循环中止，使流程跳出本层循环。

【例 5.7】输入 10 个字符，输出最大的 ASCII 值。

```
#include "stdio.h"
#define NUM 10
main()
{
  int i,c,max;
  max=0;
  for(i=1;i<=NUM;i++)
    if((c=getchar())>max)
      max=c;
  printf("The largest ASCII value is %d\n",max);
}
```

运行输入：

```
12 AB9 xab
```

运行结果：

```
The largest ASCII value is 120
```

此程序首先让 max 等于 0，然后每次读入字符后就与 max 比较；当 max 比输入的字符的 ASCII 值小时，就把较大的 ASCII 值赋给 max，这样 max 在循环过程中总保存有到此时为止最大的 ASCII 码值；最后当循环结束时，输出的值就是 10 个字符中最大的 ASCII 码值。

【例 5.8】求 Fibonacci 数列的前 20 个数。

Fibonacci 数列的定义为：

$$Fn = \begin{cases} 0 & (n=1) \\ 1 & (n=2) \\ F_{n-1}+F_{n-2} & (n>2) \end{cases}$$

即从第三项起每项都是前两项的和。

求解 Fibonacci 数列，可以采用循环迭代的方法，设 f1=0，f2=1，f3=f1+f2，f1=f2，f2=f3，依此类推。其 N–S 图如图 5–7 所示。

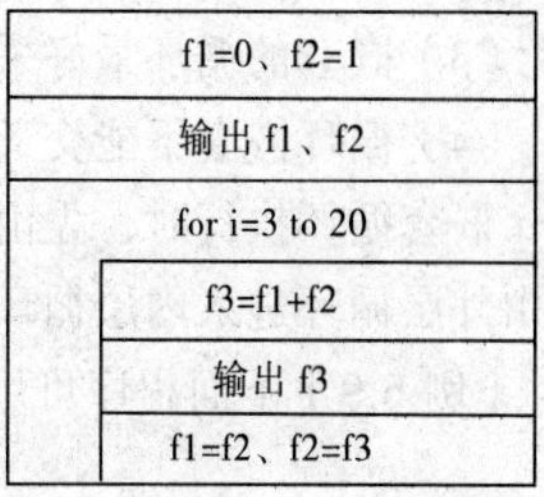

其程序如下：

```
main()
{
  int i,f1,f2,f3;
  f1=0;
  f2=1;
  printf("%10d%10d",f1,f2);
  for(i=3;i<=20;i++)        /*从第三项起循环*/
  {
    f3=f1+f2;               /* 前两项之和*/
    printf("%10d",f3);
    if(i%5==0)              /*每行输出 5 个值*/
      printf("\n");
    f1=f2;
    f2=f3;
  }
  printf("\n");
}
```

f1=0，f2=1
输出 f1、f2
for i=3 to 20
f3=f1+f2
输出 f3
f1=f2、f2=f3

图 5–7　循环迭代方法的 N–S 图

运行结果：

```
     0         1         1         2         3
     5         8        13        21        34
    55        89       144       233       377
   610       987      1597      2584      4181
```

程序中变量 f3 就是本例要求的 Fibonacci 数列的一个值，每次循环求得 f3 后，f1 和 f2 被新的值替代，这就是所谓的迭代。这样经规定的循环次数后，求得 Fibonacci 数列的值。

循环中的语句：

```
if(i%5==0)
printf("\n");
```

表示每输出 5 个值换一行。因为 i 的值从 3 开始，因此执行循环 3 次时输出第一个换行符，此时刚好输出 5 个值，以后都是每循环 5 次输出一个换行符。

5.5　循环嵌套结构

如果将一个循环语句用于另一个循环语句的循环体中，就构成了嵌套循环，while、do…while 和 for 这 3 种循环均可以相互嵌套，即在 while 循环、do…while 循环和 for 循环体内，都可以完整地包含上述任一种循环结构。嵌套的循环（即多重循环）常用于解决矩阵运算、报表打印这类问题。

使用嵌套的循环，应注意以下问题：

（1）在嵌套的各层循环体中，若使用复合语句，应用一对大花括号将循环体语句括起来以保证逻辑上的正确性。

（2）内层和外层循环控制变量不应同名，以免造成混乱。

（3）嵌套的循环最好采用向右缩进格式书写，以保证层次的清晰性。

（4）循环嵌套不能交叉，即在一个循环体内必须完整地包含着另一个循环。

嵌套循环执行时，先由外层循环进入内层循环，并在内层循环终止之后接着执行外层循环，在由外层循环进入内层循环中，当外层循环终止时，程序结束。

【例 5.9】下面程序可用于演示嵌套循环的执行过程。

```
main()
{
    int i,j;
    for(i=0;i<3;i++)
    {
        printf("i=%d:",i);
        for(j=0;j<4;j++)
            printf("j=%-4d",j);
        printf("\n");
    }
}
```

运行结果：

```
i=0:j=0    j=1    j=2    j=3
i=1:j=0    j=1    j=2    j=3
i=2:j=0    j=1    j=2    j=3
```

【例 5.10】编程输出图 5-8 所示的九九乘法表。

1	2	3	4	5	6	7	8	9
1								
4								
6	9							
8	12	16						
5	10	15	20	25				
6	12	18	24	30	36			
7	14	21	28	35	42	49		
8	16	24	32	40	48	56	64	
9	18	27	36	45	54	63	72	81

图 5-8　九九乘法表

问题分析：打印三角形的关键是控制每行打印的列数，规律是：第 1 行打印 1 列，第 2 行打印 2 列，……，第 9 行打印 9 列，即第 m 行打印 m 列，而在上例中是每行都打印 9 列。其 N–S 图如图 5-9 所示。

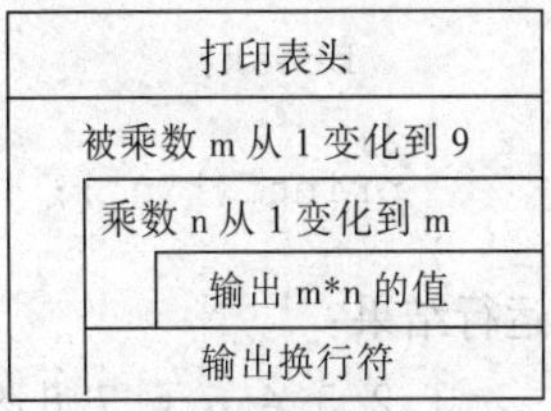

其程序如下：

打印表头
被乘数 m 从 1 变化到 9
乘数 n 从 1 变化到 m
输出 m*n 的值
输出换行符

图 5-9　输出乘法九九表的 N–S 图

```
main()
{
  int m,n;
  for(m=1;m<10;m++)
  printf("%4d",m);                 /*打印表头*/
  printf("\n");
  for(m=1;m<10;m++)
    printf(" _");
  printf("\n");
  for(m=1;m<10;m++)                 /*被乘数 m 从 1 变化到 9*/
  {
    for(n=1;n<=m;n++)              /*乘数 n 从 1 变化到 m*/
      printf("%4d",m*n);          /*输出第 m 行 n 列中的 m*n 的值*/
    printf("\n");                  /*输出换行符，准备打印下一行*/
  }
}
```

5.6　循环结构中使用 break 和 continue 语句

在循环结构中，我们还经常使用 break 和 continue 语句，break 语句的作用是强制跳出循环体；continue 语句的作用是结束本次循环。break 和 continue 语句的区别是，前者强制跳出循环体，转到循环语句外的下一条语句去执行；continue 语句是结束本次循环，而不是终止整个循环语句的执行。在本节中介绍 break 和 continue 语句的具体使用。

5.6.1　break 语句

break 语句不仅用于实现退出 switch…case 语句，还可以用于实现中途退出循环体。

break 语句一般在循环次数不能确定的情况下使用，通常在循环体中增加一个分支结构，其执行过程是，当条件成立时，由 break 语句退出循环体，结束循环过程。

break 语句有两个用途：

（1）在 switch 语句中用来使流程跳出 switch 结构，继续执行 switch 语句后面的语句。

（2）用在循环体内，迫使所在循环立即终止，即跳出本层循环体，执行循环体后面的语句。

【例 5.11】break 语句结束循环。

```
main()
{
  int i;
  for(i=1;i<=100;i++)
  {
    printf("%d",i);
    if(i>9)
```

```
      break;
    }
    printf("\n");
}
```

运行结果：

1 2 3 4 5 6 7 8 9 10

虽然 for 语句规定的循环是 i 从 1 到 100，但当 i 等于 10 时，执行一个 break 语句，此时 break 强制从循环中跳出而不继续去判断 i 是否小于等于 100。

说明：

（1）由于 break 语句只能用于循环语句和 switch…case 语句中。当 break 出现在循环体内的 case 或 default 后面，其作用只是跳出该 switch 语句；当 break 出现在循环体内，但不在 switch 语句中，则在执行 break 后，跳出本层循环。

（2）break 语句只能结束包含它的最内层循环，而不能跳出多重循环。例如：

```
for()
{
  …
  while()
  {
    …
    if()
      break;
    …
  }
  …
}
```

（3）break 语句的执行使程序从内层 while 循环中退出，继续执行 for 循环的其他语句而不是退出外层循环。

【例 5.12】求调和级数中第多少项的值大于 10。

调和级数的第 n 项的形式：$1 + 1/2 + 1/3 + \cdots + 1/n$，本例要求的就是使值大于 10 的最小的 n。其程序如下：

```
#define LIMIT 10
main()
{
  int n;
  float sum;
  sum=0.0;
  n=1;
  for(;;)
  {
    sum=sum+1.0/n;
    if(sum>LIMIT)
      break;
    n++;
  }
  printf("n=%d\n",n);
}
```

运行结果：

```
n=12367
```

这里 for 循环不判断终止条件，如果循环体中没有退出循环的语句，循环将无休止地进行下去，而 break 语句的设置正是为了在满足一定条件后，能从循环中退出。

5.6.2　continue 语句

continue 语句只能用于循环语句中。其功能是立即结束本次循环，即遇到 continue 语句时，不执行循环体中 continue 后的语句，立即转去判断循环条件是否成立。

说明：

（1）在 while 和 do...while 循环中，continue 语句将使控制直接转向条件测试部分，从而决定是否继续执行循环。在 for 循环中，遇到 continue 语句后，首先计算 for 语句中表达式 3 的值，然后再执行条件测试表达式 2，最后根据测试结果来决定是否继续执行 for 循环。

（2）continue 和 break 语句的区别：continue 只结束本次循环，而不是终止整个循环语句的执行，break 则是终止整个循环语句的执行，并跳出所在循环体，转到循环语句外的下一条语句去执行。

【例 5.13】求输入的正数之和。

```c
main()
{
  int i,n,sum=0;
  for(i=1;i<=10;i++)
  {
    scanf("%d",&n);
    if(n<0)
      continue;
    sum=sum+n;
  }
  printf("SUM=%d\n",sum);
}
```

5.7　循环语句之间的差异

（1）3 种循环（while 语句、do...while 语句、for 语句）都可以用来处理同一个问题，一般情况下它们可以互相代替。

（2）while 和 do...while 循环，在循环中包含反复执行的循环体和使循环趋于结束的语句。for 循环可以在表达式 3 中包含使循环趋于结束的操作，甚至可以将循环体中的操作全部放到表达式 3 中。因此，for 语句的功能更强，凡用 while 循环能完成的，用 for 循环都能实现。

（3）用 while 和 do...while 循环时，循环变量初始化的操作应在执行 while 和 do...while 语句之前完成，而 for 语句可以在表达式 1 中实现或也可在执行 for 语句之前实现循环变量的初始化。

（4）while 和 for 语句是先判断表达式的值，后执行循环体语句；而 do...while 循环是先执行循环体语句，后判断表达式的值。

（5）对于 while 语句、do...while 语句和 for 语句来说，可以用 break 语句跳出循环，用 continue 语句结束本次循环。而对用 goto 语句和 if 语句构成的循环，则不能用 break 语句和 continue 语句进行控制。

（6）如果 break 出现在循环体内的 switch 语句中的 case 或 default 后面，其作用只是跳出 该 switch 语句，不跳出本层循环。如果 break 出现在循环体内，但不在 switch 语句中，则在执行 break 后，跳出本层循环。

5.8　程　序　举　例

【例 5.14】我国古代数学家张丘建编写的《算经》中提出了有名的"百鸡问题"：鸡翁一，值钱五；鸡母一，值钱三；鸡雏三，值钱一。百钱买百鸡，问鸡翁、鸡母、鸡雏各几何？

分析：这是一个不定方程问题，设 x、y、z 分别表示翁、母、雏 3 个量，全买 x 则最多不过 20 只，同理全买 y 不过 34 只，这里不定方程为 $5x+3y+z/3=100$，其解不只一组。

程序如下：

```
main()
{
  int x,y,z;
  for(x=1;x<=20;x++)
   for(y=1;y<=33;y++)
   {
     z=100-x-y;
     if((z%3==0)&&(5*x+3*y+z/3==100))
       printf("cock=%d\t hen=%d\t chicken=%d\n",x,y,z);
   }
}
```

运行结果：

```
cock=4        hen=18        chicken=78
cock=8        hen=11        chicken=81
cock=12       hen=4         chicken=84
```

【例 5.15】求 100～200 间的全部素数。

分析：让 m 被 2 到 $(m-1)$ 除，如果 m 能被 2～$(m-1)$ 之中任何一个整数整除，则提前结束内层循环，此时 i 必然小于 m；如果 m 不能被 2～$(m-1)$ 之间的整数整除，则在完成最后一次循环后，i 还要加 1，即 $i=m-1+1$，然后才终止循环。在循环之后判别 i 的值是否大于或等于 m，若是，则表明未曾被 2～$(m-1)$ 间任一整数整除过，因此输出"是素数"。

```
main()
{
  int m,i,n=0;
  for(m=101;m<=200;m=m+2)
  {
      if(n%10==0) printf("\n");
       for(i=2;i<m;i++)
        if(m%i==0) break;
    if(i>=m) {printf("%d",m);n=n+1;}
  }
  printf("\nprime number= %d\n",n);
}
```

运行结果：

```
101    103    107    109    113    127    131    137    139    149
151    157    163    167    173    179    181    191    193    197
199
prime number=21
```

如果让 m 被 $2\sim\sqrt{m}$ 除，则循环次数减少，运行结果相同，请读者分析如下程序：

```
#include "math.h"
main()
{
    int m,k,i,n=0;
    for(m=101;m<=200;m=m+2)
    {
        if(n%10==0) printf("\n");
        k=sqrt(m);
        for(i=2;i<=k;i++)
            if(m%i==0) break;
        if(i>=k+1) {printf("%d",m);n=n+1;}
    }
}
```

【例 5.16】译密码。为使电文保密，往往按一定规律将其转换成密码，收报人再按约定的规律将其译回原文。例如，对英文字母 A～Z、a～z，即：

ABCDEFGHIJKLMNOPQRSTUVWXYZ 和 abcdefghijklmnopqrstuvwxyz

可以按以下规律将电文变成密码：

将字母 A 变成字母 E、a 变成 e，即变成其后第 4 个字母；W 变成 A、X 变成 B、Y 变成 C、Z 变成 D。小写字母也按上述规律转换，非字母不变。例如，"China!"转换为"Glmre!"。

输入一行字符，要求输出其相应的密码，程序如下：

```
#include "stdio.h"
main()
{
    char c;
    while ((c=getchar())!='\n')
    {
        if((c>='a'&&c<='z')||(c>='A'&&c<='Z'))
        {
            c=c+4;
            if(c>'Z'&&c<='Z'+4||c>'z')
                c=c-26;
        }
        printf("%c",c);
    }
}
```

运行输入：

China!

运行结果：

Glmre!

本 章 小 结

1. for 循环语句

for 语句构成的循环一般形式为：

    for(表达式1;表达式2;表达式3) 语句;

循环体语句只能包含一条语句，若需多条语句，应使用复合语句。for 语句中条件测试总是在循环开始进行。语句中的 3 个表达式可以是任何有效的 C 语言表达式，表达式可以部分或全部省略，但";"不能省略。

2. 在循环体内使用 break 语句和 continue 语句

break 语句用在 switch 语句和循环体内，迫使 switch 语句结束或循环立即终止。当 break 出现在循环体内的 case 或 default 后面，其作用只是跳出该 switch 语句，当 break 出现在循环体内，但不在 switch 语句中，则在执行 break 后，跳出本层循环。

在 while 和 do...while 循环中，continue 语句使得控制直接跳到循环控制条件的测试部分，然后决定循环是否继续进行。在 for 循环中，遇到 continue 后，首先求 for 语句中表达式3的值，然后执行表达式2的条件测试，最后根据表达式2的值决定 for 循环是否继续执行。在循环体内不论 continue 是作为何种语句的语句成分，都将按上述功能执行，这点与 break 有所不同。

continue 语句和 break 语句的主要区别在于：continue 语句只结束本次循环，而不是终止整个循环的执行，break 语句则是结束所在循环，跳出所在循环体。

习 题 五

一、选择题

1. 下列程序的运行结果是（　　）。

```
#include "stdio.h"
main()
{
  int i;char c;
  for(i=0;i<=5;i++){c=getchar();putchar(c);}
}
```

程序执行时从第一列开始输入以下数据，<CR>代表换行符。

    u<CR>
    w<CR>
    xsta<CR>

A. uwxsta　　　　　B. u　　　　　　　C. u　　　　　　　D. u

　　　　　　　　　　w　　　　　　　　w　　　　　　　w

　　　　　　　　　　x　　　　　　　　xs　　　　　　　xsta

2. 下列程序的运行结果是（　　）。

```
#include "stdio.h"
main()
{
  int y=10;
  while(y--);
```

```
        printf("y=%d\n",y);
    }
```

A.　y=0　　　　　　　　B.　while 构成无限循环　　　C.　y=1　　　　　　D.　y=-1

3. 若 k 为整型，则 while 循环（　　　）。

```
    k=10;
    while(k==0) k=k-1;
```

A.　执行 10 次　　　　　B.　执行 9 次　　　　　　C.　一次也不执行　　D.　执行一次

4. 在 C 语言中，为了结束由 do…while 语句构成的循环，while 后一对圆括号中表达式的值应该为（　　　）。

A.　0　　　　　　　　　B.　1　　　　　　　　　C.　true　　　　　　D.　非 0

5. 现有以下语句：

```
    i=1;
    for(;i<=100;i++)sum+=i;
```

与上列语句序列不等价的有（　　　）。

A.　for(i=1; ;i++)
　　sum+=i;if(i==100) break;

B.　for(i=1;i<=100;)
　　{ sum+=i;i++; }

C.　i=1;
　　for(; i<=100 ;)
　　{ sum+=i;i++; }

D.　i=1;
　　for(; ;)
　　{ sum+=i;if(i==100) break; i++;}

6. 下列程序的运行结果是（　　　）。

```
    #include "stdio.h"
    main()
    {
      int i,j,x=0;
      for(i=0;i<2;i++)
      {
        x++;
        for(j=0;j<=3;j++)
        {
            if(j%2) continue;
            x++;
        }
        x++;
      }
      printf("x=%d\n",x);
    }
```

A.　x=4　　　　　　　　B.　x=8　　　　　　　　C.　x=6　　　　　　D.　x=12

7. 下列程序的运行结果是（　　　）。

```
    main()
    {
        int a=5;
        while(--a)printf("%d",a-=3);
        printf("\n");
    }
```

A.　1　　　　　　　　　B.　4　　　　　　　　　C.　2　　　　　　　D.　死循环

8. 有如下程序段：

```
int i=0;
while(i++<=2);printf("i=%d\n",i);
```

则正确地执行结果是（　　　）。

　A．i=2　　　　　　　　B．i=4　　　　　　　C．i=3　　　　　　D．无结果

9. 下列程序的运行结果是（　　　）。

```
main()
{
    int x=3;
    do
    {printf("%3d",x-=2);}
    while(--x);
}
```

　A．1　　　　　　　　　B．1 -2　　　　　　　C．303　　　　　　D．死循环

10. 下列程序的运行结果是（　　　）。

```
main()
{
    int i;
    for(i=1;i<=40;i++)
    {
        if(i++%5==0)
            if(i++%8==0) printf("%d",i);
    }
    printf("\n");
}
```

　A．24　　　　　　　　　B．17　　　　　　　　C．40　　　　　　D．32

11. 下列不构成无限循环的语句或语句组是（　　　）。

　A．m=0;
　　do{++m;}while(m<=0);

　B．m=0;
　　while(1){m++;}

　C．m=10;
　　while(m);{m--;}

　D．for(m=0,i=1;;i++)m+=i

二、填空题

1. 下列程序的运行结果是＿＿＿＿＿＿。

```
#include "stdio.h"
main()
{
    int i;
    for(i=1;i+1;i++)
    {
        if(i>4)
        {
            printf("%d\t",i++);
            break;
        }
        printf("%d\t",i++);
    }
}
```

2. 输出 100 以内（不含 100）能被 3 整除且个位数为 6 的所有整数。

```
main()
{
  int i,j;
  for(i=0;____(1)____;i++)
  {
    j=i*10+6;
    if(____(2)____)countinue;
    printf("%d",j);
  }
}
```

3. 试求出 1000 以内的"完全数"。

提示：如果一个数恰好等于它的因子之和（因子包括 1，不包括数本身），则称该数为"完全数"。例如，6 的因子是 1、2、3，而 6 = 1+2+3，则 6 是个"完全数"。

```
main()
{
  int i,a,m;
  for(i=1;i<1000;i++)
  {
    for(m=0,a=1;a<=i/2;a++)
      if(!(i%a))____(1)____;
    if(____(2)____) printf("%4d",i);
  }
}
```

4. 百马百担问题：有 100 匹马，驮 100 担货，大马驮 3 担，中马驮 2 担，两匹小马驮 1 担，问大、中、小马各多少匹？

```
#include "stdio.h"
main()
{
  int hb,hm,h1,n=0;
  for(hb=0;hb<=100;hb+=____(1)____)
  for(hm=0;hm<=100-hb;hm+=____(2)____)
  {
    h1=100-hb-____(3)____;
    if(hb/3+hm/2+2*____(4)____==100)
    {
      n++;
      printf("hb=%d,hm=%d,h1=%d\n",hb/3,hm/2,2*hl);
    }
  }
  printf("n=%d\n",n);
}
```

5. 爱因斯坦的阶梯问题。设一个阶梯，每步跨 2 阶，最后余 1 阶；每步跨 3 阶，最后余 2 阶；每步跨 5 阶，最后余 4 阶；每步跨 6 阶，最后余 5 阶；只有每步跨 7 阶时，正好到阶梯顶。问共有多少阶梯。

```
main()
{
    int ladders = 7;
    while(_____(1)_____)
        ladders+=14;
    printf("Flight Of stairs=%d\n",ladders);
}
```

6. 下列程序计算圆周率（π）的近似值，即π/4=1-1/3+1/5-1/7…。

```
#include "math.h"
#include "stdio.h"
main()
{
    int s;
    float n,_____(1)____;
    double t;
    t=1;pi=0;n=1;s=1;
    while(_____(2)_____>=2e-6)
        {pi+=t;n+=2;s=-s;t=s/n;}
    pi*=_____(3)_____;
    printf("pi=%.6f\n",pi);
}
```

三、编程题

1. 编程从键盘上输入两个整数 m 和 n，求其最大公约数和最小公倍数。提示：设两个数为 m 和 n，如果 m/n 的余数 r 不为 0，则 $m=n$、$n=r$ 继续做除法运算，最后 n 为最大公约数，原 m 和 n 的最大公约数即为最小公倍数。

2. 编程求 $\sum_{n=1}^{10} n!$（即求 1!+2!+3!+…+10!）。

3. 编程求 100～499 之间的所有水仙花数，即各位数字的立方和恰好等于该数本身的数。

4. 编程从键盘上输入若干个学生的成绩，当输入负数时结束，并输出最高成绩和最低成绩。

5. 编程输出如下图案

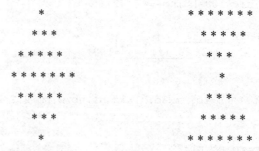

6. 猴子吃桃问题。猴子第一天摘下若干桃子，当即吃掉一半，还不过瘾，又吃了一个。第二天早上又将剩下的桃子吃掉一半，又多吃了一个。以后每天早上都吃了前一天剩下的一半零一个。到第十天想再吃时，只剩下一个桃子了。编程求猴子第一天共摘多少个桃子。

第6章 数　　组

前面各章介绍的是 C 语言的基本数据类型，所用到的变量都是简单变量。除此之外，在 C 语言中还存在构造数据类型，有时也称导出类型（数组、结构体、共用体和指针等）。所谓构造数据类型，顾名思义，它是由基本数据类型按一定规则组合而成的。数组在 C 语言中就是构造数据类型之一，本章主要介绍一维数组和多维数组的定义、使用、初始化等。

6.1　数组和数组元素

在许多实际应用中，需要存储与处理大量的数据。例如，在数值计算中，向量和矩阵的运算，它们不但有多个数据，而且各数据间有一定的次序。再如，在数据处理中，一张表格也有多个数据和行列之间的顺序关系。诸如此类，数据量大，数据间有一定的次序关系的问题，如果用简单的变量来表示，由于简单变量都是各自独立的，相互间没有什么内在的联系，不仅十分烦琐，而且很难描述它们之间的顺序关系，当数据量很大时，使用数量有限的简单变量是无法做到的。

程序处理的对象是数据，数据的关系是多样化的，为了便于存储和处理大批量的或有一定内在联系的数据，需要将多个变量组织成一定的结构形式，即形成一定的数据结构，数据结构也有许多种。数据结构表现数据间的联系，并把这种联系合理地实现。

C 语言中的数组是同一类型的、且顺序排放的数据的集合，这些数据在计算机内存中是一片连续的存储区域。同一个数组中每个元素都用统一的数组名和不同的下标确定。数组的特点是，数组的长度一定、数组元素排列有序且数据类型相同、数组元素的值可以改变。因此，在数值计算与数据处理中，数组常用于处理具有相同类型的、批量有序的数据。

C 语言中，数组的元素用数组名及其后带方括号"[ ]"的下标表示，例如：

```
data[10], a[3][4], su[3][6][5]
```

其中：

（1）data、a、su 称为数组名，数组名的定义与变量名的定义规则相同，遵循标识符的命名规则。

（2）带有一个方括号的称为一维数组；带有两个以上方括号的分别称为二维数组、三维数组、……，二维及二维以上数组统称为多维数组。

（3）数组的元素必须是同一类型的，它们是由数组说明时规定的。数组的类型可以是基本类型，也可以是导出类型。本章介绍基本类型的数组，导出类型的数组将在后面介绍。

（4）方括号中下标表示该数组元素在数组中的相对位置。数组元素是一个带下标的变量，称为下标变量，一个数组元素用一个下标变量标识。在内存中每个数组元素都分配一个存储单元，同一数组的元素在内存中连续存放，占有连续的存储单元。存储数组元素时是按其下标递增的顺序存储各元素的值。下标是整型常量或整型变量，并且从 0 开始。例如，上面的数组 data，它的第一个元素是 data[0]。

（5）数组名表示数组存储区域的首地址，数组的首地址也就是第一个元素的地址。例如，上面的数组 data，它的首地址是 data 或&data[0]，数组名是一个地址常量，不能向它赋值。

（6）数组变量与基本类型变量一样，也具有数据类型和存储类型。数组的类型就是它所有元素的类型。C 语言的数组可以存放各种类型的数据，但同一数组中所有元素必须为同一数据类型。

数组的使用简化了一个集合中每一项（元素）的命名，方便了数据的存取。在程序编译时，根据数组的类型，在相应的存储区分配相应的存储空间。在数值计算和数据处理中，一个向量、一个矩阵、一张表格以及一批实验数据等，都可以用一个数组来表示。

【例 6.1】用数组表示向量 D 和矩阵 A。

$$D=(d0,d1,d2,d3,d4,d5,d6,d7,d8,d9)$$

$$A=\begin{pmatrix} a00 & a01 & a02 \\ a10 & a11 & a12 \\ a20 & a21 & a22 \\ a30 & a31 & a32 \end{pmatrix}$$

向量 D 可以用数组 d 表示，其中的每一个分量为一个数组元素，表示为：

d[0],d[1],d[2],d[3],d[4],d[5],d[6],d[7],d[8],d[9]

矩阵 A 可以用数组 a 表示，其数组元素及排列顺序为：

```
a[0][0] a[0][1] a[0][2]
a[1][0] a[1][1] a[1][2]
a[2][0] a[2][1] a[2][2]
a[3][0] a[3][1] a[3][2]
```

数组名 d 为数组中所有元素共用。在 d 数组中，不同的下标值既区别不同的元素，也表示它们在数组中的位置。例如，d[9]是 d 数组中倒数第一元素，它的前一个元素是 d[8]。同理，a[2][2]是 a 数组中的一个元素，它所在行的前一个元素是 a[2][1]，所在列的下一个元素是 a[3][2]。

按数组的结构形式，一维数组 d 中元素的顺序按线性排列，元素的序号（位置）用一个下标来表示。二维数组 a 中元素按"行列式"的形式排列，元素的位置用行和列两个下标表示。

6.2 一 维 数 组

前面已经介绍了数组和数组元素，在本节中介绍一维数组的定义和一维数组元素的使用，以及利用一维数组知识具体实现冒泡、比较和选择 3 种常用的排序方法。

6.2.1 一维数组的定义和使用

1. 一维数组的定义

一维数组的定义方式为：

类型说明符 数组名[常量表达式] ；

例如：

```
int a[10];
```

它表示数组名为 a，有 10 个元素的数组。内存中一维数组 a 的元素及存储形式如图 6-1 所示（方框内的值为数组元素的值）。

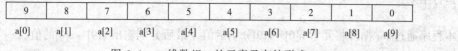

图 6-1 一维数组 a 的元素及存储形式

说明：

（1）类型说明符是用来说明数组元素的数据类型的，可以是本书前面介绍的基本类型，如 int、char、float、double，也可以是后面各章节介绍的构造数据类型（结构体、共用体和指针等）。

（2）数组名后是用方括号括起来的常量表达式，不能用圆括号。例如：

```
int a(10);
```

是非法的表示。

（3）常量表达式表示数组元素个数，即数组的长度。C 语言规定数组元素下标从 0 开始，每维下标的最大值由相应的维定义数值减 1 定义，即维定义数值减 1 是下标的最大值。例如，int a[10]; 维定义数值是 10，下标的最大值是 9，共 10 个元素。下标从 0 开始，这 10 个元素是 a[0]、a[1]、a[2]、a[3]、a[4]、a[5]、a[6]、a[7]、a[8]和 a[9]，不存在数组元素 a[10]。

（4）常量表达式是整型常量或者是用标识符定义的常量，不能包含变量。即在 C 语言中不允许用变量对数组的大小做定义。例如下面是不合法的定义：

```
int n;
int a[n];
    ：
```

下面也是不合法的定义：

```
int n;
scanf("%d",&n);
int a[n];
    ：
```

2．一维数组元素的使用

数组是一种变量，所以必须先定义后才能使用。但是，它与基本类型变量不同，对一个数组中的所有元素不能同时操作，只能每次使用数组中的一个元素。也就是说，数组元素就是变量，它的使用方法和变量相同，可以像变量一样参与赋值、输入、输出及表达式中的运算等操作。一维数组元素的表示形式为：

   数组名 [下标]

其中，下标是一个整型表达式。例如，对数组 int a[10];进行的操作

```
a[0]=100;
a[4]=a[3]+a[5]-a[2*3];
```

都为合法的一维数组使用。

【例 6.2】一维数组元素的赋值和输出。

```
main()
{
  int i,a[10];
  for(i=0;i<=9;i++)  a[i]=i;  /*将元素 a[0]~a[9]分别赋值*/
  for(i=9;i>=0;i--)
```

```
        printf("%d",a[i]);    /*循环输出元素 a[9]~a[0]的值*/
    }
```
运行结果：
```
9 8 7 6 5 4 3 2 1 0
```
本程序通过 for 循环将元素 a[0]~a[9]分别赋值，最后分别输出 a[9]~a[0]的值。

6.2.2 一维数组的初始化

数组元素的值可以用赋值语句或输入语句进行赋值，但占用运行时间。也可以在说明时对数组的元素进行赋值，这称为数组的初始化。在程序编译时，一维数组就得到初值。数组初始化的一般形式为：

      类型说明符 数组名[数组长度]={常量表达式1,常量表达式2,…};

例如：
```
    int a[10]={0,1,2,3,4,5,6,7,8,9};
```
是正确的一维数组初始化。经过上面的初始化后，a[0]=0，a[1]=1，a[2]=2，a[3]=3，a[4]=4，a[5]=5，a[6]=6，a[7]=7，a[8]=8，a[9]=9 。

说明：

（1）数组的长度可以省略，若不指明数组长度，则在设定数组初值时，系统会自动按初值的个数，分配足够的空间。例如：
```
    a[]={0,1,2,3,4,5,6,7,8,9};
```
与上面说明的结果是一样的，一共分配了10个空间，该数组的长度为10。

（2）若指明了数组的长度，而花括号中常量个数小于数组的长度，则只给相应的数组元素赋值，其余赋0值。例如：
```
    int a[10]={0,1,2,3,4};
```
相当于
```
    a[0]=0,a[1]=1,a[2]=2,a[3]=3,a[4]=4,a[5]=0,a[6]=0,a[7]=0,a[8]=0,a[9]=0
```
若数组长度小于初值的个数，例如：
```
    int a[4]={1,2,3,4,5};
```
则会产生编译错误。

（3）当数组被说明为静态（static）或外部存储类型（即在所有函数外部定义）时，在不给出初值的情况下，数组元素将在程序编译阶段自动初始化为0。例如：
```
    static int a[5]; 与 static int a[5]={0,0,0,0,0}
```
是等价的。

对于自动（auto）和寄存器（register）类型的数组，因为在函数调用时才能产生数组，并分配存储空间，所以不能对其进行初始化。此时，数组的值是残留在存储器中的值，其值是不定的。

【例6.3】整型数组的初始化。
```
    int a[]={0,1,0,0,1};
    main()
    {
        int i;
        for(i=0;i<5;i++)
        printf("%d",a[i]);
    }
```

运行结果：

```
0 1 0 0 1
```

6.2.3　一维数组程序举例

【例6.4】冒泡法从小到大排序程序。

冒泡法排序的算法描述如下：

设有 n 个数据，存放到 a[1]～a[n] 的 n 个数组元素中。

（1）依次把 a[1]～a[n] 内两个相邻元素两两比较，即 a[1] 与 a[2] 比，a[2] 与 a[3] 比，……，a[n−1] 与 a[n] 比。

（2）每次两相邻元素比较后，若前一个元素值比后一个元素值大，则交换两元素值；否则，不交换。

假如数组 a 中 a[1]～a[8] 存放 8 个数据如下：

```
2 6 5 4 1 9 8 3
```

a[1]～a[n] 内两两元素依次比较如下：

```
a[1] a[2] a[3] a[4] a[5] a[6] a[7] a[8]
 2    6    5    4    1    9    8    3      不交换
 2    6    5    4    1    9    8    3      交换
 2    5    6    4    1    9    8    3      交换
 2    5    4    6    1    9    8    3      交换
 2    5    4    1    6    9    8    3      不交换
 2    5    4    1    6    9    8    3      交换
 2    5    4    1    6    8    9    3      交换
 2    5    4    1    6    8    9    3
```

由以上示例可以看到，按上述算法进行一轮两两比较，并依条件进行相邻元素的数据交换后，最大数必然被放置在最后一个元素 a[8] 中。对于 8 个元素一轮两两比较需要 7 次比较，对于 n 个元素，两两比较一轮则需进行 n−1 次比较。重复上述算法，把 a[1]～a[7] 中的最大数换到 a[7]，即倒数第二个位置，接下去把 a[1]～a[6] 中最大值换到 a[6] 中，……，最后把 a[1]～a[2] 中最大值换到 a[2] 中，即把 a 数组中 8 个元素中数据按由小到大的次序排好。对于 8 个元素排序，这种重复操作进行 7 轮，对于 n 个元素，则需要重复 n−1 轮。其 N–S 图如图 6–2 所示。

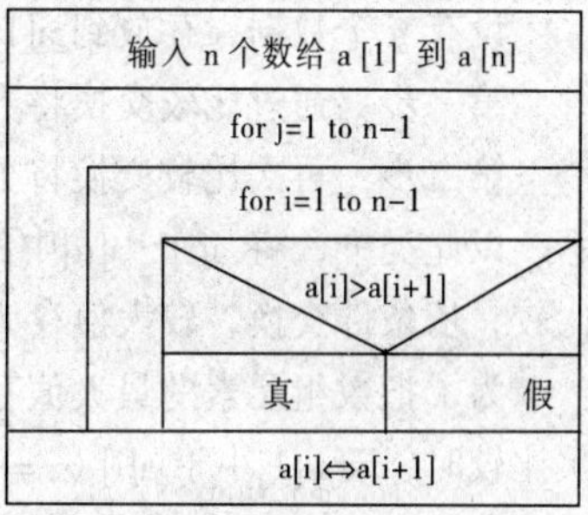

由于上述数组元素排序过程就像水中的大气泡排挤小气泡，由水底逐渐上升到水面的过程，因此称为冒泡排序法。

图 6–2　起泡排序的 N–S 图

完整的过程如下：

```
            a[1] a[2] a[3] a[4] a[5] a[6] a[7] a[8]
初始数组      2    6    5    4    1    9    8    3
第1轮比较      2    5    4    1    6    8    3    9
第2轮比较      2    4    1    5    6    3    8    9
第3轮比较      2    1    4    5    3    6    8    9
第4轮比较      1    2    4    3    5    6    8    9
第5轮比较      1    2    3    4    5    6    8    9
第6轮比较      1    2    3    4    5    6    8    9
第7轮比较      1    2    3    4    5    6    8    9
```

冒泡排序的程序如下：

```
main()
{
  int i,j,t,a[9];
  printf("Input 8 numbers:\n");
  for(i=1;i<=8;i++)
    scanf("%d",&a[i]);
  printf("\n");
  for(j=1;j<=7;j++)
  for(i=1;i<=8-j;i++)
    if(a[i]>a[i+1])
    {t=a[i];a[i]=a[i+1];a[i+1]=t;}
  printf("the sorted numbers:\n");
  for(i=1;i<=8;i++)
    printf("%d",a[i]);
}
```

运行输入：

```
Input 8 numbers:
2 6 5 4 1 9 8 3
```

运行结果：

```
The sorted numbers:
1 2 3 4 5 6 8 9
```

以上程序对 8 个数据排序，为与习惯相符而未用元素 a[0]，定义数组长度为 9，最大下标值为 8。

【例 6.5】比较交换法从大到小排序程序。

比较交换法排序的算法与冒泡法排序不同的是，这里不是相邻元素比较交换，而是将当前尚未排序的首位元素与其后的各元素比较交换，描述如下：

设有 n 个数据，存放到 a[1]~a[n] 的 n 个数组元素中。

第一步：通过比较交换将数组元素 a[1]~a[n] 中的最大值放入 a1 中。

第二步：再次比较交换将数组元素 a[2]~a[n] 中的最大值放入 a[2] 中。

以此类推，将 a[i]~a[n] 中的最大值存入到 a[i] 中，直到最后两个元素 a[n−1] 与 a[n] 进行一次比较，依条件交换，较大值存入 a[n−1] 中，即达到了按从大到小的排序。

为了把数组元素的最大值存入到 a[1] 中，将 a[1] 依次与 a[2]，a[3]，…，a[n] 每个元素比较，每次比较时，若 a[1] 小于 a[i]（i = 2，3，…，n），则 a[1] 与 a[i] 交换；否则，a[1] 与 a[i] 不交换。这样重复进行 n−1 次比较并依条件交换后，a[1] 中就存入了最大值。

用以下 6 个元素，来描述这种比较与交换的第 1 轮过程：

a[1]	a[2]	a[3]	a[4]	a[5]	a[6]	
5	7	4	3	8	6	交 换
7	5	4	3	8	6	不交换
7	5	4	3	8	6	不交换
7	5	4	3	8	6	交 换
8	5	4	3	7	6	不交换
8	5	4	3	7	6	

　　以上是第 1 轮比较与交换的过程。重复上述过程将 a[2]～a[n] 的元素中最大值存入到 a[2] 中，再将 a[2] 依次与 a[3]，a[4]，…，a[n] 进行比较，共做 n-2 次比较，依条件交换，将 a[2]～a[n] 中余下的 n-1 个元素中的最大值存到 a[2] 中，以此类推，直到最后将两个元素 a[n-1] 与 a[n] 的较大值存入 a[n-1] 中，即排序结束。

　　用比较交换法对 6 个元素排序的过程如下：

```
           a[1] a[2] a[3] a[4] a[5] a[6]
初始数组数据   5    7    4    3    8    6
第 1 轮        8    5    4    3    7    6
第 2 轮        8    7    4    3    5    6
第 3 轮        8    7    6    3    4    5
第 4 轮        8    7    6    5    3    4
第 5 轮        8    7    6    5    4    3
```

用比较交换法对无序数按从大到小顺序排序的程序如下：

```c
#define N 6
main()
{
  int i,j,t,a[N+1];
  printf("Input 6 numbers:\n");
  for(i=1;i<=N;i++)
    scanf("%d",&a[i]);
  printf("\n");
  for(i=1;i<=N-1;i++)
    for(j=i+1;j<=N;j++)
      if(a[i]<a[j])
        {t=a[i];a[i]=a[j];a[j]=t;}
  printf("the sorted numbers:\n");
  for(i=1;i<=N;i++) printf("%d",a[i]);
}
```

运行输入：

```
Input 6 numbers:
5 7 4 3 8 6
```

运行结果：

```
The sorted numbers:
8 7 6 5 4 3
```

程序排序过程中，为与习惯相符而未用元素 a[0]。6 个数据排序，定义数组长度为 7。

　　【例 6.6】 选择排序法从大到小排序程序。

　　上例中所用的比较交换法比较易于理解，但交换的次数较多。若数据量较大，排序的速度就会较慢。我们可以对这一方法进行改进，在每一轮比较中不是每当 a[i] > a[j] 时就交换，而是用一个变量 k 记下其中值较大的元素的下标值，在 a[i] 与 a[i + 1]～a[n] 都比较后，只将 a[i] 与 a[n] 中值最大的那个元素交换，因此在每一轮只需将 a[i] 与 a[k] 的值交换即可，这种方法称为"选择排序法"。

　　选择排序法程序如下：

```c
#define N 6
main()
{
    int i,j,t,k,a[N+1];
    printf("Input 6 numbers:\n");
```

```
for(i=1;i<=N;i++)
scanf("%d",&a[i]);
printf("\n");
for(i=1;i<=N-1;i++)
{
k=i;
for(j=i+1;j<=N;j++)
  if(a[j]>a[k])
     k=j;
if(k!=i)
  {t=a[i];a[i]=a[k];a[k]=t;}
}
printf("the sorted numbers:\n");
for(i=1;i<=N;i++) printf("%d ",a[i]);
}
```

运行输入：

```
Input 6 numbers:
5 7 4 3 8 6
```

运行结果：

```
The sorted numbers:
8 7 6 5 4 3
```

注意：例 6.5 和例 6.6 排序程序均使用了双循环，外循环次数为 N-1。若程序中外循环次数为 N，将出现错误。

6.3 多 维 数 组

C 语言除了能处理一维数组以外，还可以处理多维数组，如二维、三维数组等。本节主要介绍二维数组的定义和二维数组元素的使用，关于其他多维数组的定义和使用基本与二维数组相同。

6.3.1 二维数组的定义和使用

1. 二维数组的定义

二维数组是由两个下标表示的数组。它定义的一般形式如下：

类型说明符 数组名[常量表达式][常量表达式]；

其中，第一个常量表达式表示数组第一维的长度（行数），第二个常量表达式表示数组第二维的长度（列数）。

例如：

```
int a[3][4];
```

定义 a 为 3×4（3 行 4 列）的二维数组，其元素及逻辑结构如下：

	第 0 列	第 1 列	第 2 列	第 3 列
第 0 行	a[0][0]	a[0][1]	a[0][2]	a[0][3]
第 1 行	a[1][0]	a[1][1]	a[1][2]	a[1][3]
第 2 行	a[2][0]	a[2][1]	a[2][2]	a[2][3]

可见，二维数组 a 的数组元素的行下标值为 0～2，列下标值为 0～3，共 12 个元素。

说明：

（1）表示行数和列数的常量表达式必须在两个方括号中，不能写成 int a[2,3]。

（2）二维数组（包含更多维数组）在内存中存储是以行为主序方式存放，即在内存中先存放第 行的元素，再存放第二行（更多维数组依此类推）的元素。例如：

```
int a[3][4];
```

它的存储顺序如图 6-3 所示。

（3）多维数组可以看成是其元素也是数组的数组。例如，

a[0][0]
a[0][1]
a[0][2]
a[0][3]
a[1][0]
a[1][1]
a[1][2]
a[1][3]
a[2][0]
a[2][1]
a[2][2]
a[2][3]

图 6-3 二维数组的存放顺序

二维数组：a[3][4]可以看成是由 a[0][4]、a[1][4]、a[2][4]这 3 个数组组成的数组，这 3 数组的名字分别为 a[0]、a[1]和 a[2]，它们都是一维数组，各有 4 个元素。其中，数组名为 a[0]的数组元素有：

```
a[0][0]、a[0][1]、a[0][2]、a[0][3]
```

数组名为 a[1]的数组元素有：

```
a[1][0]、a[1][1]、a[1][2]、a[1][3]
```

数组名为 a[2]的数组元素有：

```
a[2][0]、a[2][1]、a[2][2]、a[2][3]
```

这种逐步分解、降低维数的方法，对于理解多维数组的存储方式、多维数组的初始化以及以后的指针表示都有很大的帮助。再举一个三维数组的例子：

```
int b[2][3][4];
```

它是一个三维数组，可以按下述方法逐步分解：

数组名为 b 的三维数组有 2×3×4=24 个元素。

数组名为：

```
b[0]
b[1]
```

它们的二维数组各有 3×4=12 个元素。

数组名为：

```
b[0][0]
b[0][1]
b[0][2]
b[1][0]
b[1][1]
b[1][2]
```

它们的一维数组各有 4 个元素。

三维数组 b[2][3][4]的存储顺序如图 6-4 所示。

b[0][0][0]
b[0][0][1]
b[0][0][2]
b[0][0][3]
b[0][1][0]
b[0][1][1]
b[0][1][2]
⋮
b[1][2][2]

图 6-4 三维数组的存储顺序

2．二维数组元素的使用

多维数组被使用的是它的元素，而不是它的名字。名字表示该多维数组第一个元素的首地址。二维数组的元素的表示形式为：

```
数组名[下标][下标]
```

多维数组的元素与一维数组的元素一样可以参加表达式运算。例如：

```
b[1][2]=a[1][0];
```

【例 6.7】输入一个二维数组值，并将其在数组中的内容及地址显示出来。

```
main()
{
  int a[2][3];
  int i;
  for(i=0;i<2;i++)
  {
    printf("Enter a[%d][0],a[%d][1],a[%d][2]\n",i,i,i);
    scanf("%d,%d,%d",&a[i][0],&a[i][1],&a[i][2]);
  }
  for(i=0;i<2;i++)
  {
    printf("a[%d][0]=%d,addr=%x\n",i,a[i][0],&a[i][0]);
    printf("a[%d][1]=%d,addr=%x\n",i,a[i][1],&a[i][1]);
    printf("a[%d][2]=%d,addr=%x\n",i,a[i][2],&a[i][2]);
  }
}
```

程序运行时提示：

```
Enter a[0][0],a[0][1],a[0][2]
```

从键盘输入：

```
10,20,30
```

又提示：

```
Enter a[1][0],a[1][1],a[1][2]
```

从键盘输入：

```
40,50,60
```

运行结果：

```
a[0][0]=10,addr=ffd4
a[0][1]=20,addr=ffd6
a[0][2]=30,addr=ffd8
a[1][0]=40,addr=ffda
a[1][1]=50,addr=ffdc
a[1][2]=60,addr=ffde
```

上述 addr 值在不同的机器环境下有所不同。

6.3.2 二维数组的初始化

二维数组也与一维数组一样可以在说明时进行初始化。二维数组的初始化要特别注意各个常量数据的排列顺序，这个排列顺序与数组各元素在内存中的存储顺序完全一致。多维数组的初始化有两种方式。

1. 直述型

这种方法是将所有常量写在一个花括号内，各个常量之间用逗号分开，按数组元素存储的顺序对各元素赋初值。例如：

```
int a[3][4]={1,2,3,4,5,6,7,8,9,10,11,12};
```

在内存中的存储位置如图 6-5 所示。

1	2	3	4	5	6	7	8	9	10	11	12
a[0][0]	a[0][1]	a[0][2]	a[0][3]	a[1][0]	a[1][1]	a[1][2]	a[1][3]	a[2][0]	a[2][1]	a[2][2]	a[2][3]

图 6-5　直述型初始化方法

这种初始化方法将所有初始数据写成一片，容易遗漏，也不易检查。因此，常常用另一种较直观的方式—— 分列型。

2. 分列型

这种方法是根据上述方法逐步分解、降低维数而来的，将一个多维数组分解成若干个一维数组，然后依次向这些一维数组赋初值。为了区分各个一维数组的初值数据，可以用花括号嵌套，即每一组一维数组的初值数据再用一对花括号括起。例如：

```
int a[3][4]={{1,2,3,4},{5,6,7,8},{9,10,11,12}};
```
其在内存中的存储形式与直述型一样。这种方式比直述型要直观，所以在多维数组初始化中都采用这种方式。

说明：

（1）与一维数组初始化一样，可对部分元素赋初值，不赋值的数组元素自动为 0，例如：

```
int a[3][4]={{1},{5},{9}};
```
它的作用是只对第一列的元素赋初值，其余元素值自动为 0 。赋初值后数组各元素为：

```
1 0 0 0
5 0 0 0
9 0 0 0
```

（2）如果对全部元素都赋初值（即提供全部初始数据），则定义数组时对第一维的长度可以不指定，但第二维的长度不能省略。例如：

```
int a[3][4]={1,2,3,4,5,6,7,8,9,10,11,12};
```
与下面的定义等价：

```
int a[][4]={1,2,3,4,5,6,7,8,9,10,11,12};
```
系统会根据数据总个数分配存储空间，一共 12 个数据，每行 4 列，当然可以确定为 3 行。也可以只对部分元素赋值而省略第一维的长度，但应分行赋初值。例如：

```
int a[][4]={{0,0,3},{},{0,8}};
```
这种写法，能通知编译系统：数组共有 3 行，数组各元素如下：

```
0 0 3 0
0 0 0 0
0 8 0 0
```

从本节的介绍中可以知道：C 语言在定义数组和表示元素时采用 a[ ][ ] 这种两个方括号的方式，这对数组初始化十分有用，它使概念清楚，使用方便，不易出错。

【例 6.8】输入一个 3×3 的数组，将其行和列互换（数组转置）。其程序如下：

```
main()
{
    int i,j,b[3][3];
    int a[3][3]={{1,2,3},{4,5,6},{7,8,9}};
    for(i=0;i<=2;i++)
        for(j=0;j<=2;j++)
            b[j][i]=a[i][j];
    for(i=0;i<=2;i++)
    {
```

```
                for(j=0;j<=2;j++)
                    printf("%d ",b[i][j]);
                    printf("\n");
            }
        }
```

互换前的数组：

```
1 2 3
4 5 6
7 8 9
```

运行结果：

```
1 4 7
2 5 8
3 6 9
```

6.3.3 二维数组程序举例

【例 6.9】一个 3×4 的矩阵，要求编写程序求出第 i 行、第 j 列元素的值。

```
main()
{
    int i,j;
    int a[3][4]={{1,2,3,4},{9,8,7,6},{-10,10,-5,2}};
    printf("input integer i:");
    scanf("%d",&i);
    printf("input integer j:");
    scanf("%d",&j);
    printf("a[%d][%d]=%d",i-1,j-1,a[i-1][j-1]);
}
```

运行输入：

```
input integer i:2
input integer j:3
```

运行结果：

```
a[1][2]=7
```

【例 6.10】求矩阵 A 与 B 的乘积 C。

矩阵 A 和 B 相乘，要求矩阵 A 的列数（n）与矩阵 B 行数（n）相同，乘积矩阵 C 的行列数分别对应矩阵 A 的行数（m）和矩阵 B 的列数（p），即：

$$A_{m \times n} \cdot B_{n \times p} = C_{m \times p}$$

用与矩阵对应的二维数组表示：

$$c_{ij} = a_{i1} \times b_{1j} + a_{i2} \times b_{2j} + \ldots + a_{in} \times b_{nj}$$

即 $c_{ij} = \sum_{k=1}^{n} a_{ik} \times b_{kj}$

例如，一个 2 行 3 列的矩阵 $A_{2 \times 3}$ 乘以三行二列的矩阵 $B_{3 \times 2}$，结果是一个 2 行 2 列的矩阵 $C_{2 \times 2}$。

$$\begin{bmatrix} 6 & 8 & 7 \\ 3 & 4 & 5 \end{bmatrix} \times \begin{bmatrix} 1 & 2 \\ 2 & 1 \\ -1 & 0 \end{bmatrix} = \begin{bmatrix} 20 \\ 6 \end{bmatrix}$$

$A_{2 \times 3}$ $B_{3 \times 2}$ $C_{2 \times 2}$

行（矩阵 A ）×列（矩阵 B ）的乘积计算：

数组 C 的元素	矩阵 A 的行	矩阵 B 的列	计算结果
c[0][0]	1 (6,8,7)	1 (1,2,-1)	$6 \times 1 + 8 \times 2 + 7 \times (-1) = 15$
c[0][1]	1 (6,8,7)	2 (2,1,0)	$6 \times 2 + 8 \times 1 + 7 \times 0 = 20$
c[1][0]	2 (3,4,5)	1 (1,2,-1)	$3 \times 1 + 4 \times 2 + 5 \times (-1) = 6$
c[1][1]	2 (3,4,5)	2 (2,1,0)	$3 \times 2 + 4 \times 1 + 5 \times 0 = 10$

程序如下：

```
main()
{
  int i,j,k,m=2,n=3,p=2;
  int a[2][3]={{6,8,7},{3,4,5} };
  int b[3][2]={{1,2},{2,1},{-1,0} };
  int c[2][2]={{0,0},{0,0}};
  for(i=0;i<m;i++)
    for(j=0;j<p;j++)
    {
      c[i][j]=0;
      for(k=0;k<n;k++)
      c[i][j]=c[i][j]+a[i][k]*b[k][j];
    }
  for(i=0;i<m;i++)
  {
    for(j=0;j<p;j++)
    printf("%d",c[i][j]);
    printf("\n");
  }
}
```

运行结果：

```
15  20
6   10
```

6.4　字　符　数　组

在 2.2.4 节介绍了字符串的概念。从中可以看到，在 C 语言中，字符串的存储方式与一维字符数组的存储方式一致，只是字符数组的长度比字符串的长度多一个字符（结束符'\0'）。

6.4.1　字符数组的定义和使用

字符数组定义的一般形式：

```
char 数组名[数组长度];
```

例如：

```
char c[10];
```

是一个合法的字符数组说明。

由为字符型与整型是互相通用的，所以上面的定义也可改写为：

```
int c[10];
```

说明：

（1）因为字符型和整型数据的范围不同，字符型占一个字节，而整型占两个字节，所以这两种表示所占的内存空间不同。例如，数组定义 "char c[10];" 占 10 个字节，"int c[10];" 占 20 个字节。

（2）在实际应用中，可以用无符号整型数组来替代字符型数组。例如，char c[10];可以用 unsigned int c[10];来代替。

6.4.2 字符数组的初始化

在 C 语言中，字符型数组在数组说明时进行初始化，可以按照一般数组初始化的方法，用{ } 包含初值数据。对字符数组的初始化有 3 种方式。

（1）用字符常量对字符数组进行初始化。

```
char str[8]={ 'p', 'r', 'o', 'g', 'r', 'a', 'm', '\0'};
```

与一般的数组一样，在字符数组的[ ]中，表示数组大小的常量表达式可以省略，即

```
char str[ ]={ 'p', 'r', 'o', 'g', 'r', 'a', 'm', '\0'};
```

这两种表示的作用是一样的。其中，'\0'是字符串结束的标志。

（2）用字符的 ASCII 码值对字符数组进行初始化。

因为在 C 语言中，所使用的字符内码值是 ASCII 码值，所以可以用字符的 ASCII 码值对字符数组进行初始化。例如，上例可以表示成：

```
static char str[8]={112,114,111,103,114,97,109,0};
```

与一般的数组一样，字符数组的[]中表示数组大小的常量表达可以省略，即：

```
char str[]={112,114,111,103,114,97,109,0};
```

（3）用字符串对字符数组进行初始化。

在 C 语言中，可以将一个字符串直接赋给一个字符数组进行初始化。例如：

```
char str[]="program";
```

此种方式在初始化时为 str 数组赋予 8 个字符，最后一个元素是'\0'。而

```
char str[]={'p', 'r', 'o', 'g', 'r', 'a', 'm'};
```

只有 7 个元素。

6.4.3 字符串的输入和输出

字符串的输入和输出可以用 scanf()和 printf()函数中的%s 格式描述符，也可以用 gets()和 puts() 函数进行输入和输出。

调用 scanf()函数时，空格和换行符都作为字符串的分隔符而不能读入。gets()函数读入由终端键盘输入的字符（包括空格符），直至读入换行符为止，但换行符并不作为串的一部分存入。对于这两种输入，系统都将自动把'\0'放在字符串的末尾。

1. 逐个字符的输入和输出

（1）在标准输入和输出函数 scanf()和 printf()中使用%c 格式描述符。

（2）使用 getchar()和 putchar()函数。

【例 6.11】逐个字符的输入和输出。

```
main()
{
  int i;
  char str[10];
  for(i=0;i<9;i++)
    scanf("%c",&str[i]);       /* 或 str[i]=getchar();*/
  str[i]= '\0';               /* 人为加上字符串结束标志*/
```

```
       for(i=0;i<9;i++)
         printf("%c",str[i]);     /* 或 putchar(str[i]);*/
    }
```

运行输入：

123456789

运行结果：

123456789

2．字符串整体的输入和输出

（1）在标准输入和输出函数 scanf()和 printf()中使用%s 格式描述符。

输入形式：

```
    scanf("%s",字符数组名);
```

输出形式：

```
    printf("%s",字符数组名);
```

【例 6.12】字符串整体的输入和输出。

```
    main()
    {
      int i;
      char str[10];
      scanf("%s",str);
      printf("%s\n",str);
      printf("%6s\n",str);      /* 若字符串中的字符多于 6 个，则将全部字符输出*/
      printf("%-.6s\n",str);    /* 只输出前 6 个字符，多余的不输出*/
    }
```

运行输入：

123456789

运行输出：

123456789
123456789
123456

其中，str 为字符数组名，代表着 str 字符数组的起始地址。输入时系统自动在每个字符串后加入结束符'\0'。若同时输入多个字符串，则以空格或回车符分隔。

输出字符串时，遇第一个'\0'即结束。本例中，最后两行控制字符串输出所占的域宽。

（2）使用 gets()和 puts()函数输入或输出一行字符。gets()函数用来从终端键盘读字符，直到遇换行符为止。换行符不属于字符串的内容。

调用形式：

```
    gets(str);
```

str 为字符数组名或指具体存储单元的字符指针。字符串输入后，系统自动将'\0'置于串尾代替换行符。若输入串长超过数组定义长度时，系统报错。

puts()函数用来把字符串的内容显示在屏幕上。

调用形式：

```
    puts(str);
```

str 的含义同上。输出时，遇到第一个'\0'结束并自动换行。字符串中可以含转义字符。

【例 6.13】 字符串的输入和输出。

```
main()
{
  char qus[]="What's your name ?";
  char name[20];
  printf("%s\n",qus);
  scanf("%s",name);
  printf("\nMy name is %s\n",name);
}
```

运行时提示：

```
What's your name ?
```

键盘输入：

<u>Liming</u>

运行结果：

```
My name is Liming
```

说明：

（1）数组名（name）具有双重功能，一方面表示该数组的名字，另一方面表示该数组第一个元素的首地址。所以，在 scanf()语句中，对于 name 不需要前置&，这一点与基本类型变量不同。如果将例中的 scanf()改成：

```
scanf("%s",&name);
```

是错误的。在 printf()中也是直接使用该数组名（name）的。

（2）本例中定义的 qus 数组在初始化时赋予 17 个字符的字符串，因为字符串的末尾隐含一个空字符'\0'，所以数组 qus 的实际长度为 18。

（3）字符串只能在变量说明时赋值给变量进行初始化，而在程序语句中是不能直接将一个字符串赋给一个字符数组的，如下面这个程序段：

```
main()
{
  char qus[19];
  char name[20];
  qus[]="What's your name?";   /*错误!*/
    ...
}
```

程序的第三行是错误的。如果在程序语句中要将一个字符串赋给一个字符数组，应用库函数 strcpy()实现。

6.4.4 用于字符串处理的库函数

C 语言中没有对字符串变量进行赋值、合并、比较的运算符，但很多 C 语言提供了一些用于字符串处理的函数，用户可调用这些函数来进行各种操作。在使用这些函数时，要使用预处理命令#include "string.h"将字符串处理函数的头文件 string.h 包含到用户源文件中。

1. 求字符串长度函数 strlen(str)

此函数的函数值为 str 所指地址开始的 ASCII 字符串的长度，此长度不包括最后的结束标志'\0'。

2. 复制字符串函数 strcpy(str1,str2)

此函数把 str2 所指字符串中的内容复制到 str1 所指的存储空间中，因此 str1 必须指向一个足够的存储空间以便放入字符串。函数值为 str1 的值（地址）。

3．字符串比较函数 strcmp(str1,str2)

此函数用来比较 str1 和 str2 所指字符串的内容。函数对字符串中的 ASCII 字符两两进行比较，直到两个串中第一次遇到不同的两个字符为止。函数值由两个字符相减而得，当 str1 串小于 str2 串时函数值为负；相等时函数值为 0；当 str1 串大于 str2 串时，函数值为正数。在比较过程中，无论遇到哪个字符串中的串结束标志'\0'，比较都结束。

4．合并两个字符串的函数 strcat(str1,str2)

此函数把 str2 所指字符串的内容连到 str1 字符串的后面，自动删去 str1 原来串中的'\0'。为了进行这项操作，要求 str1 所指的字符串后面有足够的空间来容纳 str2 所指的字符串。函数值为 str1 所指第一个字符的地址，即 str1 的值。例如：

```
char str1[5]= "abcd",str2[6]= "ABCDE",*str3;
str3=strcat(str1,str2);
```

则 str3 指向一个"abcdABCDE"字符串。但 str1 的长度为 5，只有 5 个数组元素，没有多余的空间来存放字符串 str2 中的内容。若把以上程序段改成：

```
char str1[20],str2[10],*str3;
strcpy(str1,"abcd"); strcpy(str2,"ABCDE");
str3=strcat(str1,str2);
```

也可以成功地完成两个串的连接操作。

本 章 小 结

1．数组定义、使用、初始化

（1）数组定义的内容包括类型、数组名、维数及每维数组元素的个数。数组名是数组的首地址，即数组中第一个元素的地址。

（2）C 语言中数组元素下标的下限是固定的，总是为 0，即每一维数组元素的下标都从 0 开始。在 C 语言中，二维数组在内存中的存放方式为按行存放（或称行主序列）。例如：

```
#define N 5
int a[N],b[N][N];
```

a 数组元素下标的下限为 0，上限为 N-1；b 数组元素的两个下标的上限均为 N-1。

C 语言程序在执行过程中并不自动检验数组元素的下标是否越界，所以，如果考虑不周，下标可能从数组的两端越界，从而产生错误的使用或破坏了其他存储单元中的数据，甚至破坏了程序代码。因此，在程序设计中检查数组下标是否越界，保证数组下标不越界是十分重要的。

C 语言中可以用 a[i]的形式使用以上定义的 a 数组中的元素，用 b[i][j]的形式使用以上定义的二维数组中的元素，对二维数组元素不能写成 b[i,j]。在使用数组元素时出现的一对方括号[]不是一种符号，而是一种运算符，称为下标运算符。

（3）在 C 语言中，一个二维数组可以看成是一个一维数组，其中每个元素又是一个包含若干个元素的一维数组。例如，设一个二维数组的定义如下：

```
int a[2][3];
```

则 C 语言认为 a 是一个由 a[0]和 a[1]两个元素组成的一维数组，而 a[0]和 a[1]又各代表一个一维数组。a[0]中包含 a[0][0]、a[0][1]、a[0][2]；a[1]中包含 a[1][0]、a[1][1]、a[1][2]。因此，a[0]和 a[1]实质

上分别是包含有 3 个整型元素的一维数组名，分别代表 a 数组每行元素的起始地址。由此可知，二维数组 a 中任何一个元素 a[i][j]的地址（即&a[i][j]）与 a[i]的关系为：

```
&a[i][j]==a[i]+j
```

但是，应当注意，表达式 a+1 和 a[0]+1 的含义完全不同。C 语言的编译系统认为 a 是一个具有 a[0]和 a[1]两个元素的一维数组，每个元素长度为 6 个字节（假设整数占 2 个字节），而认为 a[0]和 a[1]分别是一个具有 3 个元素的一维数组名，每一个元素是一个整数，占 2 个字节。

2．数组初始化

C 语言允许在定义数组的同时，对数组进行赋值，即初始化。例如：

```
int a[10]={0,1,2,3,4,5,6,7,8,9};
```

当花括号内提供的初值个数少于数组元素个数时，系统自动用 0 值补足；当初值个数多于元素个数时，将导致编译时出错。

C 语言允许通过所赋初值的个数来定义数组的长度。例如，下面两种定义形式等价：

```
int b[]={1,2,3,4,5};
int b[5]={1,2,3,4,5};
```

对二维数组进行初始化的方式有以下两种：分行赋初值和按数组在内存中的排列顺序赋初值。对于第一种赋值方式，当某行中初值个数少于元素个数时，系统自动（按行）补 0。而采用第二种赋初值方式时，虽然系统为缺少初值的元素也自动赋 0 值，但这时各数组元素要按其在内存中的排列顺序得到初值。

在进行二维数组定义时，可以省略对第一维长度的说明，这时第一维的长度由所赋初值的个数确定，但不能省略对第二维长度的说明。例如，下面 3 种定义形式等价：

```
int a[2][3]={1,3,5,2,4,6};
int a[][3]={1,3,5,2,4,6};
int a[][3]={{1,3,5},{2,4,6}};
```

下面定义形式中，省略对第二维长度的说明，编译出错：

```
int a[][]={{1,3,5},{2,4,6}};
```

3．字符数组与字符串

在 C 语言中，字符数组与字符串之间有很多共性，但又有区别。

字符数组是每个元素存放一个字符型数据的数组。它的定义形式和元素的使用方法与一般数组相同，如：

```
char line[80],m[2][3];
```

由于在 C 语言中字符型和整型是通用的，则上述定义也可写为：

```
int line[80],m[2][3];
```

在 C 语言中，字符串可以存放在字符型一维数组中，故可以把字符型一维数组作为字符串变量。

字符串是用双引号括起来的一串字符，实际上也被隐含处理成一个无名的字符型一维数组。C 语言中约定用'\0'作为字符串的结束标志，它占内存空间，但不计入串的长度。'\0'的代码值为 0。字符串在内存中占一串连续的存储单元，其中最后一个存储单元置空字符'\0'。

在定义字符数组的同时有 3 种赋初值方式：将字符逐个赋给数组中各元素；直接用字符串给数组赋初值；用字符的 ASCⅡ码值对字符数组进行初始化。无论用哪种方式，若提供的字符个数大于数组长度，系统报错；若提供的字符个数小于数组长度，则在最后一个字符后添加'\0'作为字符串的结束标志。

通过赋初值可以隐含确定数组长度：

```
char s[]="china";
```

此时，s 数组的长度为 6，系统自动在末尾加了一个'\0'。

```
char s[]={'c', 'h', 'i', 'n', 'a'};
```

这时，s 数组的长度为 5。

若定义的字符数组准备作为字符串使用时，在此方式中应人为地加上一个'\0'，如：

```
char s[]={'c','h', 'i', 'n', 'a', '\0'};
```

否则系统自动去找最近的一个'\0'作为串的结束标志，容易引起错误。若仅作为字符数组使用，则不要求其最后一个字符为'\0'。

字符数组不能通过赋值语句被赋予一个字符串，如：

```
char s[6];
s="china";
```

是错误的。数组名 s 中的地址不可以改变，也不能被重新赋值。

习　题　六

一、选择题

1. 下列数组说明中，正确的是（　　　）。

   A．int array[ ][4];　　　　　　　　　　B．int array[ ][ ];

   C．int array[ ][ ][5]　　　　　　　　　D．int array[3][ ];

2. 下列语句中，正确的是（　　　）。

   A．static char str[ ]="China";

   B．static char str[ ]; str="China";

   C．static char str1[5],str2[ ]={"China"};str1=str2;

   D．static char str1[ ],str2[ ]; str2={"China"};strcpy(str1,str2);

3. 下列定义数组的语句中正确的是（　　　）。

   A．#define size 10　　　　　　　　　　B．int n=5;

   　　char str1[size],str2[size+2];　　　　　int a[n][n+2];

   C．int num['10'];　　　　　　　　　　D．char str[ ];

4. 下面语句中不正确的是（　　　）。

   A．static int a[5]={ 1,2,3,4,5 };　　　　B．static int a[5]={ 1,2,3 };

   C．static int a[]={ 0,0,0,0,0 };　　　　D．static int a[5]={ 0*5 };

5. 下列语句中，不正确的（　　　）。

   A．static int a[2][3]={1,2,3,4,5,6};　　B．static int a[2][3]={{1},{4,5}};

   C．static int a[ ][3]={{1},{4}};　　　　D．static int a[ ][ ]={{1,2,3},{4,5,6}};

6. 下列语句中，不正确的是（　　　）。

   A．static char a[ ]={"China"};　　　　B．static char a[ ]="China";

   C．printf("%s",a[0]);　　　　　　　　D．scanf("%s",a);

7. 下列语句中，不正确的是（　　　）。

   A. static char a[2]={1,2};　　　　　　B. static int a[2]={ '1', '2'};

   C. static char a[2]={'1','2','3'};　　　　D. static char a[2]={ '1'};

8. 下列程序的运行结果是（　　　）。

```
main()
{
    char p[]={'a','b','c'},q[]="abc";
    printf("%d,%d\n",sizeof(p),sizeof(q));
}
```

   A. 4,4　　　　　　　　B. 3,3　　　　　　　C. 3,4　　　　　　　D. 4,3

二、填空题

1. 请完成以下有关数组描述的填空。

（1）C语言中，数组元素的下标下限为_____。

（2）C语言中，数组名是一个不可变的_____量，不能对它进行自加、自减和赋值运算。

（3）数组在内存中占一_____的存储区，由_____代表它的首地址。

（4）C程序在执行过程中，不检查数组下标是否_____。

2. 若a数组元素a[0]～a[9]中的值：

   9　4　12　8　2　10　7　5　1　3

（1）对该数组进行定义并赋以上初值的语句是_____。

（2）该数组中可用的最小下标值是_____；最大下标值是_____；

（3）该数组中下标最小的元素名称是_____；它的值是_____；下标最大的元素名称是_____；它的值是_____。

（4）该数组的元素中，数值最小元素的下标值是_____；数值最大元素的下标值是_____。

3. 下列程序的运行结果是_____。

```
#define N 5
main()
{
    int a[N]={98,16,25,47,163},i,temp;
    for(i=0;i<N;i++)
      printf("%4d",a[i]);
    printf("\n");
    for(i=0;i<N/2;i++)
      {temp=a[i];a[i]=a[N-i-1];a[N-i-1]=temp;}
    for(i=0;i<N;i++)
      printf("%4d",a[i]);
    printf("\n");
}
```

4. 下列程序的运行结果是_____。

```
#include "stdio.h"
main()
{
    int i,j,t;
```

```
        static int a[]={70,1,0,4,8,12,65,-76,100,-45,35};
        for(j=0;j<=9;j++)
          for(i=0;i<=9-j;i++)
            if(a[i]>a[i+1])
              {t=a[i];a[i]=a[i+1];a[i+1]=t;}
        for(i=0;i<11;i++)
          printf("%d  ",a[i]);
    }
```

5. 从键盘输入：1　2　3　4　5　6　7　8　9，执行后输出的结果是_____。

```
    main()
    {
      int a[3][3],sum=0;
      int i,j;
      for(i=0;i<3;i++)
        for(j=0;j<3;j++)
          scanf("%d",&a[i][j]);
      printf("\n");
      for(i=0;i<3;i++)
        sum=sum+a[i][i];
      printf("%6d\n",sum);
```

6. 若有输入数据：1 1 1 1 1 1 2 2 2 2 2 2 3 3 3 3 3 3 -1，则下面程序的运行结果是_____。

```
    #include "stdio.h"
    main()
    { int a[4],x,i;
      for(i=1;i<=3;i++)a[i]=0;
        scanf("%d",&x);
      while(x!=-1)
      {
       a[x]+=1;
       scanf("%d",&x);
      }
      for(i=1;i<=3;i++)
        printf("a[%d]=%d\t",i,a[i]);
    }
```

7. 输入 5 个字符串，将其中最小的打印出来。

```
    #include"stdio.h"
    #include"string.h"
    main()
    {   char str[10],temp[10];
        int I;
          (1)  ;
        for(i=0;i<4;i++)
        {
          gets(str);
          if(strcmp(temp,str)>0)
            (2)  ;
        }
        printf("\nThe first string is:%s\n",temp);
    }
```

8. 输入 10 个整数，用选择法排序后按从小到大的次序输出。

```
#define N 10
main()
{
   int i,j,min,temp,a[N];
   for(i=0;i<N;i++)
      scanf("%d,",&a[i]);
   printf ("\n");
   for(i=0;  ( 1 )  ;i++)
   {
      min=i;
      for(j=i+1;j<N;j++)
        if(a[min]>a[j]) min=j;
      temp=a[i];
         ( 2 )  ;
         ( 3 )  ;
   }
   for(i=0;i<N;i++)
   printf("%5d",a[i]);
   printf("\n");
}
```

9. 求一个 3×4 的数组中的最大元素。

```
main()
{
   int a[][4]={{1,3,5,7},{2,4,6,8},{15,17,34,12}};
   printf("max value is %d\n",___(1)___ );
}
maxvalue(int m,int n,int array[][4])
{
   int i,j,max;
   max=array[0][0];
   for(i=0;i<m;i++)
     for(j=0;j<n;j++)
       if(  ___(2)___  )max=array[i][j];
       (3)
}
```

三、编程题

1. 从键盘上任意输入 10 个整数，编写程序用选择法对这 10 个数由大到小进行排序。

2. 编写程序求一维数组元素的最大值、最小值和平均值。

3. 编写程序在一个由大到小已排好序的整形数组中，任意插入一个正数使之仍然有序。

4. 编写程序将一个 2 行 3 列的整形二维数组 a 行列互换后，保存到另一个二维数组 b 中，输出数组 b 的各个元素。

5. 编写程序从 3 行 4 列的二维数组中找出最大数值所在的行和列，并将最大值及其所在的行和列值进行输出。

6. 编写程序完成下列要求：（1）求 5×5 数组的主对角线上元素的和；（2）求出辅对角线上元素的积；（3）找出主对角线上的最大值元素及其位置。

第7章 函 数

函数在 C 语言中是指具有相对独立的、完整功能的实体。它是程序的一部分,是构造完整程序的基础。本章主要介绍的内容包括:如何用函数构造一个 C 语言程序、C 语言中函数的形式、C 语言程序模块的构造和模块间的关系、函数的调用和函数之间的关系等。

7.1 概 述

C 语言程序是由一个或多个函数组合而成的。函数是完成某一功能的一段程序,是程序的基本组成成分。在 C 语言中,根据用户使用的角度划分,函数分为系统函数(库函数)和用户函数(用户自定义函数)。系统函数由 C 语言函数库提供,用户可以直接引用。用户函数是用户根据需要定义的完成某一特定功能的一段程序。C 语言本身提供的库函数、用户函数和必须包含的main()函数可以放在一个源文件中,也可以分放在不同的源文件中,单独进行编译,形成独立的模块(.OBJ 文件),然后连接在一起,形成可执行文件。

根据函数是否带有参数可划分为带参数的函数(有参函数)和不带参数的函数(无参函数)。C 语言关于带参函数定义有两种形式:一种是传统的定义形式,另一种是现代风格的定义形式。

传统的定义形式如下:

> 类型名 函数名(形式参数表)
> 形式参数说明;
> {说明语句和执行语句}

例如:

```
double add(x,y)
double x,y;
{ double z;
  z=x+y;
  return(z);
}
```

现代风格的定义形式如下:

> 类型名 函数名(类型名 形参1,类型名 形参2,...)
> { 说明语句和执行语句 }

例如:

```
double add(double x,double y)
{ double z;
  z=x+y;
```

```
            return(z);
        }
```

Tubro C 和目前使用的其他版本 C 语言编译系统对函数两种形式的定义方法都允许使用，两种方法是等价的，本书程序中的函数定义是采用现代风格的定义形式。函数的定义形式中包含函数首部和函数体两部分。

传统定义形式中的函数首部如下：

　　　　类型名 函数名(形式参数表)
　　　　形式参数说明；

现代风格定义形式的函数首部为：

　　　　类型名 函数名(类型名 形参1,类型名 形参2,……)

函数首部下面花括号中的内容称为函数体，对于函数体为空的函数称为空函数。

说明：

（1）函数的定义在程序中都是平行的，即函数定义是独立的，不允许在一个函数内部再定义一个函数。

（2）函数名为用户定义的标识符。它前面的类型名用来说明函数值的类型，当函数值的类型为 int 或 char 时可省略。当函数只完成特定操作而不需返回函数值时，可用类型名 void。

（3）形式参数表中的形参是用户定义的标识符。形参个数多于一个时，它们之间用逗号分隔。形参的类型可以按"现代风格的定义形式"的方式在圆括号内加以说明，ANSI 新标准规定以"传统定义形式"的方式进行说明。当形参表中没有形参时，函数名后的一对圆括号不能省略。

（4）函数体包含在函数首部后的一对花括号中，由说明语句和执行语句组成。在没有特殊说明时，函数体内定义的变量均为局部变量，它们只在函数执行时有定义。因此，不同函数中的局部变量可以同名，互不干扰。

例如，下面的函数功能是要求输入两个整型数 x 和 y。比较两个数的大小，输出较大者。

```
main()
{
    int x,y,z;
    scanf("%d%d",&x,&y);
    z=x>y?x:y;
    printf("The MAX is:%d\n",z);
}
```

此程序运行时，要求输入两个整型数 x 和 y。若 x>y，输出 x 的值；否则输出 y 的值。函数名为 main()，内部数据有 x、y 和 z，花括号内是函数体。函数体可以是一系列语句，也可以为空，例如：

```
dummy() { }
```

它是一个空函数，空函数是没有有效执行语句的函数。在调用函数时，没有任何语句执行。但空函数在模块化程序设计中十分有用，它可以确定程序功能（函数）模块，然后不断扩充、细化，最后实现函数的功能。

7.2　函数定义的一般形式

在 C 语言中，根据函数是否带有参数可将函数划分为有参函数和无参函数，下面分别介绍这两种函数的定义方式。

7.2.1 无参函数定义的一般形式

无参函数定义的一般形式如下：

```
类型名 函数名()
{
    说明语句和执行语句
}
```

例如：

```
main()
{
  prt();
}
void prt()
{
  printf("I like C program.\n");
}
```

程序的运行结果为：

```
I like C program.
```

其中，prt()是一个无参函数，void 是 prt()函数的类型，为空类型，说明 prt()没有返回值。上面提到的 dummy(){ }也是一个无参函数，因为在 dummy()函数中函数体为空，因此它又是一个空函数。

7.2.2 带参函数定义的一般形式

C 程序中一个函数与其他函数之间往往存在数据传递的问题，这可以通过函数的参数实现。带参函数的一般形式如下：

```
类型名 函数名(类型 形参1,类型 形参2,…)
{
    函数体
}
```

例如：

```
int max(int x,int y)
{
  int z;
  z=x>y?x:y;
  return(z);
}
```

这是一个求 x 和 y 两者中较大者的函数，x 和 y 是形式参数，类型为整型，主调函数把实参值传递给被调用函数的形参 x 和 y。花括号内是函数体，它包括类型说明和语句两部分。请注意，"int z;"必须写在花括号内，而不能写在花括号外。形式参数说明应在函数体外。函数体中的语句求出 z 的值（x 与 y 中较大者）。return 语句的作用是将 z 的值作为函数值带回到主调函数中，括号中的值称为函数返回值。在函数定义时指定 max()函数为整型，在函数体中定义 z 为整型，二者是一致的。

7.3 函数的参数和函数的返回值

前面已经介绍了有参函数的定义形式，本节在介绍形式参数和实际参数的同时，介绍函数参数传递的具体形式、值传递和地址传递以及函数的返回值，函数返回值的类型是由所定义的函数类型决定的。

7.3.1 形式参数和实际参数

在调用函数时，大多数情况下，主调函数和被调函数之间有数据传递关系，根据参数所在位置不同，可将函数参数分为形式参数和实际参数。所谓形式参数（形参）是指在函数定义时函数名后面括号中的变量名，而实际参数（实参）是指在函数调用时，函数名后面括号中的表达式。

【例 7.1】输入两个整型数，求出较大者。

```
main()
{
  int a,b,c;
  printf("input integers a,b: \n");
  scanf("%d,%d",&a,&b);
  c=max(a,b);                      /*① a、b是实参*/
  printf("Max is %d",c);
}
int max(int x,int y)              /*② 定义函数，x、y是形参*/
{
  int z;
  z=x>y?x:y;
  return(z);
}
```

运行输入：

```
input integers a,b:
7,8
```

运行结果：

```
Max is 8
```

程序中②行是一个带有参数的函数定义（注意：②行的末尾没有分号）。②行定义了一个函数名为 max 和指定两个形参 x 和 y。main()函数中①行是一个调用函数语句，max(a,b)括号内的 a 和 b 是实参，a 和 b 是 main()函数中定义的变量；x 和 y 是函数 max()中的形参变量，通过函数调用，使两个函数中的数据发生联系。

关于形参和实参的说明：

（1）在定义函数中指定的形参变量，在未出现函数调用时，它们并不占用内存中的存储单元。只有在发生函数调用时函数中的形参才被分配内存单元。在函数调用结束后，形参所占用的内存单元也被释放。

（2）实参可以是常量、变量或表达式，例如：

```
max(3,x+y);
```

但要求它们有确定的值。在调用时将实参的值赋给形参变量。

（3）在被定义的函数中，必须指定形参的类型。

（4）实参与形参的类型应一致，上例中实参和形参都是整型，这是合理的。如果实参为整型而形参为实型，或者相反，则发生"类型不匹配"的错误。字符型与整型可以互相通用。

（5）C 语言规定，实参对形参的数据传递是"数值传递"，是单向传递，只能由实参传给形参，不能由形参传回给实参，这是和其他语言不同的。

（6）在把实参传递给形参过程中，存在着两种数值传递方式，值传递和地址传递。上例中是值传递，地址传递在后面介绍（如果实参是数组名，形参定义的是数组，因为数组名表示数组的首地址，则实参传递的是某个数组的首地址）。

在函数调用开始，系统为形参开辟一个临时存储区作为形参单元，然后将实参对应的值传递给形参（送入临时存储区中），这时形参得到实参的值。这种传递方式称为"值传递"，调用结束后，形参单元被释放，实参单元仍保留并维持原值。因此，在执行一个被调用函数时，形参的值如果发生改变，并不会影响主调函数的实参的值。由此可以看出，形参变量是一个局部变量，其作用域为所定义的函数之内。

7.3.2　函数的返回值

函数的值是一种数据，它具有数据的属性：值和类型。从函数中得到值可通过两种方式：一种是利用变量（如全局变量，形参等），另一种是利用 return 语句得到函数的具体返回值。关于利用变量的方法在后面章节中介绍，本节介绍如何利用 return 语句得到函数的返回值。

return 语句的一般形式如下：

```
return (表达式);
```

或

```
return 表达式;
```

其功能是使控制返回到调用函数，同时也将值返回给调用函数。当仅仅是将控制返回到调用函数时，括号和表达式可以省略。

说明：

（1）一个函数中可以有多个 return 语句，当执行到某个 return 语句时，程序的控制流程返回调用函数，并将 return 语句中表达式的值作为函数值带回。

（2）若函数体内没有 return 语句，就一直执行到函数体的末尾，然后返回调用函数，这时也有一个不确定的函数值被带回。

（3）若确实不要求带回函数值，则应该将函数定义为 void 类型。

（4）return 语句中表达式的类型应与函数值的类型一致。若不一致，则以函数值的类型为准，并由系统按赋值兼容的原则进行处理。

例如，计算 x^n 的程序如下：

```
int power(int x,int n)
{
  int p;
  for(p=1;n>0;--n)
    p=p*x;
  return(p);
}
```

该函数的功能是计算 x 的 n 次方。当 x=2，n=3 时，power(2,3)的值为 8 。这个值通过 return(p);语句返回给调用函数。

7.3.3 数组作为函数的参数

在 7.3.1 节中介绍了可以用变量作为函数的参数。此外，数组元素也可以作为函数的实参，其用法与变量相同。数组名也可以作为函数的实参和形参，此时通过数组的首地址传递整个数组。

1．数组元素作为函数的实参

由于实参可以是表达式形式，一维数组和多维数组元素可以是表达式的组成部分，因此可以作为函数的实参，与使用变量做实参一样，是单向传递，即"值传送"方式。

【例 7.2】有两个数组 x 和 y，各有 10 个元素，将它们对应地逐个比较（即 x[0]与 y[0]比，x[1]与 y[1]比，……）。如果 x 数组中的元素大于 y 数组中的相应元素的数目多于 y 数组中元素大于 x 数组中相应元素的数目（例如，x[i]>y[i]的情况 5 次，y[i]>x[i]的情况 3 次，其中 i 每次为不同的值），则认为 x 数组大于 y 数组。请分别统计出两个数组相应元素大于、等于和小于的次数。

```
main()
{
  int x[10],y[10],i,n=0,m=0,k=0;
  printf("enter arry x:\n");
  for(i=0;i<10;i++)
    scanf("%d",&x[i]);
  printf("\n");
  printf("enter arry y: \n");
  for(i=0;i<10;i++)
    scanf("%d",&y[i]);
  printf("\n");
  for(i=0;i<10;i++)
  {
    if(large(x[i],y[i])==1)
      n=n+1;
    else if(large(x[i],y[i])==0)
      m=m+1;
      else
      k=k+1;
  }
  printf("x[i]>y[i]%dtimes\n",n);
  printf("x[i]=y[i]%dtimes\n",m);
  printf("x[i]<y[i]%dtimes\n",k);
  if(n>k)
    printf("array x is larger than array y\n");
  else if(n<k)
    printf("array x is smaller than array y\n");
  else
    printf("array x is equal to array y\n");
}
int large(int a,int b)
{
  int f;
  if(a>b)
    f=1;
  else if(a<b)
```

```
          f=-1;
        else
          f=0;
    return(f);
    }
```

运行输入：

```
enter array x:
1 3 5 7 9 8 6 4 2 0
enter array y:
5 3 8 9 -1 -3 5 6 0 4
```

运行结果：

```
x[i]>y[i] 4times
x[i]=y[i] 1times
x[i]<y[i] 5times
array x is smaller than array y
```

2. 数组名作为函数参数

在 C 语言中，可以用数组名作为函数参数，此时实参与形参都使用数组名。参数传递时，实参数组的首地址传递给形参数组名，被调用函数通过形参使用实参数组元素的值，并且可以在被调用函数中改变实参的数组元素的值。

【例 7.3】有一个一维数组 score，内放 10 个学生成绩，求平均成绩。

```
float average(float array[])
{
  int i;
  float aver,sum=array[0];
  for(i=1;i<10;i++)
    sum+=array[i];
  aver=sum/10;
  return(aver);
}
main()
{
  float score[10],aver;
  int i;
  printf("input 10 scores: \n");
  for(i=0;i<10;i++)
    scanf("%f",&score[i]);
  printf("\n");
  aver=average(score);
  printf("average score is  %5.2f",aver);
}
```

运行输入：

```
input 10 scores:
100 56 78 98.5 76 87 99 67.5 75 97
```

运行结果：

```
average score is 83.40
```

说明：

（1）用数组名做函数参数，可以在主调函数和被调用函数中分别定义数组，例中 array 是形参数组名，score 是实参数组名，分别在其所在函数中定义。

（2）实参数组与形参数组类型应一致，如不一致，结果将出错。

（3）实参数组和形参数组大小可以一致也可以不一致，C 语言在编译时对形参数组大小不做检查，只是将实参数组的首地址传给形参数组名。如果要求形参数组得到实参数组全部的元素值，则应当指定形参数组与实参数组大小一致或形参数组不小于实参数组。

形参数组也可以不指定大小，在定义数组时在数组名后面跟一对空的方括号。如果在被调用函数中有处理数组元素的需要，可以另设一个参数，传递数组元素的个数。

【例 7.4】求两个班学生的平均成绩。

```c
float average(float array[],int n)
{
  int i;
  float aver,sum=array[0];
  for(i=1;i<n;i++)
    sum+=array[i];
  aver=sum/n;
  return(aver);
}
main()
{
  float score1[5]={98.5,97,91.5,60,55};
  float score2[10]={67.5,89.5,99,69.5,77,89,76.5,54,60,99.5};
  printf("the average of class A is %6.2f\n",average(score1,5));
  printf("the average of class B is %6.2f\n",average(score2,10));
}
```

运行结果：

```
the average of class A is 80.40
the average of class B is 78.15
```

可以看出，两次调用 average（函数时数组大小是不同的。在调用时用一个实参传递数组大小给形参 n，以便在调用 average）函数时访问到数组中所有元素。

（4）应当强调的是，数组名做函数参数时，是把实参数组的起始地址传递给形参数组名，这样两个数组就共占同一段内存单元。假设实参 a 的起始地址和形参 b 的起始地址相同，则 a 和 b 同占一段存储单元，a[0]与 b[0]同占一个单元，a[1]与 b[1]同占一个单元，……由此可以看到，形参数组中各元素的值如发生变化会使实参数组元素的值同时发生变化，这一点从图 7-1 中容易理解，这与变量做函数参数的情况是不同的。在 C 语言程序设计中经常利用这一特点改变实参数组的值，如例 7.5 中的排序程序。

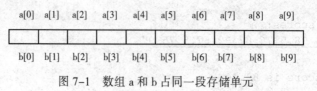

图 7-1　数组 a 和 b 占同一段存储单元

【例 7.5】 用选择法对数组中 10 个整数按由小到大排序。所谓选择法是将 10 个数中最小的数与 a[0]对换；再将 a[1]~a[9]中最小的数与 a[1]对换，……，每比较一轮，找到一个未经排序的数中最小的一个，共应比较 9 轮。

```
int sort(int array[],int n)
{
  int i,j,k,t;
  for(i=0;i<n-1;i++)
  {
    k=i;
    for(j=i+1;j<n;j++)
    {
      if(array[j]<array[k])
        k=j;
      t=array[k];array[k]=array[i];array[i]=t;
    }
  }
}
main()
{
  int a[10],i;
  printf("enter the array: \n");
  for(i=0;i<10;i++)
    scanf("%d",&a[i]);
  sort(a,10);
  printf("the sorted array: \n");
  for(i=0;i<10;i++)
    printf("%d,",a[i]);
  printf("\n");
}
```

运行输入：

```
enter the array:
10 8 6 9 -6 0 -7 89 -25 20
```

运行结果：

```
the sorted array:
-25,-7,-6,0,6,8,9,10,20,89,
```

可以看出在执行函数调用语句 sort(a,10)之前和之后，a 数组中各元素的值是不同的。原来是无序的，执行 sort(a,10)后，a 数组已经排好序了。这是由于 sort()函数已用选择法对数组进行排序了。

（5）多维数组名做实参和形参，在被调用函数中对形参数组定义时可以指定每一维的大小，也可以省略第一维的大小说明。例如：

```
int array[3][10];与 int array[][10];
```

两者都合法而且等价。但是不能把第二维及其他更高维数的大小说明省略。例如，下面语句是不合法的：

```
int array[][];
```

因为从实参传送来的是数组起始地址，在内存中按数组排列规则存放（按行存放），而并不区分行和列。如果在形参中不说明列数，则系统无法决定应为多少行多少列。不能只指定第一维而省略第二维，下面语句写法是错误的：

```
int array[3][];
```

实参数组可以大于形参数组。例如，实参数组定义为：

```
int score[5][10]
```

而形参数组定义为：

```
int array[3][10];
```

这时，形参数组只取实参数组的一部分，其余部分不起作用。

【例 7.6】有一个 3×4 的矩阵，求其中的最大元素。

```
max_value(int array[ ][4])
{
  int i,j,max;
  max=array[0][0];
  for(i=0;i<3;i++)
     for(j=0;j<4;j++)
        if(array[i][j]>max)
           max=array[i][j];
  return(max);
}
main()
{
  int a[3][4]={{1,3,5,7},{2,4,6,8},{15,17,34,12}};
  printf("max value is %d\n",max_value(a));
}
```

运行结果：

```
max value is 34
```

7.4　函数的调用

程序模块是由函数构成的，并且函数之间可以存在某种关系，这种关系就是函数调用。函数的调用涉及下列问题：被调用函数是否已经存在，即函数的预说明（函数的原型）是否存在；如何将调用函数的实参传递到被调用函数；如何得到被调用函数的值。

7.4.1　函数调用的一般形式

1. 函数调用形式

函数调用的一般形式如下：

```
函数名(实参表列);
```

如果调用的是无参函数，则"实参表列"可以没有，但括号必须保留，实参表列中实参的个数多于一个时，各参数之间用逗号分隔。实参的个数、类型必须与对应的形参一致，否则编译程序往往并不报错，最终可能导致一个不期望的错误结果。实参与形参按次序对应，一一传递数据。例如，在例 7.1 求两个整型数较大者程序中，有如下程序段：

```
main()
{
    ⋮
```

```
        c=max(a,b);
          ⋮
        }
        int max(int x,int y)
        {
          ⋮
         return(z);
        }
```

函数调用语句 c=max(a,b);是正确的函数调用。它将实参 a 赋给形参 x，将实参 b 赋给形参 y。将 max()的值赋给变量 c。

一个函数调用另一个函数时，程序控制就从调用函数中转移到被调用函数，并且从被调用函数的函数体开始执行。在执行完函数体中的所有语句，或者遇到 return 语句时，程序控制就返回调用函数中原来的断点位置继续执行。

2．函数的调用方式

函数的调用一般有以下两种方式：

（1）语句方式：把函数调用作为一条独立的语句，完成特定操作。这时不要求函数返回值，只要求函数完成一定的操作。

（2）表达式方式：函数调用作为表达式出现在任何允许表达式出现的地方，参与运算。这时要求函数带回一个确定的值参加表达式的运算，例如：

```
        c=2*max(a,b);
```

7.4.2　调用函数与被调用函数的相对位置关系与函数说明

当一个函数调用另一个函数时，被调用函数必须存在。

（1）如果被调用函数是一个库函数，一般应该在本文件开头用#include 将与被调用函数有关的库函数所需的信息包含到源程序文件中来，包括所用到的库函数的原型。例如，前几章中已经用过的语句：

```
        #include "stdio.h"
```

其中，stdio.h 是一个头文件，是标准输入和标准输出(standard input &output)的缩写，在 stdio.h 中存在输入/输出库函数所用到的一些宏定义信息。如果不包含 stdio.h 文件，就无法使用输入/输出库中的函数，例如，putchar()和 getchar()函数就不能使用。同样，如果要使用数学运算库函数，例如 sin()和 cos()函数，就必须包含数学库函数的预说明文件（有时称为头文件）：

```
        #include "math.h"
```

.h 是头文件所用的扩展名，说明是头文件(header file)。

（2）如果使用用户自己定义的函数，而且该函数与调用其函数（即主调函数）不在同一文件中，应该在主调函数中对被调用函数进行原型说明。如果被调函数与主调函数在同一文件中，一般可以在主调函数的外部或主调函数中对被调用函数进行原型说明，如下面例 7.7 中的 push()函数和 pop()函数。

（3）函数原型说明的一般形式如下：

```
        [存储类型][数据类型] 函数名([形参类型]);
```

格式中方括号中的内容可有可无，这是根据原型函数定义决定的。如果在原型函数定义中有内容，则在函数原型说明中也必须有，否则没有。但是必须注意：在函数原型说明中的形参说明，只需说明形参类型和形参个数，而无须说明形参名。例如，定义 max()函数和形参说明如下：

```
            int max(int x,int y)
    max()函数的原型说明如下：
            int max(int,int);
```

【例7.7】用数组模拟堆栈程序，给出堆栈操作的函数原型定义。

```
#include "stdio.h"
#define SIZE 5
void push(int);              /*对被调函数说明*/
int pop();                   /*对被调函数说明*/
int total,top,item;
int stack[SIZE];
main()
{
  int num,i;
  printf("How many numbers do you want to push: ");
  scanf("%d",&total);
  top=0;
  printf("\nPush data to stack-->\n");
  for(i=0;i<total;i++)
  {
    printf("node.%d",i);
    scanf("%d",&num);
    push(num);
  }
    total=top;
    printf("Pop data from stack-->\n");
    for(i=0;i<total;i++)
    {
      if(total>0)
      printf("%d\n",pop());
    }
}
void push(int item)
{
  if(top>=SIZE)
  {
    printf("\nStack Overflow!");
    exit(1);
  }
  top=top+1;
  stack[top]=item;
}
int pop()
{
  item=stack[top];
  top=top-1;
  return(item);
}
```

该程序的功能是对数组进行堆栈（实现先进后出）的模拟操作，源程序定义了堆栈操作进栈和出栈的两个函数push()和pop()，供主函数main()调用。

它既定义了函数的原型，又定义了函数的内容。在这里，定义了外部变量 total、top、item 和 stack[SIZE]。

在这个程序中的第 1 行包含 stdio.h 头文件。第 2 行是宏定义，定义了符号常量 SIZE。第 3 行和第 4 行进行了函数说明，说明 pop() 和 push() 函数是在源程序文件中已经定义过的函数，在主函数中只是引用。第 5 行和第 6 行说明了该源文件中使用的外部变量 total、top、item 和 stack[SIZE]，其余部分是函数的定义。

【例 7.8】函数说明举例，从键盘输入两个实数，输出大的数。

```
main()
{ float f1(float a,float b); /*对 f1()函数做说明*/
  float x,y,z;
   scanf("%f,%f",&x,&y);
  z=f1(x,y);
  printf("%f",z);
}
float f1(float a,float b)
{ float c;
  c=a>b?a:b;
  return(c);
}
```

在上面的程序中，如果把 f1() 函数放在主函数 main() 函数的上面，变化后的程序如下：

```
float f1(float a,float b)
{ float c;
  c=a>b?a:b;
  return(c);
}
main()                        /*不用对 f1()函数做说明*/
{
  float x,y,z;
  scanf("%f,%f",&x,&y);
  z=f1(x,y);
  printf("%f",z);
}
```

被调函数 f1() 在主调函数 main() 之前已经定义，在主调函数 main() 中，可以不对被调函数 f1 进行说明，因为编译系统已经知道了已定义的函数类型，会根据函数首部提供的信息对函数的调用做正确检查；如果被调函数 f1() 在主调函数 main() 之后，在主调函数 main() 中，要对被调函数 f1() 进行说明。

根据主调函数和被调函数的相对位置，C 语言规定，在下列情况下可以直接调用函数，不用对被调函数进行说明：

（1）被调用函数在调用函数之前定义，由于编译系统已经知道了被调函数的返回值数据类型，会自动处理，不需要对被调函数进行说明。

（2）被调用函数的函数值是整型或字符型，可以不用对被调函数进行说明，系统对它们自动按整型处理。

（3）如果在文件的开头，在所有函数定义之前，已经说明了该函数的数据类型，则在各主调函数中都不必对被调函数进行说明。

【例7.9】编写一个求解从 m 个元素选 n 个元素的组合数程序。计算公式：

$$C_m^n = \frac{m!}{n!(m-n)!}$$

```
long f(int x)                      /*求 x!*/
{
  long y;
  for(y=1;x>0;--x)
    y=y*x;
  return(y);
}
main()
{
  int m,n;
  long cmn,temp;
  long f();                        /*函数说明*/
  printf("Enter m and n:");        /*输入 m,n*/
  scanf("%d%d",&m,&n);
  cmn=f(m);                        /*求 m!*/
  temp=f(n);                       /*求 n!*/
  cmn=cmn/temp;                    /*求 m!/n!*/
  cmn=cmn/f(m-n);                  /*求公式*/
  printf("The combination:%ld\n",cmn);
}
```

运行输入：

```
Enter m and n:4  3
```

运行结果：

```
The combination:4
```

7.5　函数的嵌套调用和递归调用

上面部分已经介绍了函数调用形式、方法，下面来探讨两种函数的特殊调用形式，即函数的嵌套调用和递归调用。

7.5.1　函数的嵌套调用

在前面部分我们已经知道了 C 语言函数的定义规则，即函数定义是平行的、独立的，不能在定义一个函数的同时，在其函数体内对另一个函数进行定义。而函数的调用是可以嵌套调用的，即在调用一个函数的过程中，又可以调用另一个函数，如图 7-2 所示。

图 7-2 表示的是两层嵌套函数（连 main()函数共3层），其执行过程如下：

（1）执行 main()函数的开头部分。

（2）遇调用 a 函数的操作语句，流程转去 a 函数。

（3）执行 a 函数的开头部分。

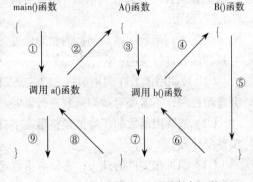

图 7-2　两层嵌套函数

（4）遇调用 b()函数的操作语句，流程转去 b()函数。

（5）执行 b()函数并且直到 b()函数调用结束。

（6）返回到调用点。

（7）继续执行 a()函数尚未执行部分，直到 a()函数调用结束。

（8）返回到调用点。

（9）继续执行 main()函数尚未执行部分，直到 main()函数执行结束。

【例 7.10】函数嵌套调用过程举例。

```
main()
{
    printf("111111\n");
    fun_1();
    printf("222222\n");
}
fun_1()
{
    printf("333333\n");
    fun_2();
    printf("444444\n");
}
fun_2()
{
    printf("555555\n");
}
```

程序运行结果如下：

```
111111
333333
555555
444444
222222
```

上面例题为两层嵌套调用函数（连 main()函数共 3 层），其执行过程如下：

（1）执行 main()函数的开头部分，并输出 111111。

（2）遇调用 fun_1()函数的操作语句，流程转去 fun_1()函数。

（3）执行 fun_1()函数的开头部分，并输出 333333。

（4）遇调用 fun_2()函数的操作语句，流程转去 fun_2()函数。

（5）执行 fun_2()函数，输出 555555，直到 fun_2()函数执行结束。

（6）返回调用点。

（7）继续执行 fun_1()函数尚未执行部分，输出 4444444，直到 fun_1()函数执行结束。

（8）返回调用点。

（9）继续执行 main()函数尚未执行部分，输出 222222，直到 main()函数执行结束。

7.5.2 函数的递归调用

C 语言可以使用递归函数。递归函数又称为自调用函数，其特点是在调用一个函数的过程中直接或间接地调用函数本身。调用函数的过程中直接调用本身的递归，称为直接递归；间接调用本身的，称为间接递归。从函数定义的形式上看，在函数体出现调用该函数本身的语句时，它就是递归函数。递归函数的结构十分简练。对于可以使用递归算法实现功能的函数，可以把它们编写成递归函数。某些问题（如解汉诺塔问题）用递归算法来实现，所写程序的代码十分简洁，但并不意味着执行效率就高，为了进行递归调用，系统要自动安排一系列的内部操作，因此通常使效率降低；而且并不是所有问题都可用递归算法来实现的，一个问题要采用递归方法来解决时，必须符合以下 3 个条件：

（1）找出递归问题的规律，运用此规律使程序控制反复地进行递归调用。把一个问题转化为一个新的问题，而这个新问题的解决方法仍与原问题的解法相同，只是所处理的对象有所不同，只是有规律地递增或递减。

（2）可以通过转化过程使问题得以解决。

（3）找出函数递归调用结束的条件，否则程序无休止地进行递归，不但解决不了问题，而且会出错，即必须要有某个终止递归的条件。

在递归函数程序设计的过程中，只要找出递归问题的规律和递归调用结束的条件这两个要点，问题就会迎刃而解。递归函数的典型例子是阶乘函数。数学中整数 n 的阶乘按下列公式计算：

$n!=1×2×3×...×n$

在归纳算法中，它由下列两个计算式表示：

$n!=n*(n-1)!$

$1!=1$

由公式可知，求 $n!$ 可以转化为 $n*(n-1)!$，而 $(n-1)!$ 的解决方法仍与求 $n!$ 的解法相同，只是处理对象比原来的递减了 1，变成了 $n-1$。对于 $(n-1)!$ 又可转化为求 $(n-1)*(n-2)!$，而 $(n-2)!$ 又可转化为求 $(n-2)*(n-3)$……当 $n=1$ 时，$n!=1$，这是结束递归的条件，从而使问题得以解决。求 4 的阶乘时，其递归过程如下：

$4!=4*3!$

$3!=3*2!$

$2!=2*1!$

$1!=1$

按上述相反过程回溯计算就得到了计算结果：

$1!=1$

$2!=2$

$3!=6$

$4!=24$

上面给出的阶乘递归算法用函数实现时，就形成了阶乘的递归函数。根据递归公式很容易写出以下的递归函数 f()。

【例 7.11】阶乘的递归函数。

```c
int f(int n)
{
  if (n==1)
    return(1);
  else
    return(n*f(n-1));
}
main()
{
  int x=4;
```

```
        printf("n!=%d\n",f(x));
    }
```

该函数的功能是求形式参数 x 为给定值的阶乘，返回值是阶乘值。从函数的形式上可以看出函数体中最后一个语句出现了 f(n-1)。这正是调用该函数本身，所以它是一个递归函数。假如在程序中要求计算 4!，则从调用 f(4) 开始了函数的递归过程。图 7-3 所示为递归调用和返回的示意图。

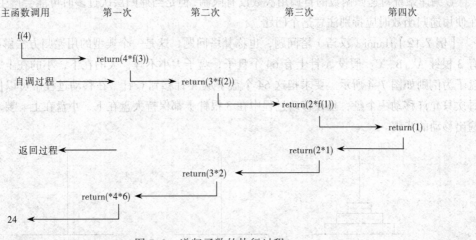

图 7-3　递归函数的执行过程

分析递归调用时，应当弄清楚当前是在执行第几层调用，在这一层调用中各内部变量的值是什么，上一层函数的返回值是什么，这样才能确定本层的函数返回值是什么。现以上面的求阶乘函数为例，最初的调用语句为 f(4)。分析步骤如下：

（1）进入第一层调用，n 接受主调函数中实参的值 4。入函数体后，由于 n≠1，所以执行 else 下的 return(n*f(n-1)) 语句，首先要求出函数值 f(n-1)，进行第二层调用，这时实参表达式 n-1 的值为 3。

（2）进入第二层调用，形参 n 接受来自上一层的实参值 3，n≠1，执行 return(n*f(n-1)) 语句，需要先求函数值 f(n-1)，因此进行第三层调用，这时实参的值为 2（等价于 f(2)）。

（3）进入第三层调用，形参 n 接受来自上一层的实参值 2，因为 n≠1，所以执行 return(n*f(n-1))；需要进行第四层调用，实参表达式 n-1 的值为 1（等价于 f(1)）。

（4）进入第四层调用，形参 n 接受来自上一层的实参值 1，因为 n=1，因此执行 return(1);在此遇到了递归结束条件，递归调用终止，并返回本层调用所得的函数值 1。

至此为止调用过程终止，程序控制开始逐步返回。每次返回时，函数的返回值乘 n 的当前值，其结果作为本次调用的返回值。

（5）返回到第三层调用，f(n-1)（即 f(1)）的值为 1，本层的 n 值为 2，表达式 n*f(n-1) 的值为 2，返回函数值 2。

（6）返回到第二层调用，f(n-1)（即 f(2)）的值为 2，本层 n 的值为 3，表达式 n*f(n-1) 的值为 6，返回函数值为 6。

（7）返回第一层调用，f(n-1)（即 f(3)）的值为 6，本层 n 的值为 4，因此返回到主调函数的函数值为 24。

（8）返回到主调函数，表达式 f(4) 的值为 24。

从上述递归函数的执行过程中可以看到作为函数内部变量的形式参数 n，在每次调用时，它有不同的值。随着自调用过程的层层进行，n 的值在每层都取不同的值。在返回过程中，返回到每层时，n 恢复该层的原来值。递归函数中局部变量的这种性质是由其存储特性决定的。这种变量在自调用过程中，它们的值被依次压入堆栈存储区。而在返回过程中，它们的值按后进先出的顺序一一恢复。由此得出结论，在编写递归函数时，函数内部使用的变量应该是 auto 堆栈变量。

C 编译系统对递归函数的自调用次数没有限制，但是当递归层次过多时可能会产生堆栈溢出。在使用递归函数时应特别注意这个问题。

【例 7.12】Hanoi（汉诺）塔问题，也称梵塔问题，这是一个典型的用递归方法解决的问题：有 3 根针 A、B、C。假设 A 针上有 64 个盘子，盘子大小不等，大的在下，小的在上，若以 3 个盘子为例则如图 7-4 所示。要求把这 64 个盘子从 A 针移到 C 针，在移动过程中可以借助 B 针，每次只允许移动一个盘，且在移动过程中在 3 根针上都保持大盘在下，小盘在上。要求编写程序输出移动的步骤。

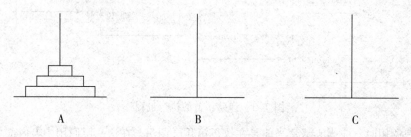

图 7-4　Hanoi（汉诺）塔问题

将 n 个盘子从 A 针移到 C 针可以分解为以下 3 个步骤：① 将 A 针上 n-1 个盘借助 C 针先移到 B 针上。② 把 A 针上剩下的一个盘移到 C 针上。③ 将 n-1 个盘从 B 针借助于 A 针移到 C 针上。

下面以 3 个盘子为例，要想将 A 针上 3 个盘子移到 C 针上，可以分解为以下 3 步：

① 将 A 针上 2 个盘子移到 B 针上（借助 C）。

② 将 A 针上 1 个盘子移到 C 针上。

③ 将 B 针上 2 个盘子移到 C 针上（借助 A）。

其中，第二步可以直接实现。第一步又可用递归方法分解为：

① 将 A 上 1 个盘子从 A 移到 C。

② 将 A 上 1 个盘子从 A 移到 B。

③ 将 C 上 1 个盘子从 C 移到 B。

第三步可以分解为：

① 将 B 上 1 个盘子从 B 移到 A 上。

② 将 B 上 1 个盘子从 B 移到 C 上。

③ 将 A 上 1 个盘子从 A 移到 C 上。

将以上综合起来，可得到移动的步骤如下：

A→C，A→B，C→B，A→C，B→A，B→C，A→C。

上面第一步和第三步，都是把 n-1 个盘从一个针移到另一个针上，采取的办法是一样的，只是针的名字不同而已。为使之一般化，可以将第一步和第三步表示为：

将 one 针上 n-1 个盘移到 two 针，借助 three 针。

只是在第一步和第三步中，one、two、three 和 A、B、C 的对应关系不同。对第一步，对应关系是：

one—A，two—B，three—C

对第三步，是：

one—B，two—C，three—A

因此，可以把上面 3 个步骤分成两步来操作：

（1）将 $n-1$ 个盘从一个针移到另一个针上（$n>1$）。这是一个递归的过程。

（2）将 1 个盘子从一个针上移到另一个针上。

下面编写程序，分别用两函数实现上面的两步操作，用 hanoi() 函数实现上面步骤（1）的操作，用 move() 函数实现上面步骤（2）的操作。

```
hanoi(n,one,two,three);
```
表示将 n 个盘子从 one 针移到 three 针，借助 two 针。

```
move(getone,putone);
```
表示将 1 个盘子从"getone"针移到"putone"针。getone 和 putone 也是代表针 A、B、C 之一，根据每次不同情况分别取 A、B、C 代入。程序如下：

```
void move(char getone,char putone)
{
  printf("%c-->%c\n",getone,putone);
}
void hanoi(int n,char one,char two,char three)
/*将 n 个盘从 one 借助 two，移到 three*/
{
  if(n==1)
    move(one,three);
  else
  {
    hanoi(n-1,one,three,two);
    move(one,three);
    hanoi(n-1,two,one,three);
  }
}
main()
{
  int m;
  printf("input the number of diskes:");
  scanf("%d",&m);
  printf("The step to moving %3d diskes:\n",m);
  hanoi(m,'A','B','C');
}
```

运行结果：

```
input the number of diskes: 3
the step to moving 3 diskes:
A-->C
A-->B
C-->B
```

```
A-->C
B-->A
B-->C
A-->C
```

7.6　局部变量和全局变量

从变量的作用域角度来划分，可将变量划分为局部变量和全局变量。

7.6.1　局部变量

局部变量（内部变量）是在函数内部或复合语句中定义的变量。在一个函数内部定义的变量，它只在本函数范围内有效；在一个复合语句中定义的变量，它只在复合语句中起作用。函数的形参也是局部变量，其作用域是从定义的位置起到函数体结束为止。例如：

```
int f1(int x,int y)    /*函数f1()*/
{
    int b,c;                        变量x、y、b、c有效范围
    …
}
float f2(int a)        /*函数f2()*/
{
    int i,j;                        变量a、i、j有效范围
    …
}
main()                 /*主函数*/
{
    int k,m,b,c;                    变量k、m、b、c有效范围
    …
}
```

说明：

（1）主函数main()中定义的变量k、m、b、c只在主函数中有效，而不因为在主函数中定义就在整个文件或程序中有效。

（2）不同函数中可以使用相同名字的变量，它们代表不同的对象，互不干扰。例如，在f1()函数中定义了变量b、c，main()函数中也定义了变量b和c，它们在内存中占不同的单元，互不混淆。

（3）形式参数也是局部变量。例如，f1()函数中的形参x、y，只在f1()函数中有效，其他函数不能调用。

（4）在一个函数内部的复合语句中定义的变量，这些变量只在本复合语句中有效，如例7.13中，main()函数定义中的x与复合语句中定义的x变量的作用域是不同的。

在复合语句内定义的x、d只在复合语句中有效，在main()函数体中定义的局部变量x=5和在复合语句中定义的局部变量x=10虽然变量同名，但它们是两个局部变量，在复合语句中，被赋值为10的x起作用，复合语句中局部变量d=x+y的值为d=10+6，离开复合语句，复合语句中定义的局部变量无效，释放复合语句中定义的变量所占的内存单元。m=x+y的值为主函数中定义的变量x、y的值，m=5+6的值。

【例 7.13】在复合语句中定义变量。

```
main()
{ int x=5,y=6,m;
…

    { int x=10,d;
      d=x+y;            } 变量 x、d 有效范围    } 变量 x、y 有效范围
      …
    }
    m=x+y;
    …
}
```

7.6.2 全局变量

全局变量（外部变量）是在函数外部定义的变量。其有效范围是从变量定义的位置开始到本源文件结束为止。

```
int a=5,b=6;
float f1(int x,int y)
{ int m,n;
    …
}
int c=7,d=8;
int f2(int p)                                            全局变量 a、b 有效范围
{ int i,j;
    …
}                        全局变量 c、d 有效范围
main()
{ int k,t;
    …
}
```

a、b、c、d 都是全局变量，但它们的作用范围不同，在 main()函数和 f2()函数中可以使用全局变量 a、b、c、d，但在函数 f1()中只能使用全局变量 a、b，而不能使用 c1 和 c2。

若在同一源文件中，局部变量与全局变量同名，则在局部变量的作用范围内，全局变量被屏蔽，不起作用，局部变量起作用。

【例 7.14】外部变量与局部变量同名。

```
int a=4,b=5;                 /*a、b 为全局变量*/
int min(int a,int b)         /*形参 a、b 为局部变量*/
{ int c;
  c=a<b? a:b ;               /*使用形参 a、b 变量*/
  return(c);
}
mian()
{ int a=8;                   /*a 为局部变量*/
  printf("%d",min(a,b));     /*a 为局部变量、b 为全局变量*/
}
```

运行结果：

    5

在本例中第 1 行定义了外部变量 a、b，并使之初始化。第 2 行开始定义函数 min()，a 和 b 是形参，形参也是局部变量。函数 min() 中的形参 a、b 不是全局变量的 a、b，它们的值是由实参传给形参的，外部变量 a、b 在 min() 函数范围内不起作用。在 main() 函数中定义了一个局部变量 a，因此全局变量 a 在 main() 函数范围内不起作用，而全局变量 b 在此范围内有效。因此，printf() 函数中的 min(a,b) 相当于 max(8,5)，程序运行后得到的结果为 5。

【例 7.15】有 5 个元素的一维数组，输出数组元素的值，并求输出数组元素最大值和最小值。

```
int max,min;
main()
{ int I,a[5]={36,78,-23,46,12};
  for(i=0;i<5;i++)
    printf("%d  ",a[i]);
  maxmin(a,5);
  printf("max=%d,min=%d\n",max,min);
}
void maxmin(int b[ ],int n)
{ int i=0;
  max=min=b[0];
  for(i=1;i<n;i++)
  { if(b[i]>max) max=b[i];
    if(b[i]<min) min=b[i];
  }
}
```

运行结果：

    max=78,min=-23

在本例中定义了 max 和 min 两个全局变量，这两个全局变量在 main() 和 maxmin() 函数中都起作用，在 maxmin() 函数中求出最大值 max=78 和最小值 min=-23，在 main() 函数中直接输出变量 max 和变量 min 的值，因此 maxmin() 函数不需要用 return 语句返回值，所以定义为 void() 函数。

程序中使用全局变量虽然增加了函数间的联系，但降低了函数作为一个程序单位的相对独立性。在大型软件设计中，过多地使用全局变量可能会造成各模块相互间的干扰，因此，除非是大多数函数都要用到的公共数据外，一般避免使用全局变量在函数间传递数据。

7.7　存储类型和变量的作用域

上一节介绍的局部变量和全局变量是从变量作用域角度来划分的；从变量数据类型不同的角度也可将变量划分为整型变量、实型变量、字符型变量、数组变量、指针变量等；从变量存储位置的不同可划分为内存变量和寄存器变量；从变量生存期角度可划分为动态存储变量和静态存储变量。所谓动态存储变量是指程序运行期间根据需要进行动态的分配存储空间的变量。静态存储变量指程序运行期间由系统分配固定的存储空间的变量。

7.7.1 数据在内存中的存储

变量的存储类型规定了该变量的存储区域，同时也说明了该变量的生存期。在计算机中，用于存放程序和数据的物理单元有寄存器和随机存储器（RAM）。寄存器速度快，但空间少，常常只存放参加运算的少数变量。RAM 比寄存器速度慢，但空间大，可存放程序和一般数据。RAM又分为堆栈区、系统区、程序区和数据区，如图 7-5 所示。

（1）堆栈区：用于临时存放数据的内存单元，它具有先进后出的特性。堆栈中的数据可以不断地被另外的变量值覆盖。

（2）系统区：用于存放系统软件（如操作系统、语言编译系统等）的内存单元。它是计算机系统确定的。只要计算机运行，这一部分空间就必须保留给系统软件使用。

（3）程序区：用于存放用户程序（如 WPS 或用 C 语言编辑的程序）的内存单元。在某应用程序运行时，该部分空间不能被覆盖。但当某程序或函数运行结束后，可以被另外程序或函数覆盖。

（4）数据区：用于存放用户程序数据（应用程序所调用的数据）的内存单元。所给变量的空间是固定的，只有说明该变量的程序结束后，才释放该空间。

图 7-5　RAM 的存储分配

7.7.2 变量的存储类型

对一个变量的完整定义应包括数据类型和存储类型，分别用两个保留字说明，且无先后顺序。C 语言中用来说明存储类型的保留字共有 4 个：auto（自动）、register（寄存器）、static（静态）、extern（外部）。同样，变量的存储类型也分为 4 种，它们是自动类型、寄存器类型、静态类型和外部类型。各类型含义如下：

1. 自动变量（auto）

自动变量的存储类型用保留字 auto 表示，但通常 auto 可以省略。这种变量也称为局部变量，存储在内存的堆栈区，属于临时性存储变量，并不长期占用内存。其存储空间可以被其他变量多次覆盖使用。因此，在 C 语言中自动存储变量使用得最多，其目的就是为了节省空间。从变量作用域角度来划分，auto 变量属于局部变量；从变量的存储位置划分，auto 变量属于内存变量；从变量的生存期角度划分，auto 变量属于动态存储变量。

当局部变量未指明存储类型时，默认为 auto 变量。其值存放在内存的动态存储区，因此在退出其作用域后，变量被自动释放，其值不予保留。自动变量是在函数调用时赋初值，每调用一次赋一次指定的初值，未赋初值的变量值不确定。例如：

```
int fun(int a)              /*定义 fun 函数，a 为形参*/
{ auto int b=3,c;          /*定义 b、c 为自动变量*/
  …
}
```

相当于：

```
int fun(int a)
{ int b=3,c;               /*定义 b、c 为自动变量*/
  …
}
```

函数体中的语句 auto int b=3,c;等价于语句 int b=3,c;只有当 fun()函数被调用时，自动变量 b 才被赋初值 3，而变量 c 未被赋初值，则其值是不确定的。

2．寄存器变量（register）

寄存器变量的存储类型用保留字 register 说明。与 auto 变量一样属于自动类别，区别主要在于寄存器变量的值保存在 CPU 的寄存器中。这种类型可以说明局部变量，也可以说明形式参数。register 型变量存储在 CPU 的通用寄存器中。计算机中只有寄存器中的数据才能直接参加运算，而一般变量是放在内存中的，变量参加运算时，需要先把变量的值从内存中取到寄存器中，然后计算，再把计算结果放到内存中去。为了减少对内存的操作次数、提高运算速度，一般把使用最频繁的变量定义成 register 变量，如循环控制变量等。程序如下：

```
int fun(int n)
{ register int i,f=1;
  for(i=1;i<=n;i++)
    f=f*i;
  return(f);
}
main()
{ int i;
  for(i=1;i<=5;i++)
    printf("%d != %d\n",i,fun(i));
}
```

register 变量只能在函数中定义，并只能是 int 或 char 型，数据类型为 long、double 和 float 不能设置为 register 型变量。因为它们的数据长度超过了通用寄存器本身的位长。另外，计算机中可供寄存器变量使用的寄存器数量很少，有些计算机甚至根本不允许变量在寄存器中存储，当系统没有足够的寄存器时，register 型的变量就当做 auto 型变量来看待。

3．静态变量（static）

静态变量的存储类型用保留字 static 表示。这种类型可以说明局部变量，也可以说明全局变量。

在函数体内用 static 说明的变量称为静态局部变量，属于静态类别。static 型变量一般存储在数据区。这类变量在数据说明时被分配了一定的内存空间，程序运行期间，它占据一个永久性的存储单元，因此在退出函数后，存储单元中的值仍旧保留。并且只要该文件存在，存储单元自始至终都被该变量使用，该变量随着文件的存在而存在。

静态局部变量是在编译时赋初值，因此在程序执行期间，一旦存储单元中的值改变，就不会再执行赋初值的语句。未赋初值的变量，C 语言编译程序将其置为 0。

【例 7.16】考察静态局部变量的值。

```
f(int a)
{ auto int b=0;
  static int c=3;
  b=b+1;
  c=c+1;
  return(a+b+c);
}
main ()
{ int a=2,i;
```

```
    for(i=0;i<3;i++)
    printf ("%d ",f(a));
}
```

运行结果：

```
7 8 9
```

在第 1 次调用 f()函数时，形参 a 的值为 2，b 的初值为 0，c 的初值为 3，第 1 次调用结束时，a=2、b=1、c = 4，a+b+c 的值为 7。由于 c 是静态局部变量，在函数调用结束后，它并不释放，仍保留第一次调用结束后的值为 4。在第 2 次调用 f()函数时，形参 a 的值为 2，b 的初值为 0，而 c 的初值为 4（上次调用结束时保留的值）。第 2 次调用结束时，a=2、b=1、c = 5、a+b+c 的值为 8。静态局部变量 c，在函数调用结束后，它并不释放，保留本次调用结束后的值为 5。在第 3 次调用 f()函数时，形参 a 的值为 2，b 的初值为 0，而 c 的初值为 5（上次调用结束时保留的值）。第 3 次调用结束时，a=2、b=1、c = 6、a+b+c 的值为 9，如图 7-6 所示。

	a	b	c
第一次调用开始	2	0	3
第一次调用结束	2	1	4
第二次调用开始	2	0	4
第二次调用结束	2	1	5
第三次调用开始	2	0	5
第三次调用结束	2	1	6

图 7-6　变量值的情况

4．外部类型（extern）

外部变量的存储类型用保留字 extern 表示。这种类型只能说明全局变量。extern 型变量存储在内存的应用区。这类变量在数据说明时被分配了一定的内存空间，并且外部变量的初始化是在编译时赋初值的，该空间在整个程序运行中，只要该程序存在，自始至终都被该变量使用，在退出用户程序前，该变量一直存在并且活动。用 extern 说明外部变量分两种形式：

（1）对本文件内的外部变量说明。

【例 7.17】用 extern 说明文件内的外部变量，扩大外部变量的作用域。

```
int min(int a,int b)
{ int c;
  c=a<b?a:b;
  return c;
}
main()
{ extern int x,y;
  printf("%d",min(x,y));
}
int x=25,y=14;
```

运行结果：

```
14
```

（2）对其他文件中的外部变量说明。

【例 7.18】用 extern 说明其他文件中的外部变量，扩大外部变量的作用域。

```
/*下面是 C 源程序文件 file1.c 的内容*/
#include "file2.c"              /*文件包含，在编译预处理内容中介绍*/
int a=10;
int add();                      /*对调用函数说明*/
main()
```

```
{
    int b,c;
    scanf("%d",&b);
    c=add(b);
    printf("%d+%d=%d\n",a,b,c);
}
/*下面是 C 源程序文件 file2.c 的内容*/
extern int a;
int add(register int x)
{
    int y;
    y=a+x;
    return(y);
}
```

运行输入：

　　20

运行结果：

　　10+20=30

可以看到，file2.c 源文件中的开头有一个 extern 说明的全局外部变量 a，它说明此变量在其他源文件中已经定义过，在本文件不再为其分配内存，此变量在 file1.c 和 file2.c 都是存在和起作用的。在文件 file2.c 中，有一个 register 说明的变量 x 和一个局部自动变量 y，它们只是在函数 add() 中存在和起作用。

7.7.3　变量的作用域和生存期

不同存储类型的变量有不同的作用域和生存期。所谓作用域是指一个变量在某个文件或函数范围内是否有效，而生存期是指一个变量的值在某一时刻是否存在，又称存在性。表 7-1 所示为各种类型变量的作用域和生存期的情况。

表 7-1　存储类型和作用域

变量的存储类型		函 数 内		函 数 外		文 件 外	
		作用域	存在性	作用域	存在性	作用域	存在性
局部	自　动	√	√	×	×	×	×
	寄存器	√	√	×	×	×	×
	静　态	√	√	×	√	×	√
全局	静　态	√	√	√	√	×	×
	外　部	√	√	√	√	√	√

本 章 小 结

C 语言函数是程序的基本组成成分。在 C 语言中，根据用户使用的角度划分，函数分为系统函数（库函数）和用户函数（用户自定义函数）。C 语言函数的定义是平行的、独立的，不允许在一个函数内部再定义一个函数。

1. 函数的数据传递

在 C 程序中，一个函数与其他函数之间往往存在数据传递的问题，C 语言中可以通过函数的形参、实参实现。所谓形式参数（形参）是指在函数定义时函数名后面括号中的变量名，而实际参数是指在函数调用时，函数名后面括号中的表达式（实参）。

在调用函数时，实参对形参的传递是单向传递，只由实参传给形参，而不能由形参传回来给实参。对应的形参另外开辟存储单元，实参把值传送给对应位置上的形参。调用结束时这些形参的存储单元被释放掉，形参中值的变化不影响对应的实参。

在把实参传递给形参过程中，存在着两种数值传递方式，值传递和地址传递。

C 语言程序在执行过程中并不检查实参和形参之间类型是否一致，不一致时不会报错。函数可以通过函数值传回数据，函数值可以是各类整型、浮点型和各种类型的地址值。

但函数返回值最多只能有一个，要想传回一个以上的数据，可以通过实参和形参之间来实现，这就要用到指针、地址操作的有关内容。

变量可以作为函数的参数，数组元素可以作为函数的实参，数组名可以作为函数的实参和形参。此时，通过数组的首地址传递整个数组，采用的是地址传递。

2. 函数的调用

函数之间的联系是通过函数调用实现的。当一个函数调用另一个函数时，被调用函数必须存在。如果被调用函数是一个库函数，在源程序文件开头用#include 将含有该库函数原型的头文件包含到该源程序文件中。

如果用户自定义函数，在被调用前都必须"先定义，后调用"。一个函数调用另一个函数时，程序控制就从调用函数中转移到被调用函数。在执行完被调用函数体中的所有语句，或者遇到return 语句时，程序控制就返回到调用函数继续执行。

函数调用的方式有语句方式和表达式方式两种。

若不要求带回函数返回值，则将函数定义为 void 类型。

C 语言可以使用递归函数。在递归函数程序设计的过程中，只要找出递归问题的规律和递归调用结束的条件这两个要点，问题就迎刃而解。

3. 存储类型和变量的作用域

从变量作用域角度来划分，变量可划分为局部变量和全局变量；从变量数据类型不同的角度来划分，变量可划分为整型变量、实型变量、字符型变量、数组变量、指针变量等；从变量的存储位置的角度来划分，可分为内存变量和寄存器变量；从变量的生存期角度来划分，可将变量划分为动态存储变量和静态存储变量。

变量的作用域有局部变量和全局变量，局部变量（又称做内部变量）是在函数内部或复合语句内部定义的变量。函数的形参也是局部变量，其作用域是从定义的位置起到函数体或复合语句结束止。全局变量（外部变量）是在函数外部定义的变量。其有效范围是从变量定义的位置开始到本源文件结束止。若在同一个源文件中，局部变量与全局变量同名，则在局部变量的作用范围内，全局变量被屏蔽，不起作用。

习 题 七

一、选择题

1. 在 C 语言程序中（　　　）。

   A. 函数的定义可以嵌套，但函数的调用不可以嵌套

   B. 函数的定义不可以嵌套，但函数的调用可以嵌套

   C. 函数的定义和函数的调用不可以嵌套

   D. 函数的定义和函数的调用均可以嵌套

2. C 语言程序中，若对函数类型未加显式说明，则函数的隐含类型为（　　　）。

   A. void 型　　　　　　B. double 型　　　　　　C. int 型　　　　　　D. char 型

3. 若调用一个函数，且此函数中没有 return 语句，则正确的说法是该函数（　　　）。

   A. 没有返回值　　　　　　　　　　　　B. 返回若干个系统默认值

   C. 能返回一个用户所希望的函数值　　　　D. 有返回值，但返回一个不确定的值

4. 关于 C 语言，以下说法正确的是（　　　）。

   A. 实参与其对应的形参各占用独立的存储单元

   B. 实参与其对应的形参共占用一个存储单元

   C. 只有当实参与其对应的形参同名时才共占存储单元

   D. 形参是虚拟的，不占用存储单元

5. 以下说法正确的是（　　　）。

   A. 定义函数时，形参的类型说明可以放在函数体内，也可以放在函数体外

   B. return 后面的值不能为表达式

   C. 如果函数值的类型与返回值类型不一致，以函数值类型为准

   D. 如果实参与形参类型不一致，以实参类型为准

6. 当调用函数时，实参是一个数组名则向函数传送的是（　　　）。

   A. 数组中每个元素的值　　　　　　　　B. 数组的长度

   C. 数组的首地址　　　　　　　　　　　D. 数组中每一个元素的地址

7. C 语言规定，函数返回值类型由（　　　）。

   A. return 语句中的表达式类型决定　　　B. 调用该函数时的主调函数类型决定

   C. 调用该函数时系统临时决定　　　　　D. 定义该函数时所指定的函数类型决定

8. C 语言规定，简单变量做实参时，它和对应的形参之间的数据传递方式是（　　　）。

   A. 地址传递　　　　　　　　　　　　　B. 由实参传给形参，再由形参回传给实参

   C. 单向值传递　　　　　　　　　　　　D. 由用户指定传递方式

10. 有如下函数调用语句：

    ```
    func(r1,r2+r3,(r4,r5));
    ```

    该函数调用语句中，含有实参的个数是（　　　）。

    A. 5　　　　　　　　　　B. 4　　　　　　　　　　C. 3　　　　　　　　　　D. 语法有错

11. 下列程序的运行结果是（　　）。

```
int n=13
int fun(int x,int y)
{ int n=3;
  return(x*y-n);
}
main()
{ int a=7,b=5;
  printf("%d\n",fun(a,b)/n);
}
```

A. 2   B. 1   C. 6   D. 5

12. 下列程序的运行结果是（　　）。

```
int d=1;
fun(int p)
{ int d=5;
  d+=p++;
  printf("%d,",d);
}
main()
{ int a=3;
  fun(a) ;
  d+=a++;
  printf("%d\n",d);
}
```

A. 9,5   B. 8,4   C. 9,9   D. 4,4

13. 下列程序的运行结果是（　　）。

```
int fun(int x[],int n)
{ static int sum=0,i;
  for(i=0;i<n;i++)
    sum+=x[i];
  return sum;
}
main()
{ int a[]={1,2,3,4,5},b[]={6,7,8,9},s=0;
  s=fun(a,5)+fun(b,4);
  printf("%d\n",s);
}
```

A. 45   B. 50   C. 60   D. 55

14. 下列程序的运行结果是（　　）。

```
f(int x)
{ int y;
  if(x==0||x==1)return(3);
  y=x-f(x-2);
  return y;
}
main()
{ printf("%d\n",f(7));}
```

A. 7   B. 2   C. 0   D. 3

二、填空题

1. 下列程序的运行结果是_____。

```
fun1(int a,int b)
{ int c;
  a+=a;b+=b;
  c=fun2(a,b);
  return c*c;
}
fun2( int a,int b)
{ int c;
  c=a*b%3;
  return c;
}
main()
{ int m=11,n=13;
  printf("result is:%d\n",fun1(m,n));
}
```

2. 下列程序的运行结果是_____。

```
#include "stdio.h"
main()
{ int k=4,m=1,p;
  p=func(k,m);
  printf("%d",p);
  p=func(k,m);
  printf("%d\n",p);
}
func(int a,int b)
{ static int m=0,i=2;
  i+=m+1;
  m=i+a+b;
  return(m);
}
```

3. 下列程序的运行结果是_____。

```
main()
{ int i,a=3;
  for(i=0;i<3,i++)
      printf("%d,%d:",i,f(a));
}
f(int a)
{ auto int b=0;
  static int c=3;
  b++;c++;
  return(a+b+c);
}
```

4. 下列程序的运行结果是_____。

```
main()
{ incx();incy();incx();incy();printf("\n"); }
incx()
{ int x=0;
```

```
        printf("x=%d\t",++x);
    }
    incy()
    {  static int y=0;
       printf("y=%d\t",++y);
    }
```

5. 若程序输入 5，下列程序的运行结果是_____。

```
    int fun(int n)
    { if(n==1)return 1;
      else
      return(n+fun(n-1));
    }
    main()
    { int a;
      scanf("%d",&a);
      a=fun(a);
      printf("%d\n",a);
    }
```

6. 下列程序的运行结果是_____。

```
    #include "string.h"
    main()
    { void inverse(char str[]);
      static char str[10]= "abcdefg";
      inverse(str);
      printf("%s\n",str);
    }
    void inverse(char str[])
    { char t;
      int i,j;
      for(i=0;j=strlen(str);i<strlen(str)/2;i++,j--)
        {t=str[i];str[i]=str[j-1];str[j-1]=t;}
    }
```

三、编程题

1. 编写程序。主函数中 x 作为参数，在被调函数中求出表达式 $4x^3+5x^2-2x+1$ 的值。

2. 编写程序。在主函数中任意给出 n 值，在被调用函数中求表达式 $1-1/2+1/3-1/4+1/5-1/6+1/7-\cdots +1/n$ 的值。

3. 编写一个判断素数的函数，在主函数中输入一个整数，输出是否是素数的信息。

4. 编写程序。在主函数中将任意 10 个整数赋给一个整型数组，完成下列要求：（1）编写 Sort 函数，用冒泡法对整型数组升序排序；（2）编写 insert 函数，把在主函数中从键盘任意输入的一个整数插入到升序数组中，并且保持该数组为升序。

5. 编写程序。某班有 10 名学生，3 门课程，在主函数中输入 10 个学生的成绩，分别用不同的函数完成下列要求：（1）求每门课的平均分数；（2）查找有两门课以上不及格的学生，输出该学生学号和不及格课程的成绩；（3）查找 3 门课平均分数在 85 分以上的学生，输出学号和姓名。

第 **8** 章 构造数据类型

到目前为止，已介绍了 C 语言的基本数据类型（如整型、实型、字符型等）及一种构造类型——数组。数组表示同一数据类型的数据集合。但是，在实际工作中，经常碰到一些复杂的数据，其类型不同但相互间存在关联。例如，在处理通讯录数据时，涉及一个人的姓名、年龄、性别、家庭地址及邮政编码等数据，它们的类型各不相同，但属于同一整体。显然，这一数据无法用一个简单的数组来表示。对此，C 语言引进了另一种数据结构——结构体(structure)。

本章主要讨论表示不同类型数据集合的数据，包括结构体、共用体和枚举类型的概念、定义和使用。

8.1 结 构 体

结构体是一种构造数据类型，允许用户指定若干个成员，组合成一个有机的整体，这些组合在一个整体中的数据是相互关联的，同时每个成员又相互独立，具有不同的数据类型。

8.1.1 结构体类型定义及结构体类型变量的说明

结构体是不同数据类型的数据集合，作为一种数据类型，在程序中要使用结构体变量、数组、指针，必须先说明结构体类型，这称做结构体类型的定义。组成结构体的每个数据称为结构体的成员，简称成员。结构体类型的定义是宣布该结构体是由几个成员项组成，以及每个成员项是什么数据类型。

初学者一定要清楚结构体类型和结构体类型变量的区别。使用时，必须先定义结构体类型，再用结构体类型去说明变量，即先有某种数据类型，才能用该数据类型说明变量。C 语言中有些数据类型是系统定义的（如：int、float、char 等），而有些类型是用户定义的（如：结构体、共用体、位段等），例如，int 类型是系统定义的，用户可以用 int 说明整型变量，而结构体类型系统没有定义，用户说明结构体类型变量之前，必须先定义某一个结构体类型，再用该结构体类型说明结构体类型的变量。

1. 结构体类型定义的一般形式

```
struct[结构体名]
  {
    类型名 结构成员名;
         ⋮
  };
```

其中：

（1）struct 为结构体类型说明的保留字，它是结构体类型定义的标识符。

（2）结构体名指明了结构体类型的名字，由用户定义。它与 struct 一起形成了特定的结构体类型，在以后的结构体变量定义中可以被使用。结构体名由用户命名，规则与变量名相同。也可以省略结构体名。

（3）花括号内是该结构体各个成员（分量）组成的结构体，每个成员由数据类型和成员名组成，每个结构体成员的数据类型可以是简单类型、数组、指针或已说明过的结构体等，每个成员项后面用分号结束。结构体成员的命名规则与变量相同，并且允许与变量或其他结构体中的成员重名。

（4）整个结构体的定义用分号结束，花括号后边的分号不可省略。

例如，结构体类型 st 的说明：

```
struct st
{
    int a;
    char b[20];
    float c;
};
```

说明：

① 最后的分号必不可少。

② 此处只是说明了一个名为 st 结构体的类型，说明了此结构体内允许包含的各成员的名字和各成员的类型，并没有在内存中为此开辟任何存储空间。

③ 在上述说明中，标识符 st 只是代表一个结构体的名字。st 不是结构体变量，不能在程序中通过它来使用结构体成员。st 也不是完整的类型名，不能用它来定义结构体变量，完整的结构体类型名是"struct st"。

【例 8.1】描述通讯录的结构体类型。

```
#define NAMESIZE 20
#define ADDRSIZE 100
struct person
{
    char name[NAMESIZE];
    int age;
    char sex;
    char address[ADDRSIZE];
    long zipcode;
};
```

该例定义了一个结构体名为 person 的结构体，它由 5 种数据类型的成员组成。第一个成员项是字符型数组 name，它用于保存姓名字符串；第二个成员项是整型变量 age，它用于保存年龄数据；第三个成员项是字符型变量 sex，它用于保存性别字符；第四个成员项是字符型数组 address，它用于保存地址字符串；最后一个成员项是长整型变量 zipcode，用于保存邮政编码。从例 8.1 中可以看出，结构体的成员可以是基本类型变量，也可以是数组等构造类型。

（5）结构体中的成员本身还可以是结构体，这称为结构体的嵌套。而且内嵌结构体成员的名字可以和外层成员名字相同。例如：

```
        struct ss
        {
          int num;
          char name[20];
          struct
          {
            int num;
            char c;
          }w;
          float s[4];
        };
```

本例中，内嵌结构体成员的名字 num 和外层成员名字 num 相同。

【例 8.2】结构体类型的嵌套。

```
#define NAMESIZE 20
#define ADDRSIZE 100
struct birthday
{
  int year;
  int month;
  int day;
};
struct person
{
  char name[NAMESIZE];
  struct birthday date;
  char sex;
  char address[ADDRSIZE];
  long zipcode;
};
```

本例中，结构体 person 中的成员 date 是结构体类型 struct birthday，其中的成员是 year、month 和 day，结构体 person 和 birthday 组成了结构体的嵌套结构。

2. 结构体变量的定义及说明

要定义一个结构体类型的变量、数组、指针可以采取 4 种定义方式：先说明结构体类型，再单独进行定义（间接定义）；紧跟在类型说明之后进行定义（直接定义）；说明一个无名结构体类型，直接进行变量定义（无名定义）；用 typedef 说明一个结构体类型名，再用类型名进行定义。下面讨论前 3 种方式。

（1）间接定义。

间接定义是先定义结构体类型，再定义结构体变量，其一般形式如下：

```
    struct 结构体名
    {
      成员表;
    };
    struct 结构体名  结构体变量名表;
```

例如，要定义一个人的结构体类型变量 p，要先定义结构体类型 struct person，然后再用结构体类型 struct person 来定义变量。

```
#define NAMESIZE 20
```

```
#define ADDRSIZE 100
struct birthday
{
  int year;
  int month;
  int day;
};
struct person
{
  char name[NAMESIZE];
  struct birthday date;
  char sex;
  char address[ADDRSIZE];
  long zipcode;
};
struct person p;
```

（2）直接定义。

直接定义是在定义结构体类型的同时定义结构体变量，其一般形式如下：

```
struct 结构体名
{
    成员表;
}结构体变量名表;
```

例如，定义一个人的结构体类型变量 p：

```
#define NAMESIZE 20
#define ADDRSIZE 100
struct birthday
{
  int year;
  int month;
  int day;
};
struct person
{
  char name[NAMESIZE];
  struct birthday date;
  char sex;
  char address[ADDRSIZE];
  long zipcode;
}p;
```

其作用与上面的相同，定义了一个结构体类型 struct person，同时又定义了结构体变量 p。

（3）无名定义。

无名定义是无结构体类型名的直接定义，其一般形式如下：

```
struct
{
    成员表;
}结构体变量名表;
```

例如：

```
#define NAMESIZE 20
```

```
#define ADDRSIZE 100
struct birthday
{
  int year;
  int month;
  int day;
};
struct
{
  char name[NAMESIZE];
  struct birthday date;
  char sex;
  char address[ADDRSIZE];
  long zipcode;
}p;
```

在这种定义中，不存在结构体类型名。因此，在以后的程序中，这种结构体类型不能再定义其他结构体类型变量。

【例 8.3】求结构体类型（或结构体类型变量）的字节数。

```
#define NAMESIZE 20
#define ADDRSIZE 100
struct birthday
{
  int year;
  int month;
  int day;
};
struct person
{
  char name[NAMESIZE];
  struct birthday date;
  char sex;
  char address[ADDRSIZE];
  long zipcode;
};
main()
{
  struct person p;
  printf("the p length:%d\n",sizeof(p));
  printf("the struct person length:%d\n",sizeof(struct person));
}
```

运行结果：

```
The p length:131
The struct person length:131
```

其中，sizeof 是求变量或类型字节数的运算符。

8.1.2 结构体类型变量的使用

结构体是不同数据类型的若干数据的集合体。在程序中使用结构体时，结构体一般不能作为一个整体参加数据处理，而参加各种运算和操作的是结构体的各个成员项数据。

对结构体成员的使用有 3 种方式：

- 结构体变量名.成员名。
- 指针变量名->成员名。
- (*指针变量名).成员名。

本章只讨论用 "." 运算符访问其成员，形式如下：

    变量名.成员名

例如：

    p.zipcode=310012;

对于嵌套的结构体，采用逐层访问的方式，只能对最低级的成员进行赋值或存取等运算。

例如，在例 8.3 中，对出生的年、月、日访问如下：

    p.date.year=1930;
    p.date.month=12;
    p.date.day=24;

结构体变量成员可以像普通变量一样参与各种运算。例如：

    i=p.date.day+1;
    p.date.month=12;
    p.date.day=24;
    p.date.year=1930;
    p.sex='m';
    p.zipcode=310000;

说明：

（1）结构体变量同样具有一定的存储性质，它可以是外部、自动、静态 3 种存储类型，但不能为寄存器类型。

（2）对结构体变量成员分配存储空间时，是按结构体类型说明的成员顺序进行的。

例如，p 变量的结构体类型定义如下：

```
struct person
{
  char name[20];
  int age;
  char sex;
  char address[50];
  long zipcode;
};
  struct person p;
```

结构体类型变量 p 的存储结构如下：

成员名	数据类型	存储结构
Name	char 数组类型	20 个字节
Age	int 类型	2 个字节
Sex	char 类型	1 个字节
Address	char 数组类型	50 个字节
Zipcode	long 类型	4 个字节

（3）结构体成员名可以与程序中变量名相同，但不能与结构名相同，结构体变量名可以和结构体名相同。例如，上面结构体类型 struct person，可以说明结构体类型变量 person 如下：

    struct person person;

（4）结构体成员的数据类型长度必须能确定，即整个结构体变量的长度可确定。它可以用

sizeof()函数计算。如上例中，name 数组的大小必须确定（用常量或符号常量 NAMESIZE 说明数组的大小）。

注意：在 C 语言中，相同类型的结构体变量可以互相赋值。例如，

```
struct person p1,p2;
p1=p2;
```

8.1.3　结构体变量的初始化

与数组的初始化一样，对外部类型和静态类型结构体变量都可以初始化。给结构体类型的变量（或数组）赋初值时要注意：

（1）只可以给外部存储类别和静态存储类别的结构变量（或数组）赋初值。

（2）给结构变量赋初值不能跨越前边的成员而只给后面的成员赋值。

（3）结构体数组成员赋值的规则与数组元素赋初值规则相同。

给结构体类型的变量赋初值的一般形式与 8.1.1 节中定义结构体变量的 3 种方法相关，只要给出初始化数据即可。下面以间接定义结构体变量为例。

【例 8.4】结构体变量的初始化。

```
#define NAMESIZE 20
#define ADDRSIZE 100
struct birthday
{
  int year;
  int month;
  int day;
};
struct person
{
  char name[NAMESIZE];
  struct birthday date;
  char sex;
  char address[ADDRSIZE];
  long zipcode;
};
struct person p={"LiPing",{1994,12,25},'m',"zhong shan road",310000};
main()
{
  printf("Name:%s\n",p.name);
  printf("birthday:%d,%d,%d\n",p.date.year,p.date.month,p.date.day);
  printf("sex:%c\n",p.sex);
  pritnf("address:%s\n",p.address);
  printf("zipcode:%ld\n",p.zipcode);
}
```

运行结果：

```
name:LiPing
birthday:1994,12,25
sex:m
address:zhong shan road
zipcode:310000
```

8.1.4　结构体数组

一个结构体类型中可以嵌套数组类型（如 person 中的 name 项）。同样，数组中也可以嵌套结构体类型。如定义 10 个学生的数据情况，显然应该用结构体数组，即每个数组元素为一个结构体变量。

1. 结构体数组的定义

定义结构体数组的一般形式如下：

　　　struct 结构体名 结构体数组名[元素个数];

【例 8.5】对 N 个学生进行年龄从小到大的排序。

```
#include "stdio.h"
#define N 3
#define NAMESIZE 20
struct student
{
  char name[NAMESIZE];
  int age;
  char sex;
};
struct student std[N];               /*定义 3 个学生的结构体数组*/
main()
{
  int i,j;
  struct student change;
  printf("Please input student data:\n");
  i=0;
  while(i<N)
  {
    printf("name:  age:  sex:");
    scanf("%s",std[i].name);
    scanf("%d",&std[i].age);
    scanf("%c",&std[i].sex);
    i=i+1;
  }                                  /*输入 N 个学生的数据*/
  for(i=0;i<N-1;i++)
    for(j=i+1;j<N;j++)
      if(std[i].age>std[j].age)
      {
        change=std[i];
        std[i]=std[j];
        std[j]=change;
      }                             /*排序结束*/
  printf("\nThe result after sorting:\n");
  for(i=0;i<N;i++)
    printf("name:%s\tage:%d\tsex:%c\n",std[i].name,std[i].age,std[i].sex);
}
```

设在 N=3 的情况下，运行输入：

```
Please input student data:
name:  age:  sex:aaa 21m
```

```
name:  age:  sex:bbb 20f
name:  age:  sex:ccc 25m
```
运行结果：
```
The result after sorting:
name:bbb    age:20   sex:f
name:aaa    age:21   sex:m
name:ccc    age:25   sex:m
```

2．结构体数组的初始化

从前面的介绍可知，数组与结构体均可以被初始化，因而全局和局部型结构体数组也可以初始化。初始化一般形式如下：
```
struct 结构体名 数组名[SIZE]={{…},…,{…}};
```
其中，内层每对花括号对应一个数组元素，括号内数组序列与结构体类型定义时成员表相对应。否则，初始化将出错。内层花括号个数确定数组元素个数。例如：
```
struct student aatd[10]={{"zhang ming",8, 'm'},{"LiPiang",0, 'm'}};
```
数组中 SIZE 可省略，如上面的 aatd 可表示为：
```
struct student aatd[]={{"zhang ming",8, 'm'},{"LiPiang",20, 'm'}};
```
【例 8.6】结构体数组初始化。
```
struct s
{
  int num;
  char color;
  char type;
};
main()
{
 struct s car[]={{101,'G','c'},{210,'Y','m'},{105,'R','l'},{222,'B',
 's'},{308,'P','b'}};
 int i;
 printf("number color type\n");
 for(i=0;i<5;i++)
   printf("%-9d%-6c%c\n",car[i].num,car[i].color,car[i].type);
}
```
程序中对使用 s 结构体的结构体数组 car 进行了初始化。

运行结果：
```
number  color type
101     G     c
210     Y     m
105     R     l
222     B     s
308     P     b
```

8.1.5 结构体和函数

结构体变量可以作为普通变量一样处理。例如，一个结构体变量可以向另一个类型相同的结构体变量赋值。此外，结构体变量可以作为一个参数以数据复制的方式传递给函数，也可以由函数返回。

【例 8.7】向函数传递结构体变量。

```
struct data
{
    int a;
    int b;
    int c;
};
main()
{
    struct data arg;
    arg.a=27;
    arg.b=3;
    arg.c=arg.a+arg.b;
    printf("arg.a=%d arg.b=%d arg.c=%d\n",arg.a,arg.b,arg.c);
    printf("CALL FUNC()...\n");
    func(arg);
    printf("arg.a=%d arg.b=%d arg.c=%d\n",arg.a,arg.b,arg.c);
}
func(struct data parm)
{
    printf("parm.a=%d parm.b=%d parm.c=%d\n",parm.a,parm.b,parm.c);
    printf("PROCESS...\n");
    parm.a=18;
    parm.b=5;
    parm.c=parm.a+parm.b;
    printf("parm.a=%d parm.b=%d parm.c=%d\n",parm.a,parm.b, parm.c);
    printf("RETURN...\n");
}
```

运行结果：

```
arg.a=27 arg.b=3 arg.c=30
CALL FUNC()...
parm.a=27 parm.b=3 parm.c=30
PROCESS ...
parm.a=18 parm.b=5 parm.c=23
RETURN ...
arg.a=27 arg.b=3 arg.c=30
```

main()函数中使用了 struct data 型结构体变量 arg，其各个成员项被赋值后，调用 func()函数。调用时以结构体变量 arg 作为参数。同时，func()函数用具有相同 data 结构体的结构体变量 parm 作为形式参数接收传递的数据，结构体变量 arg 和 parm 使用各自独立的内存空间。这是一种数据复制方式。它所完成的数据传递是把结构体 arg 的各个成员数据赋值给结构体 parm 中相应的成员项。

与普通变量作为形式参数在函数间传递的方式一样，在调用的函数中，作为形式参数的结构体中任何成员项的数值变动，不会影响调用其函数中作为实参数的相应结构体中的任何数值。从例 8.7 程序的运行结果可以清楚地看到这一特性。有些低版本的 C 编译系统，结构体不能作为函数的参数。

8.2 共　用　体

结构体是将不同的数据类型的成员逻辑上构成一个整体，而且每一个成员各自都有相应的存储空间。C语言提供了另一种构造类型——共用体（union），共用体的含义与结构体不同，共用体中的所有成员均放在以同一地址开始的存储空间中，使用覆盖的方式共享存储单元。共用体所占空间的大小取决于占存储空间最大的那个成员。它使几个不同数据类型的数据共用同一个存储空间。

8.2.1　共用体类型的定义和共用体变量的说明

1. 共用体类型的定义

```
union  共用体名
{
  类型名 成员名;
       ⋮
};
```
或
```
union
{
  类型名　成员名;
       ⋮
};
```

其中，union 为共用体说明的保留字；共用体名指出共用体的名字，在其后的共用体类型变量定义中可以被使用；花括号内是该共用体中各个成员（分量）组成的共用体，花括号后边的分号不可省略。例如：

```
union u
{
    char ch;
    int i;
    float f;
};
```

它定义共用体 union u 由 3 个成员项组成，这 3 个成员项在内存中使用共同的存储空间。由于共用体中各成员项的数据长度往往不同，所以共用体在存储时总是按其成员中数据长度最大的成员项占用的内存空间为标准。如上述共用体占用内存的长度与成员项 f 相同，即占用 4 字节内存。这 4 字节的内存位置上既可存放 i（只占用前两个字节），又可存放 ch（只占用第一个字节），只有存放 f 数据时占用 4 字节，如图 8-1 所示。

f　ch	
f、i 和 ch 共用	（第一个字节）
f 和 i 共用	（第二个字节）
只有 f 用	（第三个字节）
只有 f 用	（第四个字节）

图 8-1　共用体使用内存单元

共用体类型的语法与结构体类型语法一致，共用体自身可以嵌套。共用体与结构体数组也可以相互嵌套。例如，利用上面已定义的 u，可以写成：

```
union u us[20];
```
定义一个具有 20 个成员的共用体数组 us。

2．共用体变量的定义

共用体一经定义后，就可以说明共用体类型变量。共用体变量的定义与结构体类似，可以把类型说明和变量定义放在一起；也可以分开；还可以直接定义共用体变量而不要共用体名。共用体变量不能在定义时赋初值。共用体变量定义也存在 3 种方式，下面以直接定义方式为例。

```
union [共用体名]
{
    类型名  共用体成员名；
}变量名表；
```

例如：

```
union u
{
    char ch;
    int i;
    float f;
}a,b;
```

在二进制数据处理中，经常使用共用体。例如，有时要求以字（16 位）为单位参加运算，有时要求以字节（8 位）为单位参加运算。

8.2.2　共用体成员的使用

共用体类型数据使用时，不能对共用体变量进行整体操作，只能单独使用其成员。共用体变量不能作为函数的参数或函数值，但可使用指向共用体的指针变量。共用体可以作为结构体的成员，结构体也可作为共用体的成员。共用体成员的使用方式与结构体完全相同，共用体的成员访问可以用圆点"."运算符表示。如在上面提到的共用体变量 a 的成员可以表示如下：

```
a.ch
a.i
a.f
```

共用体变量成员可以与其他简单变量一样参与运算，但它存取前后必须一致，否则无效。

结构体的类型说明中可以包含共用体。例如：

```
struct node
{
    char ch;
    int data;
    int j;
    union
    {
        int i;
        struct node *next;
    } fig;
    struct node *p;
}a;
```

在结构体变量 a 中含有 5 个成员，其中，成员 fig 是一个共用体，成员 a.fig.i 和 a.fig.next 占用共同的存储单元。即对于同一个存储单元可以使用不同的名字，可存放不同类型的数据，当使用 a.fig.i 时可存放整型数，当使用 a.fig.next 时可存放本结构体类型的地址。

【例8.8】字和字节处理。

```c
struct w
{
  char low;
  char high;
};
union u
{
  struct w byte;
  short word;
}uw;
main()
{
  int result;
  uw.word=0x1234;
  printf("word value:%04x\n",uw.word);
  printf("high byte:%02x\n",uw.byte.high);
  printf("low byte:%02x\n",uw.byte.low);
  uw.byte.low=0xff;
  printf("word value:%04x\n",uw.word);
  result=uw.word+0x2000;
  printf("the result:%04x\n",result);
}
```

运行结果：

```
word value:1234
high byte:12
low byte:34
word value:12ff
the result:32ff
```

8.3 枚 举 类 型

所谓枚举，是将变量的值一一列举出来，变量的取值仅限于列举值的范围内。ANSI C 及 Turbo C 提供了这一数据类型。

8.3.1 枚举类型的定义和枚举变量的说明

1. 枚举类型的定义

一般形式如下：

```
enum [枚举名]
{
  枚举元素1[=整型常量],枚举元素2[=整型常量],…
};
```

其中，enum 是说明枚举类型的保留字，枚举名是用户定义的标识符，在其后的枚举变量定义中使用；枚举元素也是标识符；"整型常量"为枚举元素的序号初值，常常省略。例如：

```
enum weekday
{ sun,mon,tue,wed,thu fri,sat };
```

它定义了一个枚举类型 weekday，它包含了 sun、mon、tue、wed、thu、fri、sat 7 个枚举常量。在说明枚举类型的同时，编译程序按顺序给每个枚举元素一个对应的序号，序号的值从 0 开始，后续元素顺序加 1。可以在定义时人为指定枚举元素的序号值，例如：

```
enum {sun=7,mon=1,tue,wed,thu,fri,sat} day;
```

没有指定序号值的元素则在前一元素序号值的基础上加 1。

2. 枚举类型变量的定义

与前面的结构体、共用体、位段一样，它也存在 3 种定义方式（间接、直接、无名定义）。

直接定义枚举变量形式如下：

```
enum 枚举名{枚举值1,枚举值2,…,枚举值n} 变量名表;
```

间接定义枚举变量形式如下：

```
enum 枚举名{枚举值1,枚举值2,…,枚举值n};
enum 枚举名 变量名表;
```

无名定义枚举变量形式如下：

```
enum {枚举值1,枚举值2,…,枚举值n} 变量名表;
```

说明：

（1）枚举名为用户定义标识符。

（2）枚举值又称为枚举元素、枚举常量，也是用户定义标识符。以间接定义为例：

```
enum weekday
{
  sun,mon,tue,wed,thu,fri,sat
};
enum weekday workday,holiday;
```

定义了枚举类型变量 workday、holiday，枚举类型变量的取值范围只限于类型定义时所列出的值，变量 workday、holiday 的取值范围在 sun 与 sat 之间。

8.3.2 枚举类型数据的使用

枚举类型数据使用的几点说明：

（1）枚举元素为常量，故不能对其赋值。例如：

```
sun=4,mon=5;
```

是非法语句。

由于枚举元素是常量，它们均有具体数值。编译时，若整型常量全部省略，则按书写的顺序依次编号 0、1、2、…。在上例中，sun 值为 0、mon 值为 1、…、sat 值为 6。可以按整型输出枚举数据的序号值。例如：

```
workday=tue;
printf("%d", workday);
```

结果为 2。编译时，如[整形常量]不省略，则按用户指定的值编号，初值省略者的编号为前一个枚举元素的序号加 1。例如：

```
enum weekday
{
  sun=8,mon=1,tue,wed,thu,fri,sat
};
```

sun 的值为 8，mon 的值为 1，tue 的值为 2，……，依次递增。

（2）枚举值可以进行加（减）一个整数 n 的运算，用以得到其后（前）第 n 个元素的值。

（3）枚举值可以按定义时的序号进行关系比较，例如：

```
if(workday==mon)…
```

其实，是依序号大小进行判定的。

（4）只能给枚举变量赋枚举值，若赋序号值必须进行强制类型转换。一个整数不能直接赋给枚举常量，它必须要强制类型转换，例如：

```
workday=2;
```

是非法的表示。

```
workday=(enum weekday)2;
```

相当于

```
workday=tue;
```

（5）枚举变量也可以做函数的参数或函数的返回值。

【例8.9】枚举类型应用。

```
#include "stdio.h"
enum key
{
  A,B,C,D,END=9
}select;
enum key input()
{
  int i;
  printf("input digit number: ");
  scanf("%d",&i);
  return((enum key)i);
}
main()
{
  enum key input();
  while(1)
  {
    select=input();
    if(select==END)
      break;
    switch(select)
    {
      case A:
        printf("select is A\n");
        break;
      case B:
        printf("select is B\n");
        break;
      case C:
        printf("select is C\n");
        break;
      case D:
        printf("select is D\n");
        break;
    }
  }
}
```

运行结果：
```
input digit number:0
select is A
```
程序的含义是根据键盘输入的整数值，通过强制类型转换使其变为枚举类型，并通过 input()
函数返回。

8.4　用 typedef 定义类型

在编程中，除了可直接使用 C 语言提供的基本数据类型（如 int、char、float、double 等）和
构造类型外，还可以使用命令 typedef 定义新的标识符代替已有的类型名。使用保留字 typedef 说
明一个新的数据类型标识符的一般形式如下：
```
typedef 类型名 标识符;
```
其中，"类型名"为已有定义的类型标识符，"标识符"为用户定义标识符。经此说明后的标识符
可作为原数据类型名使用。例如：
```
typedef int INTEGER;
typedef float REAL;
```
则 INTEGER 与 int，REAL 与 float 分别成为同义词，且语法、语义上完全相同。因此，以下两行
完全等价：
```
int i,j;float a,b;
INTEGER i,j;REAL a,b;
```
使用 typedef 的几点说明：

（1）typedef 仅定义各种类型名，不能直接定义变量名。

（2）typedef 定义不产生新的数据类型，仅仅是改变表达方式，是别名的作用。

（3）typedef 与#define 相似，但存在以下差别。

- 被定义的名字内容位置相反。例如，typedef 定义的 int 位置在前面，即
```
typedef int count;
```
而#define 定义的 int 位置在后面，即
```
#define count int;
```

- 编译系统处理的阶段不同，typedef 是在编译时解释，而#define 在预处理时做字符串简单
  替换。

（4）使用 typedef 如同使用#define 一样，便于程序的修改和移植。

使用关键字 typedef 说明一个新的类型标识符，往往可以在程序中简化变量的类型定义。例如：
```
typedef struct tagDATE
{
    int month;
    int day;
    int year;
}DATE;
```
用 DATE 代替结构体类型 tagDATE。因此，可定义如下：
```
DATE birthday; …
```
但不能写成：
```
struct DATE birthday
```

这样，既做到了书写方便，又可以较明确地表示结构体类型的含义，从而提高程序结构体的清晰度。又如：

```
typedef int NUM[100];
```

定义 NUM 为有 100 个元素的整型数组类型的别名。

```
NUM n;
```

定义 n 为 100 个元素的整型数组。

在概念上需要注意的是：用 typedef 并不是去建立一个新的类型，而只是用一个新的类型标识符来代表一个已存在的类型名。通常，这个新的类型名用大写字母表示。用 typedef 说明一个新类型名可采用以下步骤：

（1）先按定义变量的方法写出定义体。例如：

```
char s[81];
```

（2）把变量名换成新类型名。例如：

```
char STRING[81];
```

（3）在最前面加上关键字 typedef。例如：

```
typedef char STRING[81];
```

（4）这样就完成了新类型名的说明，然后可以用新类型名去定义变量。例如：

```
STRING s1,s2,s3;
```

又如，在程序中可以用 REC 来代替 struct student 结构类型：

```
typedef struct student
{ int i;
    ⋮
}REC;
```

则在程序中可以用 REC 来代替 struct student 定义 struct student 结构类型的变量。

```
REC x,y,*p;
```

就相当于：

```
struct student x,y,*p;
```

以下语句：

```
p=(struct student *)malloc(sizeof(struct student));
```

可以写成：

```
6p=(REC *)malloc(sizeof(REC));
```

本 章 小 结

本章主要讨论结构体、共用体、位段和枚举类型的概念、定义和使用。

1. 结构体

结构体数据类型必须先说明，这称做结构体类型的定义。组成结构体的每个数据称为结构体的成员，结构体类型的定义是宣布该结构体是由几个成员项组成以及每个成员项是什么数据类型。使用时，必须先定义结构体类型，再用结构体类型去说明结构体类型变量。

要定义一个结构体类型的变量、数组、指针可以采取 4 种定义方式：先说明结构体类型，再单独进行定义（间接定义）；紧跟在类型说明之后进行定义（直接定义）；说明一个无名结构体类型，直接进行变量定义（无名定义）；用 typedef 说明一个结构体类型名，再用类型名进行定义。

程序中的结构体变量不能作为一个整体参加运算，参加运算的是结构体的各个成员项数据。结构体成员的使用有 3 种方式：结构体变量名.成员名；指针变量名->成员名；（*指针变量名）.成员名。

结构体变量同样具有一定的存储性质，它可以分为外部、自动、静态 3 种存储类型，但不能为寄存器类型。对结构体变量成员分配存储空间时，是按结构体类型说明的成员顺序进行的。

外部类型和静态类型结构体变量可以初始化。

一个结构休类型中可以嵌套结构休类型。结构体类型也可以嵌套数组类型，数组中也可以嵌套结构体类型。

结构体变量可以向另一个结构体类型相同的结构体变量赋值。此外，结构体变量可以作为一个参数以数据复制的方式传递给函数，也可以由函数返回。

2．共用体

共用体中的所有成员共享存储单元。共用体所占空间的大小取决于占存储空间最大的那个成员。它使不同数据类型的数据共用同一个存储空间。

共用体类型的语法与结构体类型的语法一致，共用体自身可以嵌套。共用体与结构体也可以相互嵌套，共用体可以作为结构体的成员，结构体也可以作为共用体的成员。

共用体与结构体类似，一经定义后，就可以说明共用体类型变量。共用体成员的使用方式与结构体完全相同，共用体成员使用时，只能单独使用其成员。共用体变量不能作为函数的参数或函数值，但可使用指向共用体的指针变量。

3．枚举类型

枚举类型与结构体、共用体、位段一样，它也存在 3 种定义（间接、直接、无名定义）

枚举变量形式，在说明枚举类型的同时，编译程序按顺序给每个枚举元素一个对应的序号，序号的值从 0 开始，后续元素顺序加 1。枚举元素是常量，它们有具体数值。枚举类型变量的取值范围只限于类型定义时所列出的值。枚举变量只能赋枚举值，若赋序号值必须进行强制类型转换。枚举类型数据可以进行加（减）n 的运算，得到其后（前）第 n 个元素的枚举值；可以按序号进行关系比较。

4．用 typedef 定义类型

使用命令 typedef 定义新的标识符代替已有的类型名，可以在程序中简化变量的类型定义。typedef 仅定义各种类型名，不能直接定义变量名，它不产生新的数据类型，仅仅是起到别名的作用，typedef 与#define 的区别在于被定义的名字与内容位置相反且编译系统处理的阶段不同。

习 题 八

一、选择题

1. 下列描述说法正确的是（　　　）。

A. 定义结构体时，其每个成员的数据类型可以不同

B. 不同结构体的成员名不能相同

C. 结构体定义时，其成员的数据类型不能是结构体

D. 结构体定义时，各成员项之间可用分号也可用冒号隔开

2. 下列描述说法正确的是（　　　）。

   A. 结构体变量可作为一个整体对其进行输入/输出

   B. 结构体成员项不可以是结构体和共用体

   C. 结构体成员项可以是结构体或其他任何 C 语言的数据类型

   D. 结构体变量和结构体是相同的概念

3. 下列描述说法正确的是（　　　）。

   A. 用户可通过类型定义产生一种新的数据类型

   B. 类型定义格式中的标识符必须是大写字母序列

   C. 类型定义格式要求中的类型名必须是在此之前有定义的类型标识符

   D. 以上描述均不正确

4. 下列选项中正确的（　　　）。

   A. typedef int INTEGER; INTEGER a,b;   B. typedef int char;char a,b;

   C. typedef a[10] ARRAY; ARRAY b;   D. 以上均不正确

5. 以下定义结构体类型的变量 st1，其中不正确的是（　　　）。

   A. typedef struct student

      { int num;

       int age;

      }STD;

      STD st1;

   B. struct student

      {int num，age；}st1；

   C. struct

      { int num;

       float age;

      }st1；

   D. struct student

      { int num;

        int age;

      }

      struct student st1;

6. 下列说法不正确的是（　　　）。

   A. struct s{int num;int age;char sex;};结构体定义时，占据了 5 字节的存储空间

   B. 结构体成员名可以与程序中的变量名相同

   C. 对结构体中的成员可以单独使用，其作用相当于普通变量

   D. 结构体成员可以是一个结构体变量

7. 当定义一个共用体变量时，系统为其分配的内存是（　　　）。

   A. 各成员所需内存量的总和   B. 成员中占内存量最大者所需的内存量

   C. 结构中第一个成员所需内存量   D. 结构中最后一个成员所需内存量

8. 已知职工记录描述为：

```
struct workers
{ int no;
  char name[20];
  char sex;
  struct
  {
    int day;
```

```
        int month;
        int year;
    }birth;
  };
  struct workers w;
```

设变量 w 中的"生日"是"1993 年 10 月 25 日",下列对"生日"的正确赋值方式是（   ）。

A. day=25;   B. w.day=25;

   month=10;   w.month=10;

   year=1993;   w.year=1993;

C. w.birth.day=25;   D. birth.day=25;

   w.birth.month=10;   birth.month=10;

   w.birth.year=1993;   birth.year=1993;

9. 在下列程序段中，枚举变量 c1、c2 的值依次是（   ）、（   ）。

```
    enum color {red,yellow,blue=4,green,white}c1,c2;
    c1=yellow;c2=white;
    printf("%d,%d\n",c1,c2);
```

A. 1,6   B. 2,5   C. 1,4   D. 2,6

10. 下列程序的运行结果是（   ）。

```
    #include <stdio.h>
    struct STU
    { int num;
      float score;
    };
    void fun(struct STU p)
    { struct STU k[2]={{20071,550},{20072,543}};
      p.num=k[1].num;
      p.score=k[1].score;
    }
    main()
    { struct STU k[2]={{20073,651},{20074,587}};
      fun(k[0]);
      printf("%d %3.0f\n",k[0].num,k[0].score);
    }
```

A. 20072 543   B. 20071 550   C. 20074 587   D. 20073 651

二、填空题

1. 若有以下说明、定义和语句，则运行结果是_____（已知字母 A 的十进制数为 65）。

```
    main()
    { union un
      { int a;
        char c[2];
      }w;
      w.c[0]='A' ;w.c[1]='a';
      printf("%o\n",w.a);
    }
```

2. 下列程序的运行结果是_____。

```
main()
{ union EXAMPLE
   { struct
     {  int x;
         int y;
     }in;
     int a;
     int b;
     }e;
   e.a=1;e.b=2;e.in.x=e.a*e.b;e.in.y=e.a+e.b;
   printf("%d,%d\n",e.in.x,e.in.y);
}
```

3. 下列程序的运行结果是_____。

```
#include "stdio.h"
union pw
{  int i;
    char ch[2];
}a;
main()
{  a.ch[0]=13;
    a.ch[1]=0;
    printf("%d\n",a.i);
}
```

4. 若有以下说明和定义，则对该结构体各个域的引用形式是_____（1）_____，_____（2）_____，
_____（3）_____，_____（4）_____。

```
struct aa
{  int x;
    char y;
    struct z
    {  double y;
        int z;
    }z;
}x;
```

5. 以下程序用以输出结构体变量 pw 所占内存单元的字节数。请完善程序.

```
struct p
{ double i;
    char arr[20];
};
main()
{ struct p pw;
    printf("pw size: %d\n",_____（1）_____);
}
```

6. 在横线上填入正确的内容，使本题程序运行输出结果如下：

```
name:YangDezhong
birthday:1984,12
address:JiLin road
zipcode:130021
```

程序如下：

```
#define NAMESIZE 20
#define ADDRSIZE 100
struct birthday
{ int year;
  int month;
};
struct person
{ char name[NAMESIZE];
  struct birthday date;
  char address[ADDRSIZE];
  long zipcode;
};
struct person p={"YangDezhong",{1984,12},"JiLin road",130021};
main()
{ printf("name:%s\n",p.name);
  printf("birthday:%d,%d\n",____(1)____,____(2)____;
  printf("address:%s\n",p.address);
  printf("zipcode:%ld\n",p.zipcode);
}
```

7. 下列程序的运行结果是_____。

```
struct node{int x;char c;};
main()
{ static struct node a={10,'x'};
func(a);
printf("%d,%c",a.x,a.c);
}
func(struct node b)
  {b.x=20;b.c='y';}
```

三、编程题

1. 编写程序。用结构体数组建立 5 个人的通讯录，包括姓名、地址、电话。编写 input() 函数用来输入 5 个人的记录；编写 print() 函数用来输出 5 个人的记录；编写 sort() 函数用来在通讯录中查找某人，若查到此人，则输出此人姓名和电话号码。

2. 编写程序。有 10 个学生，每个学生数据包括学号、姓名、3 门课的成绩，从键盘上输入 10 个学生数据，要求：（1）输出 3 门课总平均成绩；（2）输出最高分的学生数据（包括学号、姓名、3 门课成绩、平均分）。

3. 编写程序。有 10 个学生，每个学生数据包括学号、姓名、3 门课的成绩，要求：（1）编写 input() 函数，给学生数组（stu[10]）输入数据；（2）编写 low_score() 函数，找出总成绩最低的学生记录，通过 low_score() 函数返回主函数（只有一个最低成绩的学生）。

第9章 指　针

指针是 C 语言中的一个重要概念，正确灵活地运用指针，可以有效地表示和使用复杂的数据结构（数组、结构体等），能动态分配内存空间，能方便地使用字符串，能直接处理内存地址等。有效地使用指针，可以使程序简洁。但是，指针的概念比较复杂，必须掌握指针的正确使用方法，不能掌握指针就不能掌握 C 语言的精华。

本章主要讨论指针的概念及指针与各数据类型、函数之间的关系，包括指针概念及基本操作、指针与数组的关系、指针与结构体的关系、指针与函数的关系。

9.1　指针的概念

指针是 C 语言中的一个重要的概念，它比较复杂，使用也比较灵活，因此必须透彻理解和掌握指针的概念及具体的使用方法。由于指针这一部分内容与数据的存储密切联系，因此在介绍指针之前，首先要搞清数据在内存中是如何存取的。

9.1.1　变量和地址

程序中任何一个变量名实质上都代表着内存中的某个存储单元,每个存储单元都有一个编号,即所谓的"地址",相当于宾馆中的房间号。在地址所标志的内存单元中存放的数据相当于住在房间中的旅客。系统对数据的存取，最终是通过内存单元的地址进行的。"计算机"自动把变量名和其地址联系起来，程序中通常只需用变量名来使用它所代表的那个存储单元而无须涉及地址。例如，若有以下定义：

```
int m,n;
```

在微型计算机使用的 Turbo C 系统中，对 m、n 两个整型变量各自分配两字节作为其存储空间，如图 9-1（a）所示的存储单元。

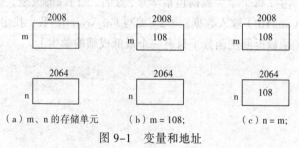

（a）m、n 的存储单元　　　（b）m = 108;　　　（c）n = m;

图 9-1　变量和地址

一定要注意一个内存单元的地址与内存单元的内容这两个概念的区别。假定它们的地址分别为 2008 和 2064，当执行 "m=108;" 语句时，此语句的作用是把 108 放到 m 所代表的存储单元中，也就是放入起始地址为 2008 的存储单元中，如图 9-1（b）所示。当执行 "n=m;" 语句时，此语句的作用是把 2008 为起始地址的存储单元中的内容复制到 n 所代表的存储单元中，如图 9-1（c）所示。

2008 为变量 m 的地址，108 为变量 m 的内容。内存单元的地址即变量的地址，内存单元的内容即变量的值。在 scanf("%d",&m) 及 printf("%d",m) 语句执行时，根据变量名与地址的对应关系（编译时由系统建立），找到变量的地址 2008，然后对 2008 所对应的单元进行相应的存取操作。

指针就是一个变量的地址。例如，地址 2008 为变量 m 的指针。在引进指针变量之后，在程序中除了通过变量名使用存储单元外，还将通过指针以多种方式直接使用内存地址。这就要求用户对指针、地址和相应操作建立起清晰的概念。

9.1.2 指针变量和指针的类型

指针变量和其他的变量一样代表内存中的一个存储单元，只是在此存储单元中仅能存放变量的地址值；即指针变量中可以存放字符变量、整型变量、实型变量等的地址，当然也可以存放指针变量的地址。

一个指针变量只允许存放指定类型变量的地址。一个指针变量允许存放哪种类型变量的地址，取决于对其类型的说明。关于对指针变量的定义，将在下一节介绍。

9.2 变量的指针与指针变量

从上面叙述可知，指针为变量的地址。如果有一个变量专门用来存放另一变量的地址（即指针），则称其为指针变量。它和普通变量一样占有一定的存储空间。不同的是，指针变量的存储单元中存放的不是普通数据，而是一个地址值。

9.2.1 指针变量的定义及使用

1. 指针变量的定义

指针变量在使用之前必须进行定义。说明指针变量的类型，为其分配存储空间，相当于某房间将来住什么性质的旅客。

指针变量定义的一般形式如下：

　　数据类型 *标识符;

例如：

```
int i,j;
float f;
int *pi,*pj;
float *pf;
```

上面定义了两个整型变量 i、j，1 个实型变量 f，3 个指针变量 pi、pj、pf。其中，pi、pj 为指向整型变量的指针变量，即 pi、pj 变量中将要存放整型变量的地址，而不是其他数据类型变量的地址；pf 为指向实型变量的指针，即存放实型变量的地址。

指针变量不同于其他类型的变量，它是用来专门存放地址的，必须将其定义为"指针类型"。定义时的数据类型称为"基类型"，它是表示指针变量可以指向的变量的数据类型。标识符前面的"*"表示该标识符是一个指针变量，而不是一个普通的变量。指针变量名为 pi、pj、pf，而不是 *pi、*pj、*pf。

2．指针变量的使用

对指针变量有两个最基本的运算：

（1）取地址运算符&。单目运算符&的功能是取操作对象的地址。例如，&i 为取变量 i 的地址。对于常量、表达式以及寄存器变量不能取地址，即不允许以下的书写形式：

&3、&(i+4)、register int x; 之后的&x

原因很简单，这些常量、表达式、寄存器变量的值都不是存放在内存某个存储单元中，而是存放在寄存器里，寄存器无地址。

另外，在程序中取一个变量的地址时必须在定义变量之后才可进行。

（2）指针运算符（间接寻址运算符）*。单目运算符"*"的功能是按操作对象的内容（地址值）访问对应的存储单元（不同于指针变量定义时标识符前的"*"）。它与"&"互为逆运算。例如：

```
int *pi,i;
i=5;
pi=&i;
```

将变量 i 的地址赋给指针变量 pi，即 pi 的内容是变量 i 的地址，*pi 是 pi 所指向的变量 i 的值。习惯上称 pi 的指向变量为 i，如图 9–2 所示。

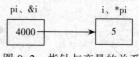

图 9–2　指针与变量的关系

假设 i 的地址为 4000，则 pi 的内容为 4000。例如：

```
j=*pi;
```

则将 pi 所指存储单元的内容 5 赋给变量 j。其中，*pi 表示 pi 所指存储单元 i 的内容。这条语句相当于 j=i。

【例 9.1】指针的运用。

```
#include "stdio.h"
main()
{
int i,j;
int *pi,*pj;                /*----①----*/
i=2;
j=4;
pi=&i;                      /*----②----*/
pj=&j;                      /*----③----*/
printf("%d,%d\n",*pi,*pj);
printf("%u,%u\n",pi,pj);    /*----④----*/
i=*pj+1;                    /*----⑤----*/
*pj=*pj+2;                  /*----⑥----*/
printf("%d,%d\n",i,j);
printf("%d,%d\n",*pi,*pj);
}
```

运行结果：

```
2,4
65500,65502
5,6
5,6
```

程序说明：

（1）语句行①定义了两个整型变量 i、j，两个指向整型的指针变量 pi、pj。因此，系统分配四个存储单元分别给 i、j、pi、pj。这 4 个变量的存储类型为自动的，因而 i、j、pi、pj 的初始内容不定，即 pi、pj 没有指向具体的变量。

（2）语句行②、③是将 i、j 变量的地址值分别赋给指针变量 pi、pj，此时指针变量 pi、pj 所指的存储单元的内容即 i、j 的内容。

（3）语句行④输出的是 i、j 变量的地址值，每次执行时可能都不一样，在程序的 printf() 函数中出现的 *pi、*pj，分别指 pi、pj 所指的存储单元的内容，即 i、j 的内容。"*" 为指针变量的一种运算符；而程序说明语句行①中的 *pi、*pj 的 "*"，表示 pi、pj 的变量性质，仅作为说明使用。

（4）语句行⑤的含义为将 pj 所指存储单元的内容 4（即 j）加 1 之后赋给 i，因此 i 为 5。

（5）语句行⑥的含义是将 pj 所指单元的内容增加 2 之后，存入 pj 所指的存储单元。该语句相当于 j=j+2，因而 j 为 6。

3．&和*运算符的结合方向

"&" 和 "*" 两个运算符优先级相同，但按从右至左方向结合。例如，&*pj 的含义是 pj 所指变量的地址。如果执行了语句：

```
pi=&*pj;
```

其作用就是将 j 的地址赋给 pi，如图 9-3 所示。而 *&i 的含义是 i 的地址所指向的变量，即是 i 本身，所以 *&i 与 *pi 是等价的。

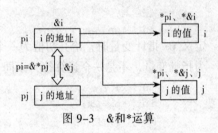

图 9-3 &和*运算

【例 9.2】输入 x、y 两个整数，按先大后小的顺序输出 x、y。

```
#include "stdio.h"
main()
{
  int x,y,*px,*py,*p;
  scanf("%d%d",&x,&y);
  px=&x;py=&y;                    /*-----①----*/
  if(x<y)                        /*-----②----*/
  {
    p=px;
    px=py;
    py=p;
  }
  printf("x=%d,y=%d\n",x,y);
  printf("MAX=%d,MIN=%d\n",*px,*py);
}
```

运行输入：

```
6 9
```

运行结果：

```
x=6,y=9
MAX=9,MIN=6
```

语句行①执行时，有图9-4（a）所示的关系。

语句行②执行 if 语句之后，有图9-4(b)所示的关系。在 if 语句中交换的是指针变量的内容，而不是 x、y 的内容，px、py 的值发生变化，x、y 的内容保持不变。

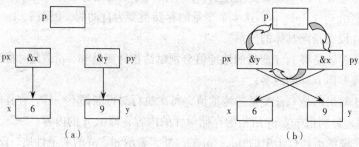

图9-4　指针应用举例

9.2.2　指针变量的初始化

与其他变量一样，指针变量在定义时可以对其赋值，即指针变量的初始化。

例如：

```
int a;
int *pa=&a;
```

定义 pa 指针变量时，给其初值为一个变量 a 的地址，此处的*pa 不是一个整体，"*"仅指明 pa 为指针变量，不是一个运算符，不同于值*pa。除此之外，也可以有以下形式：

```
int x;
int *px=&x;
int *py=px;
int *pc=0;
```

语句 int *py=px，用已初始化的指针变量给另一个指针变量初始化。语句 int *pc=0；给指针变量一个空指针 NULL，此处的 0 不是数值"零"，而是 NULL 的字符码值。

以下初始化将出现编译错误：

```
{
  int x;
  static int *p=&x;
...
}
```

这是因为内部 auto 变量，在每次程序进入该函数或分支程序时都被重新分配内存单元，退出后内存单元即被释放。而静态指针却要长期占用已分配的内存单元，当程序流程退出后，内存单元也不释放，这样会使静态指针指向一个可能已被释放的单元。

9.2.3　指针运算

指针变量是可以运算的，但指针变量的内容为地址量，因此指针运算实质为地址运算，C 语言有一套适用于地址的运算规则，这套规则使 C 语言具有快速灵活的数据处理能力。除了前面所介绍的&和*运算以外，还包括以下运算：

1. 赋值运算

指针变量可以被赋给某个变量的地址。例如：

```
int *px,*py,*pz,x;
px=&x;          /*----①----*/
py=NULL;        /*----②----*/
pz=4000;        /*----③----*/
```

语句①使得指针 px 指向变量 x；语句②赋空指针给 py；而语句③pz=4000 是将地址值 4000 赋给 pz，而不是数值 4000。但是，4000 所对应的存储单元，用户程序能否控制，就要另当别论。

2. 指针与整数的加减运算

（1）指针变量自增或自减运算。指针加 1 或减 1 单目运算，是指针向前或向后移动一个所指单元。加 1 表示向前移动一个存储单元的位置；减 1 表示向后移动一个存储单元位置。

（2）指针变量加上或减去一个整型数 n，其含义为指针由当前位置向前或向后移动 n 个存储单元位置。例如：

```
int *p,i;
p=&i;
```

则 p+n 等价于&i+sizeof(i)*n，即从 i 这个地址向前移动 n 个单元地址，该单元的长度由指针类型决定，即由 sizeof(*p)的值决定。

指针变量不能与 float、char、double 等类型数据相加减。

（3）指针相减。指针变量相减的充要条件：两个指针不但要指向同一数据类型的目标，而且要求所指对象是唯一的。一般情况下，指向同一数组的两个指针，其相减的含义为两个地址之间相隔的存储单元个数加 1。而其相加却毫无意义。

3. 关系运算

同指针相减运算类似，两个指向同一数组的指针进行各种关系运算时才有意义。两指针之间的关系运算表示其所指向的存储单元的相对位置。例如：

px<py 表示 px 所指的存储单元的地址是否小于 py 所指的存储单元的地址。

px==py 表示 px 和 py 是否指向同一个存储单元。

px==0 与 px!=0 表示 px 是否为空指针。

指针运算的详细情况可参阅第 9.3 节内容。

【例 9.3】求字符串的实际长度。

```
#include "stdio.h"
main()
{
  char s[256];                              /*---①---*/
  char *p;
  scanf("%s",s);
  p=s;                                      /*---②---*/
  while(*p!='\0') p++;                      /*---③---*/
  printf("The string length is %d\n",p-s);  /*---④---*/
}
```

程序说明：

（1）语句行①定义了一个至多可存放 255 个字符的字符数组 s（最后一个为字符串结束标记）及指针变量 p。

（2）语句行②中，p=s 的含义是将 s 的首地址（即 s[0]的地址）赋给指针变量 p，等价于 p=&s[0]。

执行 p=s 之后，p 指向数组的第一个元素，如图 9-5 所示。

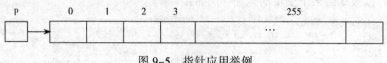

图 9-5　指针应用举例

（3）语句行③中，p++逐步移动指针指向，则*p 依次判别 s[i]是否为字符串结束标记。

（4）语句行④中，用 p-s 输出被检测字符串长度。p-s 为指针相减，p 表示字符串结束('\0')的存储单元位置，s 为字符数组的首地址，两者相减就是两地址之间的存储单元个数——字符个数，即字符串长度。

【例 9.4】采用递归法对 a 数组中的元素进行逆置。

```
main()
{
  int a[6],i,j;
  for(i=0;i<6;i++)
    scanf("%d",a+i);
  invert(a,0,5);
  for(i=0;i<6;i++)
    printf("%d,",a[i]);
  printf("\n");
}
invert(int *s,int i,int j)
{
  int t;
  if(i<j)
  {
    invert(s,i+1,j-1);
    t=*(s+i);*(s+i)=*(s+j);*(s+j)=t;
  }
}
```

调用 invert()函数，对 a 数组中的元素进行逆置。invert()函数采用了递归法。在 invert()函数中，把 s[i]~s[j]范围内的值进行逆置也转化成一个新的问题：先把 s[i+1]~s[j-1]范围内的值进行逆置，然后把 s[i]和 s[j]中的值进行对调，也就完成了把 s[i]~s[j]范围内的值进行逆置。而解决 s[i+1]~s[j-1]范围内的值进行逆置与原来的问题的解决方法是相同的。这种操作的结束条件：当逆置的范围为 0 时，操作结束，即当 i>=j 时，递归结束。由此分析可以看到，对一维数组中的内容进行逆置，可以采用递归的方法。

（1）第一层调用时，s 得到 a 数组的首地址，因而使 s 指向 a 数组的第 0 个元素 a[0]，i 从实参中得到整数 0，j 从实参中得到整数 5，分别代表进行逆置的起始元素下标和最后元素的下标，即进行逆置的范围，因为 i<j，所以执行函数调用 invert(s,i+1,j-1);进行第二层调用，这时 3 个实参的值分别是

① a 数组的首地址。

② i+1 的值为 1。

③ j-1 的值为 4。

（2）进入第二层调用，这一层的 s 得到 a 数组的首地址，i 得到上一层的实参值 1，j 得到上

一层的实参值 4, 因为 i<j, 所以执行函数调用语句 invert(s,i+1,j-1);进行第三层调用, 这时 3 个实参的值分别是

① a 数组的首地址。

② i+1 的值为 2。

③ j-1 的值为 3。

（3）进入第三层调用, 这一层的 s 得到 a 数组的首地址, i 接受上一层的实参值 2, j 接受上一层的实参值 3。因为 i<j, 所以再次执行函数调用语句 invert(s,i+1,j-1);进行第四层调用。这时 3 个实参的值分别如下:

① a 数组的首地址。

② i+1 的值为 3。

③ j-1 的值为 2。

（4）进入第四层调用, 由于 i>j, 逆置范围为 "空", 因此什么也不做, 并使递归调用终止, 返回上一层调用。

（5）返回到第三层调用, 接着执行 "t=*(s+i);*(s+i)=*(s+j);*(s+j)=t;"。这一层 s 指向 a 数组的起始地址, i 的值为 2, j 的值为 3, 上述语句使得 a[2]和 a[3]的值进行对调, 然后返回上一层调用。

（6）返回到第二层调用, 在这一层, s 指向 a 数组的起始地址, i 的值为 1, j 的值为 4, 语句使得 a[1]和 a[4]中的值进行对调, 然后返回上一层调用。

（7）返回到第一层调用, 在这一层, s 指向 a 数组的起始地址, i 的值为 0, j 的值为 5, 语句使得 a[0]和 a[5]中的值对调, 返回上一层主调程序。至此, a 数组中的值已经逆置完毕。

9.3　指针与数组

对数组元素的访问可以通过数组下标来实现。有指针变量之后, 可以利用一个指向数组的指针来实现对数组元素的存取操作或其他运算。在 C 语言中, 数组和指针关系密切, 功能相似, 而使用指针对数组元素的存取操作比用下标更方便、更迅速。

9.3.1　指向数组的指针

例如, 以下语句:

```
int a[10],*p;
```

定义了一个有 10 个元素的整型数组 a 以及指向整型变量的指针 p。而且, 编译系统为 a 分配了 10 个整型变量的空间。

对于数组, a[i]表示数组 a 的第 i+1 个变量, a 是数组名, 表示该数组的起始地址, 它为常量。即 a 与&a[0] 等价。"p=a;"则将数组 a 的首地址&a[0]赋给指针变量 p, p 与 a 之间的关系如图 9-6 所示。

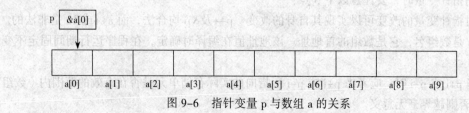

图 9-6　指针变量 p 与数组 a 的关系

由此，可以通过 p 来访问数组元素。例如，p 的初始值为&a[0]。

（1）*p=1 为 p 所指向的存储单元赋值 1，即 a[0]=1。

（2）p+1，该表达式指向 p 的下一个存储单元，即 a[0]下一个元素 a[1];p+1 等价于&a[1]。因此，*(p+1)=2，即为 a[1]=2。

（3）同样，p+i 表示指向 p 后的第 i 个元素。*(p+i)等价于 a[i]，因而，指向数组的指针变量也可以带下标，且下标可能为负数。*(p+i)、p[i]、a[i]是等价的；*(p-i)、p[-i]是等价的。

由此可见，指针与数组访问元素时功能上完全等价。

【例 9.5】对数组元素访问。

```c
#include "stdio.h"
main()
{
  int a[10];
  int i,*p;
  for(i=0;i<10;i++)
    scanf("%d",&a[i]);
  printf("\n");
  for(i=0;i<10;i++)
    printf("%4d",a[i]);              /*--方法①--*/
  printf("\n");
  for(i=0;i<10;i++)
    printf("%4d",*(a+i));            /*--方法②--*/
  printf("\n");
  for(p=a;p<(a+10);p++)
    printf("%4d",*p);                /*--方法③--*/
  printf("\n");
}
```

运行输入：

1 2 3 4 5 6 7 8 9 0

运行结果：

1 2 3 4 5 6 7 8 9 0
1 2 3 4 5 6 7 8 9 0
1 2 3 4 5 6 7 8 9 0

即 3 种输出方法在执行结果上完全相同，但效果并不完全一样。

程序说明：

方法①、②中访问数组元素都是通过 a+i 方式来计算元素地址；而方法③中，直接用指针变量指向数组元素，通过 p 来移动。因此，方法③比方法①、②时间上要快，但方法①、②比较直观，能直接知道第几个元素，例如，a[5]或*(a+5)是数组中第 6 个元素，而 p++必须仔细分析当前指针之后才能正确判断。

在使用指针变量时，要注意以下 3 点：

（1）对指针变量的改变可以实现其自身的改变。p++及&p 均合法，而 a++或&a 是非法的。

因为 a 是数组名，它是数组的首地址。该地址值在编译时确定，在程序运行期间固定不变，是常量。

（2）当 p+i 或 p-i 时，应考虑 p+i 或 p-i 所指向的实际存储单元是否在有效的范围内（数组存储区域），否则越界毫无意义。

【例 9.6】程序越界举例。

```c
#include "stdio.h"
main()
{
  int *p,i,a[10];
  p=a;
  for(i=0;i<10;i++)
    scanf("%d",p++);                    /*----①----*/
  printf("\n");
  for(i=0;i<10;i++,p++)
    printf("%u",*p);                    /*----②----*/
}
```

运行输入：

1 2 3 4 5 6 7 8 9 0

运行结果：

65516　285　1　65514　1592　65518　0　14915　21596　23619

运行结果输出的不是输入的内容，这是因为经过 for 循环①之后，p 从指向数组的第 1 个成员移到指向 a 数组的末尾。因此，在执行 for 循环②时，p 的起始值不是&a[0]，而是 a+10，即超过数组的有效范围。因此，得到的值不是数组中元素的值。正确的程序如下：

```c
#include "stdio.h"
main()
{
  int *p,i,a[10];
  p=a;
  for(i=0;i<10;i++)
    scanf("%d",p++);
  printf("\n");
  p=a;                          /*加此语句后程序不越界*/
  for(i=0;i<10;i++,p++)
    printf("%u",*p);
}
```

（3）指针变量运算时的优先级要注意以下问题：

假设 p 指向数组 a，即 p=a，则

① *p++：由于++和*优先级相同，从右至左结合，因此它等价于*(p++)，而扩展名为先用后加，即先取 p 所指向的单元内容（为*p），然后使 p+1 送往 p。

② (*p)++：增加 p 所指向单元的内容，其实是数组元素值加 1，不是指针值加 1。

③ *(++p)：先使 p 加 1，即指向下一个单元，然后取*p。

p--、(--p)的含义与以上所述类似。

【例 9.7】使用指针变量举例。

```c
#include  "stdio.h"
int a[]={0,1,2,3,4};
main()
{
  int i,*p;
  for(i=0;i<=4;i++)
    printf("%d\t",a[i]);                /*----①----*/
```

```
    putchar('\n');
    for(p=&a[0];p<=&a[4];p++)
      printf("%d\t",*p);                    /*----②----*/
    putchar('\n');
    for(p=&a[0],i=1;i<=5;i++)
      printf("%d\t",p[i]);                  /*----③----*/
    putchar('\n');
    for(p=a,i=0;p+i<=a+4;p++,i++)
      printf("%d\t",*(p+i));                /*----④----*/
    putchar('\n');
    }
```

运行结果：

```
0 1 2 3 4
0 1 2 3 4
1 2 3 4 25637
0 2 4
```

程序说明：

（1）for语句①、②为数组下标方式或指针方式访问数组中元素。

（2）在for语句③中，p的初值为&a[0]，且1≤i≤5，因此p[i]为p[1]=1，p[2]=2，p[3]=3，p[4]=4，而p[5]超出数组有效范围，为一随机数。

（3）在for语句④中，p、i的初值分别为&a[0]、0，而循环过程中，p和i的值同步增长。

第一次循环：*(p+i)=*(&a[0]+0)=0

第二次循环：p=&a[1],i=1

          (p+i)=(&a[1]+1)=a[2]=2

第三次循环：p=&a[2],i=2

          (p+i)=(&a[2]+2)=a[4]=4

第四次循环：p=&a[3],i=3

          p+i=&a[3]+3=a+3+3=a+6>a+4（循环条件不成立，结束循环。）

【例9.8】指针变量举例。

```
    #include "stdio.h"
    int a[]={0,1,2,3,4};
    main()
    {
      int i,*p;
      for(p=a+4;p>=a;p--)
        printf("%d\t",*p);                  /*----①----*/
      putchar('\n');
      for(p=a+4,i=0;i<=4;i++)
        printf("%d\t",p[-i]);               /*----②----*/
      putchar('\n');
      for(p=a+4;p>=a;p--)
        printf("%d\t",a[p-a]);              /*----③----*/
      putchar('\n');
    }
```

运行结果：

```
4 3 2 1 0
```

```
4 3 2 1 0
4 3 2 1 0
```

程序说明：

（1）在 for 语句①中，p 初值指向数组最末元素 a[4]，然后通过 p 的自减方式来反方向访问数组元素。

（2）在 for 语句②中，p[-i]即为*(p-i)，p 的初值为&a[4]，与①for 语句类似，反方向访问数组成员，而②for 语句中 p 不变，通过-i 来实现反方向移动。

（3）在 for 语句③中，p-a 为两地址之间的存储单元个数。

当 p=a+4 时，a[p-a]=a[a+4-a]=a[4]，最后一个元素。

当 p=a 时，a[p-a]=a[a-a]=a[0]，第一个元素。

以上程序说明，通过指针变量可以用多种形式访问数组中的任意元素。

9.3.2 字符指针与字符数组

在 C 语言中，系统本身没有提供字符串数据类型，但可以用两种方法存储一个字符串：字符数组方式和字符指针方式。

1. 字符数组方式

【例 9.9】字符数组方式实现字符串。

```c
#include "stdio.h"
main()
{
  static char s1[]="I love China!";
  printf("%s\n%c\t%c\n",s1,s1[0],*(s1+3));
}
```

程序输出：

```
I love China!
I    o
```

和前面讨论的数组一样，s1 是数组名，它代表字符数组的首地址，为常量，如图 9-7 所示。访问数组时，对数组的整体处理，可利用%s 的特性用数组名标记；对于其中成员，可以用普遍方式下标访问或*(s1+3)指针方式。

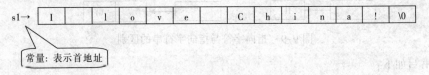

图 9-7 字符数组的存储结构

【例 9.10】字符指针方式实现字符串。

```c
#include "stdio.h"
main()
{
  char *s2="I love China!";
  char *s3,c;
  char *s4="w";
  s3=&c;
  *s3='H';
```

```
        s2=s2+2;
        printf("%s\t%c\t%s\n",s2,*s3,s4);
    }
```
运行输出：
```
Love        China! H        w
```
此处没有定义字符数组，而定义了指向字符的指针变量 s2，并加以初始化。实际上，在系统编译时，系统为字符串分配了一个内存空间（即存放字符串的字符数组），并将首地址赋给指针变量 s2，如图 9-8 所示。

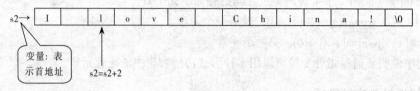

图 9-8　字符指针应用

注意：在内存存放时，字符串的最后被自动加了一个'\0'，作为字符串的结束标记。

本程序输出时，由于 s2=s2+2，因此，在 printf()函数中，s2 又指向第 3 个字符（见图 9-8），输出 love China!。由此可见，例 9.9 中的 s1 与本例中的 s2 两标识符，它们都能处理字符串，差别在于 s1 为常量，s2 为变量。所以
```
        char *s2="I love China!";
```
可以用两语句
```
        char *s2;和 s2="I love China!";
```
来代替，而
```
        char s1[]="I love China!";
```
不能用
```
        char s1[];和 s1="I love China!";
```
来代替。

除此之外，s3 为指向字符的指针，s4 为指向仅有一个字符的字符串指针。两者的区别如图 9-9 所示。

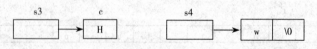

图 9-9　指向字符与指向字符串的区别

错误书写如下：
```
    main()
    {
      char *s3, *s4;
      *s3='H';            /* 错！s3 无实际所指空间 */
      s4="w";             /* 对！系统先对"w"分配空间,然后将串地址赋给 s4 */
      ⋮
    }
```
【例 9.11】用数组将字符串 a 复制到字符串 b。
```
    #include "stdio.h"
    main()
```

```
{
char a[]="I am a boy.",b[20];
  int i;
  for(i=0;a[i]!='\0';i++)
    b[i]=a[i];
  b[i]='\0';
  printf("String a is:%s\n",a);
  printf("String b is:%s\n",b);
}
```

运行结果：

```
String a is:I am a boy.
String a is:I am a boy.
```

程序中 a 和 b 都定义为字符数组，可以用下标方式访问数组成员。在 for 语句中，先检查 a[i] 是否为结束标记'\0'，如果不是，则表示字符串尚未处理完，将 a[i]赋给 b[i]；在 for 语句结束时，应将'\0'赋给 b，故有：

```
b[i]='\0';
```

此时 i 的值应为字符串有效字符的个数加 1。

如用指针变量实现，见例 9.12。

【例 9.12】用指针变量实现复制字符串。

```
#include "stdio.h"
main()
{
  char a[]="I am a boy.",b[20],*p1,*p2;
  int i;
  p1=a;p2=b;
  for(;*p1!= '\0';p1++,p2++)
    *p2=*p1;
  *p2='\0';
  printf("String a is:%s\n",a);
  printf("String b is:%s\n",b);
}
```

本程序的执行结果与例 9.11 程序相同，只不过复制工作由指针变量 p1、p2 来完成，开始时 p1、p2 分别指向字符串 a、b 的首地址，*p2=*p1 之后（即复制后），p1、p2 分别加 1，指向其下面的一元素，直到*p1 的值为'\0'为止。

注意：p1、p2 的值必须同步改变。

另外，上面程序可以写成以下程序，运行的结果相同。

【例 9.13】复制字符串。

```
#include "stdio.h"
main()
{
  char a[]="I am a boy.",*b;
  b=a;
  printf("String a is : %s\n",a);
  printf("String b is : %s\n",b);
}
```

但不能写成：

```
main()
{
  char a[]="I am a boy.",*b1,*b2,*p1,*p2;
  int i;
  p1=a;
  p2=b2;                        /*b2的值不定，出错*/
  for(;*p1!='\0';p1++,p2++)
    *p2=*p1;                    /*p2的值不定，故*p2出错*/
  printf("String a is:%s\n",a);
  printf("String b2 is:%s\n",b2);
  …
}
```

对字符数组及字符指针要注意以下几点：

（1）对字符数组整体赋值，只能在初始化时进行；而对指针变量赋值，既可以在初始化时进行，又可以在其他地方赋值。

（2）使用字符数组时，编译过程中就分配内存空间，数组有确定的地址（数组名为常量）；而定义一个字符指针变量时，仅给该指针变量分配内存空间，变量的内容不定，即并未指向一个具体的字符数据。所以

```
char str[10];
scanf("%s",str);
```

为正确书写；而

```
char *a;
scanf("%s",a);
```

为错误书写。

（3）数组名为常量，只能使用，不能改变；字符指针为变量，其值可以改变。

（4）字符指针与字符串指针本质相同，仅使用方法不同。

9.3.3 多级指针及指针数组

1. 多级指针

在前面的叙述中，一个指针变量指向一个相应数据类型的数据，但当所指的数据本身又是一个指针时，就构成了所谓的多级指针，如图9-10所示。

p为一级指针，pp为二级指针。

二级指针的定义形式如下：

　　数据类型　**标识符

如图9-10所示，可做如下定义：

```
int **pp;
```

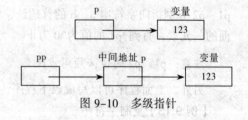

图 9-10　多级指针

pp为标识符，由于*运算符从右到左结合，故**pp相当*(*pp)。故括号内整体为一个指针变量，括号内的*pp又表明pp为一个指针，由此定义了二级指针。在定义时，标识符前有多少个*，即表示多少级指针变量。

【例 9.14】多级指针举例。

```
#include "stdio.h"
main()
{
    int *p,i;
    int **pp;
    i=54;
    p=&i;
    pp=&p;
    printf("%u\t%u\n",&i,i);
    printf("%u\t%u\t%u\n",p,*p,&p);
    printf("%u\t%u\t%u\t%u\n",pp,*pp,**pp,&pp);
}
```

运行结果：

```
65498   54
65498   54   65496
65496   65498   54   65500
```

地址值 65498 为存储单元 i 的地址。

地址值 65496 为存储单元 p 的地址，单元中存放的内容为 i 的地址 65498。

地址值 65500 为存储单元 pp 的地址，单元中存放的内容为 p 的地址 65496。

本程序中，int **pp 语句将 pp 说明为二级指针；pp=&p 语句取指针变量 p 的地址给二级指针 pp，使 i、p、pp 之间建立如图 9-11 所示关系。

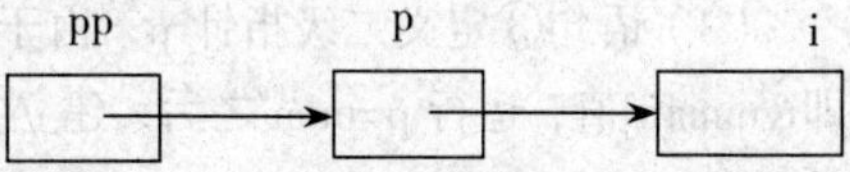

在 printf() 函数中由于 pp 为二级指针，所以 pp 的内容为地址，即 p 变量存储单元的地址。

图 9-11　i 与 p、pp 之间的关系

如果程序中出现 pp=p，则因两个指针性质不同，编译时报错。

pp 等价于*(*pp)，即(&p)=*p=i，通过指针 p 间接访问 i 变量。

如果是三级指针，仅需要将说明语句写成：

```
int ***pp;
```

这个定义访问时注意：pp、*pp 的值均为地址；只有***pp 才为最终访问到的数据。

对于多级指针概念，依此类推。

2．指针数组

一系列有序的指针集合构成数组时，就构成了指针数组。指针数组中的每个元素都是一个指针变量，它们具有相同的存储类型和相同的数据类型。与普通数组一样，在使用数组之前必须先对其定义。定义的一般形式如下：

　　数据类型 *数组名[数组长度说明];

例如:int *p[6];

由于[]比*优先级高，因此 p 先与[]结合，构成有 6 个元素的数组 p；然后再与前面的"*"结合，"*"表示其后的 p 数组为指针类型，即数组的每个成员为指针变量。

指针数组在定义时也可赋值，即初始化。但必须注意：

（1）不能用自动型变量的地址去初始化 static 型指针数组。

（2）int(*p)[6]的含义与 int *p[6]不同，后者为指针数组，前者为指向一个数组的指针变量。

【例 9.15】指针数组举例。

```
#include "stdio.h"
main()
{
    int a[5]={2,4,6,8,9};                           /*--①--*/
    int *num[5]={&a[0],&a[1],&a[2],&a[3],&a[4]};    /*--②--*/
    int **p,i;                                       /*--③--*/
    p=num;
    for(i=0;i<5;i++)
    {
        printf("%d\t",**p);
        p++;
    }
}
```

运行结果：

```
2  4  6  8  9
```

程序说明：

（1）语句①定义一个数组 a[5]，并对其初始化。

（2）语句②利用语句①的结果，对指针数组 num 进行定义并初始化。

（3）语句③定义二级指针 p，由于 num 为数组名，即&num[0]值，运行 p=num 之后，建立如图 9-12 所示的关系。

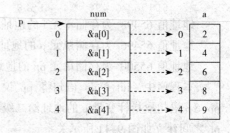

图 9-12 指针数组举例

通过**p，可以逐个输出内容。

【例 9.16】按英文字典的字母顺序对多个字符串进行程序排序。

分析如下：

（1）所谓按字典的字母顺序对字符串进行排序，就是按字母的 ASCII 码值进行排序（升序）。如果第 i 个字母对应的 ASCII 码值相等，则比较第 i+1 个字母，依此类推以决定两个字符串的顺序。

（2）由于 shell 排序速度比较快，所以本程序采用 shell 排序方法来排序。但要注意在这里是对字符串进行比较，而不是数值。交换时应注意指针指向的改变。

（3）两个字符串的比较，可以采用系统提供的函数 strcmp(s,t)，该函数的两个参数为字符串指针。若 s 指针指向的字符串与 t 指针指向的字符串相同，则返回值为 0；小于则返回负值；大于则返回正值。

```
#include "stdio.h"
#include "string.h"
main()
{
    char *name[]={"Ada","FORTRAN","Pascal","BASIC","C","FoxBASE"};
    int n=6;
    int i,j,gap;
    char *temp;
    for(gap=n/2;gap>0;gap/=2)
        for(i=gap;i<n;i++)
```

```
        for(j=i-gap;j>=0;j-=gap)
        { if (strcmp(name[i],name[j+gap])<=0)  break;
          temp=name[j];
          name[j]=name[j+gap];
          name[j+gap]=temp;
        }
    for(i=0;i<n;i++)
      printf("%s\n",name[i]);
  }
```

运行结果：

```
Ada
BASIC
C
FORTRAN
FoxBASE
Pascal
```

在 main()函数中定义并初始化了指针数组 name，它有 6 个元素，其初值分别为"Ada"、"FORTRAN"、"Pascal"、"BASIC"、"C"、"FoxBASE"字符串的首地址，如图 9-13（a）所示。

这些字符串长度不等，占用的存储空间也不同。三重循环 for 语句的作用是对字符串进行 shell 排序，strcmp()是字符串比较函数;name[j]，name[j+gap]分别是第 j 个和第 j+gap 个字符串的起始地址。用 strcmp(name[j]，name[j+gap])对两个字符串进行比较，如 name[j]字符串大于 name[j+gap]字符串则进行交换，即将指向第 j 个串的数组元素值（指针值）与指向第 name[j+gap]个串的数组元素值对换排序完之后，指针数组的情况如图 9-13（b）所示。

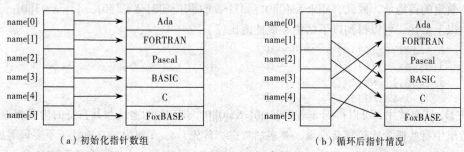

（a）初始化指针数组　　　　　　　　　　　　　（b）循环后指针情况

图 9-13　指针数组排序

需要特别指出的是本程序排序过程中的交换并未对字符串本身进行交换，仅交换了指针数组中各元素的值（即所指字符串的首地址）。

另外，if 语句中逻辑表达式要正确使用。如写成如下：

```
    if(name[j]>name[j+gap]) …
```

则比较两个字符串的首地址，与字符串的内容无关，不符合字典排序要求。写成：

```
    if(*name[j]>*name[j+gap]) …
```

则比较 name[j]和 name[j+gap]所指向的字符串的第一个字符，而不是两个字符串的逐对比较。因此，对字符串比较一定要用 strcmp()函数。

9.3.4　指针与多维数组

在数组讨论中，可将二维数组看成由两个一维数组组成的，一维数组的每个成员还是一个一维数组，以此类推，构成多维数组。

指针可以指向一维数组，也可以指向多维数组。但在概念和使用上，多维数组的指针比一维数组的指针要复杂。

1. 多维数组的地址

为了说明多维数组的指针，以二维数组为例介绍多维数组的性质，弄清多维数组的地址。

例如：int a[4][2]={{1,2},{3,4},{5,6},{7,8}};

可以将二维数组 a 看成是由 4 个一维数组构成的一维数组，a 是该一维数组的数组名，代表该一维数组的首地址，a 数组包含 4 个元素：a[0]、a[1]、a[2]、a[3]。a[0]、a[1]、a[2]、a[3]4 个元素分别看成是由 2 个整型元素组成的一维数组，如 a[0]可看成又由元素 a[0][0]、a[0][1]组成的一维数组，a[0]就是这个一维数组的数组名，如图 9-14 所示。

从数组概念上讲，a 是数组名，它代表该数组的第一个元素的地址，即 a=&a[0]。从而，a+1=&a[1]，a+2=&a[2]，……。

从二维数组的角度来看，a 代表整个二维数组的首地址，即第 0 行的首地址。a+1 代表第一行的首地址，a+2 代表第二行的首地址。a 代表整个二维数组的首地址，即第 0 行第 0 列的元素地址（&a[0][0]）。a+1 代表第一行的首地址，即&a[1][0]，从而 a+2=&a[2][0]，……。

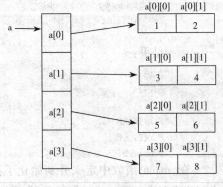

图 9-14　多维数组表示

由一维数组角度看来，a[0]、a[1]、a[2]、a[3]都是第二层一维数组的名字，而 C 语言规定数组名代表数组的首地址，因此，a[0]=&a[0][0]、a[1]=&a[1][0]、a[2]=&a[2][0]、a[3]=&a[3][0]。

由以上叙述，可以得到以下结论（地址值比较）：

```
a=&a[0]=&a[0][0]      -----①
a[0]=&a[0][0]         -----②
a+1=&a[1]=&a[1][0]    -----③
a[0]+1=&a[0][1]       -----④
```

从①、②等式中，可以得到 a=&a[0]=a[0]=&a[0][0]，即 a[0]的地址与其自身的内容相等。的确，二维数组中有些概念比较复杂难懂，要多加考虑。首先，&a[0]即为 a+0 地址（不要理解成 a[0]单元地址），而 a[0]并非表示 a[0]单元内容（值），因为 a[0]并不是一个实际存在的变量名，所以也谈不上它的内容。&a[0]和 a[0]都表示同一地址，其差别在于表示形式上的不同而已。因此，a[0]+1 和 *(a+0)+1 的值都是&a[0][1]，a[1]+2 和*(a+1)+2 的值都是&a[1][2]。

进一步分析，想得到 a[0][1]的值，用地址如何表示呢？

由 a[0]+1=&a[0][1]

得：a[0][1]=*(&a[0][1])=*(a[0]+1)=*(*(a+0)+1)

即*(*(a+i)+j)表示 a[i][j]的值。

注意：*(*a+i+j)是不同的概念。有必要对 a[i]的性质作进一步说明。a[i]从形式上看是 a 数组中第 i 个元素。如果 a 是一维数组名，则 a[i]代表 a 数组第 i 个元素所占的单元内容，a[i]是有物理地址的，它占有内存空间；若 a 是二维数组，则 a[i]代表一维数组名，a[i]本身并不占实际的内存单元，它也不存放 a 数组中各个元素的值，但它有一定语义，表示一个地址（如同一个一维数组名并不占内存单元而只代表地址一样）。a、a+i、a[i]、*(a+i)、*(a+i)+j、a[i]+j 都表示地址；*(*(a+i))、*(*(a+i)+j)表示数组元素的值，结论如图 9-15 所示。

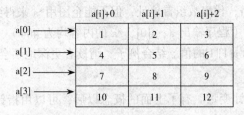

	a[i]+0	a[i]+1	a[i]+2
a[0] →	1	2	3
a[1] →	4	5	6
a[2] →	7	8	9
a[3] →	10	11	12

图 9-15 数组概念举例

表示形式	含义	地址
a	二维数组名，数组首地址	2000
a[0],*(a+0),*a	第 0 行第 0 列元素地址	2000
a+1,&a[1]	第 1 行首地址	2006
a[1],*(a+1)	第 1 行第 0 列元素地址	2006
a[1]+2,*(a+1)+2,&a[1][2]	第 1 行第 2 列元素地址	2008
(a[1]+2),(*(a+1)+2),a[1][2]	第 1 行第 2 列元素	5

需要强调的是，不要把&a[i]理解为 a[i]单元的物理地址，因为并不存在 a[i]这样一个变量。它只是一种地址的计算方法，能得到第 i 行的首地址，&a[i]和 a[i]的值是一样的，但它们的含义是不同的。&a[i]和 a+i 指向行，是行地址，因而&a[i]+1 表示下一行的首地址；而 a[i]或*(a+i)指向列，表示列地址或元素的地址，a[i]+1 表示所在行的下一列元素地址。从单纯的地址值上讲，在二维数组中，存在以下等式：

　　　　a+i=&a[i]=a[i]=*(a+i)=&a[i][0]

读者可自己体会其中的含义。

【例 9.17】多维数组与指针。

```
#define FORMAT "%d,%d\n"
main()
{
  static int a[3][4]={1,3,5,7,9,11,13,15,17,19,21,23};
  printf(FORMAT,a,*a);
  printf(FORMAT,a[0],*(a+0));
  printf(FORMAT,&a[0],&a[0][0]);
  printf(FORMAT,a[1],a+1);
  printf(FORMAT,&a[1][0],*(a+1)+0);
  printf(FORMAT,a[2],*(a+2));
  printf(FORMAT,&a[2],a+2);
  printf(FORMAT,a[1][0],*(*(a+1)+0));
}
```

运行结果：

```
404,404
404,404
404,404
412,412
412,412
420,420
420,420
9,9
```

程序中，a 是二维数组名，代表数组首地址，但不能企图用*a 来得到 a[0][0]的值。*a 相当于 *(a+0)，即 a[0]是第 0 行地址（程序输出 a、a[0]、*a 的内容均为 404）。同理，a+1 指向第 1 行首地址，也不能用*(a+1)来表示 a[1][1]的值。结合例子，请读者更深地领会二维数组的结构。

2. 多维数组的指针

（1）指向数组元素的指针变量。有了上面的概念以后，可以用指针变量指向多维数组及其元素。

【例 9.19】用指针访问多维数组元素。

```c
#include "stdio.h"
int a[3][3]={{1,2,3},{4,5,6},{7,8,9}};    /*--①--*/
int *pa[3]={a[0],a[1],a[2]};              /*--②--*/
int *p=a[0];                              /*--③--*/
main()
{
  int i;
  for(i=0;i<3;i++)
    printf("%d\t%d\t%d\n",a[i][2-i],*a[i],*(*(a+i)+i)); /*--④--*/
  for(i=0;i<3;i++)
    printf("%d\t%d\n",*pa[i],p[i]);       /*--⑤--*/
}
```

运行结果：

```
3 1 1
5 4 5
7 7 9
1 1
4 2
7 3
```

程序说明：

① 定义一个二维数组 a[3][3]，并对其初始化。

② 定义并初始化一个指针数组 pa[3]，其初值分别为第 0 行第 0 列，第 1 行第 0 列，第 2 行第 0 列元素的地址。

③ 定义一个指针变量 p，并指向数组 a 的第 0 行第 0 列的元素。编译完此语句之后，p、pa、a 之间有图 9-16 所示结构。

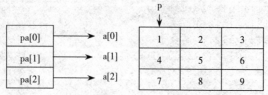

图 9-16　指针访问多维数组元素举例

④ a[i][2-i]为数组下标访问方式。

a[i]=(a[i]+0)=a[i][0]，即第 i 行的第 0 列元素值。

((a+i)+i)=*(a[i]+i)=a[i][i]，即第 i 行第 i 列的元素值。

⑤ 由于 pa 为指针数组，pa[i]的值为 a[i]，故*pa[i]=*a[i]，与④相同，即第 i 行第 0 列元素。

对于 p[i]，由于 p 为指针变量，因此有 p[i]=*(p+i)=*(a[0]+i)=a[0][i]，即第 0 行第 i 列元素的值。

读者务必记住: a[i][j]与*(*(a+i)+j)两种表达式的对应关系。请读者思考，对于③中，若写成: int *p=a;编译时将会怎样？为什么？

（2）指向由 m 个元素组成的一维数组的指针变量。可以定义一个指向一维数组的指针变量。例如：

```
int (*p)[4];
```

这里表示 p 是一个指针变量，它指向包含 4 个元素的一维数组。注意: *p 两侧的括号不可少，如果写成*p[4]，由于方括号[]运算级别高，因此 p 先与[4]结合，是数组，然后再与前面的*结合，*p[4]是指针数组。例如：

```
int a[3][4];
```

表示 a 数组有 12 个元素，每个元素都是整型。

```
int (*p)[4];
p=a;
```

表示*p 所指的对象是由 4 个元素组成的一维数组，p 的值就是该一维数组的首地址。p 不能指向一维数组中的第 j 个元素。例如，p=a，则 p 指向二维数组 a 的首地址，p+i 是二维数组 a 的第 i 行的首地址。p+1 表示 a 数组第 1 行的首地址，*(p+1)表示第 1 行第 0 列元素的地址，二者的值相同，含义不一样，(a+1)+1=a+2 表示第 2 行的首地址，而*(p+1)+1 表示 a 数组第 1 行第 1 列元素的地址，*(p+1)+3 表示 a 数组第 1 行第 3 列元素地址，对"*(p+1)+3"括号中的 1 是以一维数组的长度为单位的，即 p 每加 1，地址就增加 8 字节（p 指向的一维数组每行有 4 个元素，每个元素占 2 字节），而"*(p+1)+3"括号外的数字 3 不是以 p 所指向的一维数组为长度单位的，而是以数组元素的长度为单位的，加 3 就是加（3×2）字节。因此，*(p+1)+3 表示第 1 行第 3 列元素的地址，*(*(p+1)+3)表示第 1 行第 3 列元素的值，即 a[1][3]的值。对 a 数组中的第 i 行第 j 列元素 a[i][j]，a[i]+j 和*(p+i)+j 都是 a[i][j]的地址，即&a[i][j]的值，因此，*(*(a+i)+j)或*(*(p+i)+j)即为 a[i][j]。这样通过 int (*p)[m]指向由 m 个元素组成的一维数组的指针就可以访问多维数组中的每一个元素了。

【例 9.18】用指针访问多维数组中的每一个元素。

```
#include "stdio.h"
main()
{
  int i,j,a[3][4]={{0,1,2,3},{4,5,6,7},{8,9,10,11}};
  int (*p)[4];
  p=a;
  scanf("i=%d,j=%d",&I,&j);
  printf("a[%d,%d]=%d\n",i,j,*(*(p+i)+j));
}
```

运行输入：

```
i=1,j=3
```

运行结果：

```
a[1][3]=7
```

9.4 指针与函数

前面已介绍了 C 语言函数间传递数据的传值方式、全局变量和 return 语句等。函数的参数为整型、实型、字符型等。除此之外，函数的参数可以为指针类型，以实现函数间的传址方式，或者说达到一次调用得到多个值的效果。

9.4.1 函数参数为指针

1. 指针做函数参数

【例9.20】用指针参数交换两个变量的内容，按两个数据大小顺序输出。

```c
#include "stdio.h"
main()
{
  int x,y;
  int *p1,*p2;
  scanf("%d,%d",&x,&y);
  p1=&x;p2=&y;
  if(x<y)
    swap(p1,p2);
  printf("\n%d\t%d\n",x,y);
}
swap(int *px,int *py)
{
  int temp;
  temp=*px;
  *px=*py;
  *py=temp;
}
```

运行输入：

```
7,10
```

运行结果：

```
10    7
```

swap()函数为用户定义的函数，其作用是交换两个变量 x、y 的值，它的两个形参 px、py 为指针变量。程序开始执行时，先输入 x、y 的值，然后将 x、y 的地址赋给指针变量 p1 和 p2。执行 if 语句之前，得到如图9-17（a）所示关系。

执行 if 语句时，由于 x<y，因此，调用函数 swap()。调用开始时，形实结合。将实参 p1、p2 的值（x、y 的地址）分别传递给形参 px、py（注意：依然用"传值方式"），得到如图9-17（b）所示关系。执行 swap()函数时，使*px、*py 的值互换，即 x、y 的值互换。互换后的情况如图9-17（c）所示。

函数调用结束后，px、py 变量所占存储空间被释放，情况如图9-17（d）所示。

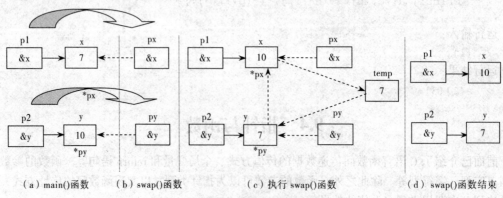

  （a）main()函数 （b）swap()函数   （c）执行 swap()函数   （d）swap()函数结束

图9-17 指针作为函数参数的调用过程

当 swap() 函数写成以下形式时，情况又如何？

```
swap1(int px,int py)
{
int temp;
  temp=px;              /*----①----*/
  px=py;               /*----②----*/
  py=temp;             /*----③----*/
}
```

设调用语句为 swap1(x,y);当程序执行时，当 if 语句成立，调用交换函数时应写成 swap1()，通过形实传值结合，可以得出如图 9-18（a）所示关系。执行交换如图 9-19（b）所示，交换之后得出如图 9-18（c）所示的结果。

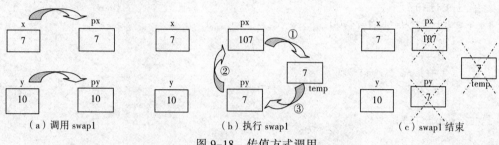

（a）调用 swap1　　　　　　　　（b）执行 swap1　　　　　　　（c）swap1 结束

图 9-18　传值方式调用

函数 swap1() 结束时，px、py 存储单元被释放，交换的结果没有传递到 main() 函数中的变量 x、y 中。因此，没有实现交换的目的。这就是所谓传值方式无法改变主调函数中的实参数值。另外，将 swap() 写成以下函数形式，也存在问题。

```
swap2(int *px,int *py)        swap3(int *px,int *py)
{                            {
  int *temp;                   int *temp;
  temp=px;                     *temp=*px;
  px=py;                       *px=*py;
  py=temp;                     *py=*temp;
}                            }
```

分析：

对于 swap2() 函数，企图通过改变指针形参的值而使指针实参的值也改变。执行 swap2() 时，由形实传值结合，得到如图 9-19 所示关系。在 swap2() 函数中交换 px、py 值之后，并没有改变 x 和 y 的值。

对于 swap3() 函数，语句*temp-*px 存在问题，因为 temp 为自动型变量，其初值不确定，因此*temp，即 temp 所指向的存储单元不确定。从而无法将*px 的内容保留在*temp 中。若使 temp 指向临时使用的缓冲空间，如 swap4() 函数，即可使用。

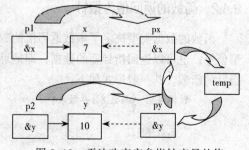

图 9-19　无法改变实参指针变量的值

```
swap4(int *px,int *py)
{
  int *temp;
  int k;
  temp=&k;
  *temp=*px;
```

```
    *px=*py;
    *py=*temp;
  }
```

2. 函数返回多个值

当使用简单数据类型做函数参数时，可以通过函数的 return 语句，获得一个函数返回值。但指针做函数参数时，由于指针能保留函数执行时的某种结果，因而用指针做函数的参数也可以带来函数某种返回值。这样，与 return 一起构成多个值返回。

【例 9.21】将字符串 t 复制到 s 中，并返回被复制的字符个数。

```
    int strcpy(char *s,char *t)
    {
      int i=0;
      while((*s=*t)!= '\0')
       {
         s++;
         t++;
         i++;
       }
      return(i);
    }
```

将 s++，t++与*s=*t 结合起来，可以写成：

```
    while((*s++=*t++)!='\0') i++;
```

由于 NULL 即为'\0'，它的 ASCII 码值就为 0，而 C 语言中假用 0 表示，因此又可写成：

```
    int strcpy(char *s, char *t)
    {
      int i=0;
      while(*s++=*t++)
        i++;
      return(i);
    }
```

这样，函数 strcpy()，通过 return 语句返回从 t 复制到 s 字符串的字符个数。同时，由字符指针 s 所对应的实参的值（地址），在主调函数中可得到被复制的结果。

另外，由于数组名为数组第一个元素的地址，即指针，因而数组名也可以做函数的参数。不过，数组名做实参时，应注意数组的实际大小，不能够越界。

9.4.2 函数的返回值为指针

函数的数据类型决定了函数返回值的数据类型。一个函数可以返回一个整型值、字符值、实型值等，也可以返回指针型的数据，即地址。当函数的返回值是一个地址时，称这类函数为返回指针的函数。其一般形式如下：

```
    数据类型 *函数名(参数表)
    {
        函数体
    }
```

例如：

```
    int *f(x,y)
    {
```

...

　　}

　　f 是函数名，调用它以后可以得到一个指向整型数据的指针（地址）；x、y 是函数 f 的形式参数。在标识符 f 之前有一个"*"，由于运算符*的优先级低于()运算符，因此，f 先与()结合，指明 f 为函数。这个函数前面有一个*表示此函数的返回值为指针。最前面的 int 表明返回的指针指向整型变量。

　　在返回值为指针的函数调用时，接收该函数返回值的变量必须是指针，且该指针类型与函数返回值的指针类型相同。

　　在函数调用之前还需要对函数说明，说明的一般形式如下：

　　　数据类型 *函数名();

　　【例 9.22】在一个字符数组中查找一个给定的字符，如果找到则输出以该字符开始的字符串，否则输出"NO FOUND THIS CHARACTER"。

```c
#include "stdio.h"
main()
{
  char s[80],*p,ch,*match();              /*--①--*/
  gets(s);
  ch=getchar();                          /*--②--*/
  p=match(ch,s);                         /*--③--*/
  if(p)
    printf("there is the string: %s\n",p);  /*--④--*/
  else
    printf("NO FOUND THIS CHARACTER\n");
}
char *match(char c,char *s)              /*--⑤--*/
{
  int count=0;
  while(c!=s[count]&&s[count]!= '\0')
    count++;                            /*--⑥--*/
  if(c==s[count])                       /*--⑦--*/
    return(&s[count]);
  return(0);
}
```

　　运行输入：

```
wertypooypi
y
```

　　运行结果：

```
there is the string:ypooypi
```

　程序说明：

　　（1）语句行①定义了字符数组 s[ ]，字符变量 ch，字符型指针 p 以及返回指向字符的指针函数 match()的说明。

　　（2）语句行②用 getchar()函数读取一个字符并赋给 ch，将查找它是否在由 get(s)输入的字符串中。

　　（3）语句行③调用 match()函数进行查找，其返回值赋给字符指针变量 p。

　　（4）语句行④如返回值非零则输出该字符开始的子字符串，否则输出"NO FOUND THIS CHARACTER"。此处 p 的真或假（实质为零或非零），表明指针变量 p 是否为空指针。

（5）语句行⑤定义返回值为字符指针的函数，c、s 分别为字符型和字符指针的形式参数。c 接收的是待查找的字符，采用传值方式传递数据；s 接收的是被查字符串的首地址，采用的是传址方式传递数据。

（6）语句行⑥用 while 循环进行查找，其控制表达式如下：

```
c!=s[count]&&s[count]!='\0';
```

只有在查到或被查找字符串已经结束时才结束循环，否则继续往下查找。

（7）语句行⑦退出循环后检查 c 与 s[count]是否相等，如相等则表明找到了，否则表明没有找到。

9.4.3 指向函数的指针

在 C 语言中，函数的定义是不能嵌套的，即不能在一个函数的定义中再对其他函数进行定义。整个函数也不能作为参数在函数之间进行传递。那么，怎样实现整个函数在函数之间的传递呢？

由于数组名表示该数组在内存区域的首地址，可以把数组名赋予具有相同数据类型的指针变量，使指针指向该数组。函数名也具有数组名的上述特性，即函数名表示该函数在内存存储区域的首地址，即函数执行的入口地址。在程序中调用函数时，程序控制流程转移的位置就是函数名给定的入口地址。

把一个函数名赋给指针变量时，指针变量的内容就是该函数在内存存储区域的首地址。把这种指针称为指向函数的指针，简称为函数指针。其一般形式如下：

　　　　数据类型　(*函数指针名)()

其存储类型是函数指针本身的存储属性，数据类型则是函数指针所指向的函数所具有的数据类型。

函数指针和其他指针的性质基本相同。例如，在程序中不能使用不确定的函数指针。函数指针被赋予某个函数名时，该函数指针就指向被赋予函数名的那个函数。对于有一定指向的函数指针进行取内容"*"运算时，其结果是将程序的控制流程转移到函数指针所指向的地址，执行该函数体。还有，数据指针指向的是数据存储区，而函数指针则指向的是代码存储区。由于程序块（函数）是语句的集合，它们构成操作的完整含义，每条孤立的语句都是无意义的，所以对函数指针不能实施指针的其他有关运算（例如，加 1 或减 1 操作）。函数指针的作用是在函数间传递整个函数，这种传递不是传递数据，而是传递入口地址，即传递函数的调用控制权。

注意以下说明的不同含义：

int f1();是普通函数的说明。

int *f2();表示 f2()函数返回值为指向 int 的指针。

int (*f3)();表示 f3 为指向函数的指针变量，该函数返回一个整型量。

【例 9.23】函数在函数间的传递。

```
#include "stdio.h"
#include "string.h"
main()
{
    int strcmp();                           /*--①--*/
    char s1[80],s2[80];
    int (*p)();
    p=strcmp;                               /*--②--*/
    gets(s1);
```

```
        gets(s2);
        check(s1,s2,p);                         /*--③--*/
    }
    check(char *a, char *b, int (*cmp)())       /*--④--*/
    {
        printf("testing for equality\n");
        if(!(*cmp)(a,b))                        /*--⑤--*/
            printf("equal\n");
        else
            printf("not equal\n");
    }
```

运行输入：

```
    tyuuiui
    hfdg
```

运行结果：

```
    testing for equality
    not equal
```

程序说明：

（1）语句行①说明返回值为整型的字符比较函数 strcmp()。有的读者可能会问，不是说过，对整型函数可以不必说明就调用吗？是的，但那只限于函数调用时，在函数名后面跟着圆括号和实参，编译系统编译时能根据此形式判定它是函数调用。而现在是只用函数名做实参，后边没有圆括号和参数，编译系统无法确定是变量名还是函数名。故应在说明部分说明其是函数名，这样在编译时，将它们做函数名处理，不至于出错。

（2）语句行②将 strcmp 赋给 p，使 p 的内容是 strcmp()函数的入口地址。

（3）语句行③是函数调用 check(s1,s2,p)的形式参数是字符数组 s1、s2 和函数的入口地址 p。当然，也可以直接使用函数名调用 check(s1,s2,strcmp)，不过与②相关的操作就是多余的了。

（4）语句行④是 check(char *a,char *b,int(*cmp)())函数，其形式参数 a、b 是字符型指针，cmp 是指向函数的指针，cmp 用于接收主调函数的实参——函数名，即函数的入口地址。

（5）语句行⑤是函数调用(*cmp)(a,b)，函数指针 cmp 指明要调用的函数。其第一个圆括号决定运算顺序，第二个圆括号是函数的实参所要求的。其被调函数的返回值作为 if 语句中的条件表达式以判断两个字符串是否相等。

从上述执行结果来看，使用函数指针调用函数等价于 strcmp(a,b)函数的直接调用。本例只是为了讲述函数传递使用的简单例子。在需要把几个不同函数传递给同一执行过程时，才显出指向函数的指针的优越性。

【例 9.24】检查输入数字或字符串的相等性。

```
    #include "stdio.h"
    #include "string.h"
    #include "stdlib.h"
    #include "ctype.h"
    main()
    {
        int strcmp(),numcmp();      /*--①--*/
        char s1[80],s2[80];
        printf("please input 2 strings\n");
```

```
          gets(s1);
          gets(s2);
          if(isalpha(*s1))              /*--②--*/
            check(s1,s2,strcmp);        /*--③--*/
          else
            check(s1,s2,numcmp);        /*--④--*/
        }
      numcmp(char *a,char *b)           /*--⑤--*/
      {
        if(atoi(a)==atoi(b))            /*--⑥--*/
          return(0);
        else
          return(1);
      }
```

注意：check()与上一例题相同。

运行输入：

```
please input 2 strings
456
456
```

运行结果：

```
testing for equality
equal
```

程序说明：

（1）语句行①中说明整型函数 strcmp()和 numcmp()。

（2）语句行②中 isalpha(*s1)函数用于检测被测数据是否为字符串，若是字符串则选择 check(s1,s2, strcmp)函数。isalpha()函数包含在文件 ctype.h 中。

（3）语句行③是字符串，则将字符串比较函数名作为实参，调用 check(s1,s2,strcmp)。

（4）语句行④是数字字符串，则调用 check(s1,s2,numcmp)，而以函数 numcmp()作为一个实参调用 check()函数。

（5）语句行⑤是数字比较函数，因为 C 语言中无数字比较库函数，故编一个数字比较函数。

（6）语句行⑥的 atoi()函数是将数字字符串转换为数值的函数，其包含文件是 stdlib.h。

注意：

（1）函数的调用可以通过函数名调用，也可以通过函数指针调用。

（2）(*cmp)()表示定义一个指向函数的指针变量，它不是固定指向哪一个函数，而只是表示定义了这样一个类型的变量，它是专门用来存放函数入口地址的。在程序中把哪个函数的地址赋予它，它就指向哪一个函数。它可以在不同时刻指向不同的函数。

（3）在给函数指针变量赋值时，只需给出函数名，而无需带圆括号和参数，这也就是无论什么样的函数都需要说明的原因。

（4）用函数指针调用函数时，只需用（*函数指针名）代替函数名，在其后带上圆括号和实参。例如，调用 pf 指向的函数，其实参是 x、y，其结果赋予 w，应该写为

```
          w=(*pf)(x,y);
```

（5）对指向函数的指针变量进行算术运算是无意义的。

（6）和其他指针一样，函数指针也可以构成函数指针数组。在函数指针数组中每个元素都是指向函数的指针。

9.4.4 命令行参数

在 C 语言中，每一个程序由若干个函数所组成，而每个函数都可以带参数，且实参由主调函数提供，那么主函数能否带参数？如果能，那其形参是如何表示的，实参又是谁提供的呢？

在操作系统状态下，为了实现某种工作而输入一行字符称为命令行。命令行一般以回车键 <CR>作为结束符。命令行中必须有可执行文件名，此外还经常有若干参数。例如，在 DOS 中，比较两个文件是否相同的操作如下：

```
C>comp file1 file2 <CR>
```

其中，comp 为可执行文件名，file1、file2 是命令行参数。在命令行中可执行文件名与各个参数及各参数之间用空格分隔，而可执行文件名和各个参数中不准带有空格符。

在 ANSI C 编译系统中，将 C 语言程序，即 main()看做是由操作系统调用的函数。从而在操作系统看来，main()函数也是被调用函数，可以带参数，且它的实参在程序执行时由命令行提供给它。事实上，在程序中处理命令行参数是多级指针的工作方式。带有参数的 main()函数，一般有下列形式如下：

```
main(int argc, char *argv[])
{
    ...
}
```

main()函数带有两个形式参数 argc 和 argv，这两个参数的名字可以由用户任意命名，但习惯上都使用上述名字。从参数说明中可以看出，形式参数 argc 是整型的，argv 则是字符型指针数组，它指向多个字符串。这些参数在程序运行时由操作系统对它们进行初始化。初始化的结果：argc 的值是命令行中可执行文件名和所有参数串的个数之和。argv[]指针数组的各个指针分别指向命令行中可执行文件名和所有参数的字符串，其中指针数组 argv[0]总是指向可执行文件名字符串。从 argv[1]开始依次指向命令行参数的各个字符串。

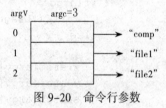

图 9-20 命令行参数

例如，输入命令行为：

```
comp file1 file2
```

则程序接收的参数如图 9-20 所示。

【例 9.25】在程序中输出命令行参数的内容。

```
#include "stdio.h"
main(int argc, char *argv[])
{
  int i;
  printf("argc=%d\n",argc);              /*--①--*/
  printf("command name:%s\n",argv[0]);   /*--②--*/
  for(i=1;i<argc;i++)                     /*--③--*/
    printf("Argument %d:%s\n",i,argv[i]);
}
```

假若本程序的文件名为 tang.c，经编译连接后得到的可执行文件名为 tang.exe，则在操作命令工作方式下，可以输入以下命令行：

```
         C>tang ddd hope
```

运行结果：

```
    argc=3
    command name: C: \TC\tang.EXE
    Argument1:ddd
    Argument2:hope
```

程序说明：

（1）语句行①输出命令行参数个数。

（2）语句行②输出可执行文件名（可执行文件在 C 盘的 TC 目录下，文件名为 tang.exe）。

（3）语句行③输出各个参数值。

（4）由于指针和字符串数组的等价性，形式参数 argv 也可以使用二级指针形式，可将例 9.24 程序中语句行③中的 for 循环改为 while 循环，将*argv[]改为**argv，将 argv[i]改为*argv++即可，其程序如下：

```
    #include "stdio.h"
    main(int argc, char **argv)
    {
      int i=1;
      printf("argc=%d\n",argc);
      printf("command name:%s\n",*argv++);
      while(--argc>0)
        printf("Argument %d:%s\n",i++,*argv++);
    }
```

【例 9.26】用命令行参数带入两个整数及运算符，根据运算符计算结果。

```
    #include "stdio.h"
    main(int argc, char *argv[])
    {
      int x,y,result;
      if(argc!=4)
        printf("Usage:ERROR!\n");        /*--①--*/
      else
        {
        x=atoi(argv[2]);                 /*--②--*/
        y=atoi(argv[3]);                 /*--③--*/
        switch(argv[1][0])               /*--④--*/
          {
          case '+':
            result=x+y;
            break;
          case '-':
            result=x-y;
            break;
          case '*':
            result=x*y;
            break;
          case '/':
            if(!y)                       /*--⑤--*/
              {
              printf("Divide overflow!\n");
```

```
            exit(0);
        }
        result=x/y;
        break;
    default:
        printf("Operat type error!\n");
        result=0;
        break;
    }
    printf("%d%c%d=%d\n",x,*argv[1],y,result);  /*--⑥--*/
    }
}
```

假若本程序的文件名为 e723.c，经编译连接后得到的可执行文件名为 e723.exe，则在操作命令工作方式下，可以输入以下命令行：

```
    C>e723  *  3  4
```

运行结果：

```
    3*4=12
```

如输入：

```
    C>e723  /  56  0
```

则输出：

```
    Divide overflow!
```

程序的执行方式：

    可执行文件名 操作符 数值 1 数值 2

在本例中，可执行文件名为 e723.exe。

程序说明：

（1）语句行①对于不满足上述 4 个参数的格式的命令行将报错。

（2）语句行②、③由于命令行给出的参数均为字符串，因此必须将数值串转化为数值。

（3）语句行④按照规定的格式，argv[1][0]为操作符，此处不能写成 argv[1]。根据每次给出的操作符，进行相应的计算。

（4）语句行⑤对除法运算，处理除数为 0 的非法情况，给出错误信息并结束程序。

（5）语句行⑥按照操作含义，打印出操作表达式及值。

命令行参数非常有用，利用它可以编写一些实用程序，参见本书有关文件操作的内容。

9.5 指针与结构体

在 C 语言中，对于结构体变量也可用一个指针变量来指向，这称为指向结构体的指针，简称结构体指针。

9.5.1 结构体指针与指向结构体数组的指针

1. 结构体指针的定义及使用

一个结构体指针变量保存的是结构体的存储空间的首地址。

结构体指针定义的一般形式如下：

    struct 结构体名 *结构体指针变量名；

例如：

```
struct student
{
  long int num;
  char name[20];
  char sex;
}st;
struct student *p;
p=&st;
```

student 为结构体名，p 为指向结构体类型 struct student 的指针变量，st 为结构体类型 struct student 的变量，经过 p=&st 之后，p 指向结构体变量 st 的首地址。

对于结构体指针变量的操作，与前面介绍的其他类型指针变量相同，例如，指针变量可以加 1 或减 1，只不过跳过的字节数取决于所指结构体类型的长度；结构体指针变量也可以做函数的参数或函数的返回值；指向相同结构体类型的指针变量可以组成一个数组，即结构体指针数组。在程序中，结构体指针变量通过运算符 "*" 可以访问其目标结构体。

采用*或->方式，可以访问结构体成员，表示方式如下：

　　(*结构体指针变量名).成员名

或

　　结构体指针变量名->成员名

前面的圆括号是必需的，它表示先访问结构体指针变量名所指向的目标结构体，再访问该结构体成员；后者是使用结构体指针访问成员的一种简明表示方法。两者完全等价。

"->" 是由减号和大于号组成的一个运算符，在所有的运算符中其优先级最高。

因此，访问成员的方法有 3 种：

（1）结构体变量.成员名

（2）(*结构体指针).成员名

（3）结构体指针->成员名

它们是等效的。如果结构体指针被赋予某结构体的首地址，则下述操作的含义如下：

p->n; 表示得到指针 p 所指向的结构体变量中的成员 n 的值。

p->n++; 表示得到指针 p 所指向的结构体变量中的成员 n 的值，然后该值再加 1。

++p->n; 表示得到指针 p 所指向的结构体变量的成员 n 的值再加 1 的值。

2. 指向结构体数组的指针

【例 9.27】使用结构体指针访问结构体的成员。

```
#include "stdio.h"
struct student
{
  int num;
  char name[20];
  char sex;
}st[]={ 2001,"LiMing",'M',
        2002,"Wangfang",'F',
        2003,"ZhangRong",'M' };          /*--①--*/
main()
{
  int i;
```

```
    struct student *p;                         /*--②--*/
    p=&st[0];                                  /*--③--*/
    for(i=0;i<3;i++,p++)
      printf("%d,%s,%c\n",p->num,(*p).name,st[i].sex);   /*--④--*/
    }
```

运行结果：

```
    2001,LiMing,M
    2002,Wangfang,F
    2003,ZhangRong,M
```

程序说明：

（1）语句行①定义了一个结构体数组 st[ ]，并对其进行了初始化。

（2）语句行②定义了一个指向结构体的指针变量 p。

（3）语句行③对结构体指针变量 p 赋值，使其指向数组 st[ ]的第一个成员的地址。

（4）语句行④用 3 种方法访问结构体成员：用结构体指针 p++，使结构体指针 p 分别指向结构体数组的元素 st[0]、st[1]、st[2]。本例中 st[0]、st[1]、st[2]每个数组元素占 23 字节存储空间，此处指针加 1 操作使 p 指向下个结构体数组元素，同时跳过 23 字节的存储空间。

3．结构体的自使用与链表

一个结构体中的成员可以是整型、字符型，也可以是数组或其他的结构体类型变量，但不能是其本身。这是因为，结构体的长度必须在编译时确定，包含自身结构体变量的结构，其长度无法计算。有了结构体指针以后，可以用一个指向其自身的结构体类型指针变量来实现包含自身的情况，即所谓的结构体自使用。

其一般形式如下：

```
    struct node
    {
      int data;
      struct node * next;
    };
```

其中，next 是成员名，它是指向其自身的指针变量。这种方法一般用在数据结构的链表中。

注意：上面只定义了一个 struct node 的结构类型。next 只是一个指向结构体的指针，其长度可以确定，即一个普通指针变量的长度，但它并没有指向实际的结构体变量地址。

9.5.2 结构体指针与函数

在上一节讨论到调用函数时，可以采用传值方式，把整个结构体作为参数传递给函数，包括结构体中的每个成员；函数的返回值也可以是一个结构体变量。事实上，也可以采用传递地址方式，把结构体的存储首地址作为参数传递给函数。在被调用函数中用指向相同结构体类型的指针接收该地址值，然后通过结构体指针来处理结构体各成员项的数据。同理，函数返回值也可以是一个指向结构体的指针。

1．结构体指针做函数的参数

【例 9.28】结构体指针做参数。

```
    struct s
    {
      int i;
```

```
        char c;
    }st={125, 'A'};                              /*--①--*/
    main()
    {
      printf("The old data:\n");
      printf("\ti=%d\tc=%c\n",st.i,st.c);        /*--②--*/
      sub(&st);                                  /*--③--*/
      printf("The new data:\n");
      printf("\ti=%d\tc=%c\n",st.i,st.c);        /*--④--*/
    }
    sub(struct s *sa)
    {
      (*sa).i=2;                /*--⑤--*/
      (*sa).c=(*sa).c+1;        /*--⑥--*/
    }
```

运行结果：

```
The old data:
        i=125           c=A
The new data:
        i=2             c=B
```

程序说明：

（1）语句行①定义一个结构体类型 s 及结构体变量 st，并对结构体变量 st 进行初始化。

（2）语句行②通过 "." 访问方式，打印结构体变量中的每个成员。

（3）语句行③将结构体变量地址 &st 作为实参传递给函数 sub()，在 sub()函数中对结构体指针所指的结构体成员进行修改。

（4）语句行④通过 "." 访问方式，打印修改后结构体变量中的每个成员。

（5）语句行⑤、⑥对主调函数传递过来的实参所指的结构体变量进行修改。此处，(*sa).i=2 可以写成 sa->i=2，两者完全等价。

将整个结构体变量做参数同用指向结构体变量的指针做参数，在功能上是完全等价的。但前者要将全部成员值一个一个地传递，费时间又费空间，开销大。如果结构体类型中的成员比较多，则程序运行的效率会大大降低，而用指针做函数比较好，能提高运行效率。

2．函数返回值为结构体指针

前面已叙述，函数的返回值可以是指针，自然也可以是指向结构体变量的指针。在程序中使用返回值作为结构体指针的函数，需在使用之前在分程序的数据说明部分对其进行说明。

用于接收函数返回值的变量必须是具有相同结构体类型的结构体指针变量。返回值为结构体指针的函数的定义形式如下：

```
    struct 结构体类型名 *函数名(形式参数表)
```

形式参数表说明如下：

```
    {
      ...
    }
```

返回值为结构体指针的函数的说明形式如下：

```
    struct  结构体类型名 *函数名()
```

【例 9.29】函数返回指向结构体的指针。

```
struct s
{
  int i;
  char c;
}*sp;                                     /*--①--*/
main()
{
  struct s *sub();                        /*--②--*/
  sp=sub();                               /*--③--*/
  printf("The data:\n");
  printf("i=%d\tc=%c\n",sp->i,(*sp).c);   /*--④--*/
}
struct s *sub()                           /*--⑤--*/
{
  char *malloc();                         /*--⑥--*/
  struct s *sv;
  sv=(struct s *)malloc(sizeof(struct s)); /*--⑦--*/
  sv->i=5;                                /*--⑧--*/
  sv->c='B';
  return(sv);                             /*--⑨--*/
}
```

运行结果:

```
The data:
i=5      c=B
```

程序说明:

（1）语句行①定义一个结构体类型 s 及结构体指针 sp。

（2）语句行②说明将要调用的函数 sub()，其返回值为指针。

（3）语句行③调用 sub()函数，并将返回值赋给结构体指针变量 sp。

（4）语句行④通过 "." 及 "->" 访问方式，打印函数返回值所指结构体变量中的每个成员。

（5）语句行⑤定义了一个返回值为结构体指针的函数 sub()。

（6）语句行⑥库函数 malloc(size)，功能为申请 size 字节的存储空间，返回值为字符指针。

（7）语句行⑦申请结构体类型 struct s 大小的一个存储空间，并将该存储空间的首地址返回给结构体指针变量 sv。此处必须进行指针类型强制转换，以保证指针类型相同。

（8）语句行⑧对结构体指针变量 sv 所指的结构体变量的成员赋值。

（9）语句行⑨返回结构体指针变量 sv。

9.6　链　表

前面讨论的各种基本类型和组合类型的数据所占存储空间的大小在程序说明部分已经确定。而在实际应用中，经常会遇到需要处理的数据量事先不能确定，而在程序运行过程中，数据量经常改变。如果事先定义变量，势必会出现定义大了造成系统资源的浪费，定义小了又满足不了要求。动态数据结构是在程序运行过程中动态建立起来的，链表就是动态地进行存储分配的一种结构，它是一种常见的重要数据结构。

9.6.1 链表和动态存储分配

数组作为存放同类数据的集合，在程序设计时会带来很多的方便，增加了灵活性。但数组也同样存在一些弊病。如数组的大小在定义时要事先规定，不能在程序中进行调整。这样一来，在程序设计中针对不同问题有时需要 10 个大小的数组，有时需要 100 个大小的数组，难于统一，因此只能够根据可能的最大需求来定义数组，常常会造成一定存储空间的浪费。

我们希望构造动态的数组，这样就可以随时调整数组的大小，以满足不同问题的需要。链表就是需要的动态数组，它在程序的执行过程中根据需要即只要有数据存储就向系统申请存储空间，决不造成存储区的浪费。

链表是一种复杂的数据结构，其数据之间的相互关系使链表分成 3 种：单链表、循环链表、双向链表，下面只以简单链表为例来介绍。

链表由结点元素组成。为了适应链表的存储结构，计算机存储空间被划分成一个个小块，每一小块占若干字节，通常这些小块称为存储结点。

为了存储链表中的每一个元素，一方面要存储数据元素的值，另一方面要存储数据元素之间的链接关系。为此目的，将存储空间中的每一个存储结点分为两部分：一部分用于存储数据元素的值，称为数据域；另一部分用于存放下一个数据元素的存储序号（即存储结点的地址），称为指针域。

一般来说，在链表中，各数据结点的存储序号是不连续的，并且各结点在存储空间中的位置关系与逻辑关系也不一致，各数据元素之间的前后关系由各结点的指针域来指示，图 9-21 所示为一个简单的链表。

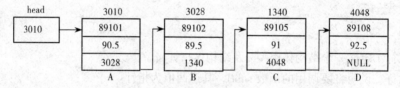

图 9-21　简单的链表

这个链表包括 4 个"结点"，每个结点包含一些有用的数据（如学号，成绩）。在这个"结点"内设置了一个指针项，它用来存放下一个结点的地址。所谓"前面一个结点指向下一个结点"就是通过这个地址来实现的。只要找到前一个结点，就可以找到下一个结点的地址，从而找到下一个结点。这里还有两个问题未解决：①第一个结点怎么找？②最后一个结点中的指针域应存放什么地址？

可以再设一个指针变量，其中存放第一个结点的地址，称为"头指针"，一般以 head 命名。其结构和一般结点不同，它不包含地址以外的数据。最后一个结点不指向任何结点，故赋以值 NULL。NULL 是一个符号常量，被定义为 0，即将 0 地址赋给最后一个结点中的地址项。0 地址是不放任何数据的，这就使最后一个结点不指向任何数据。

可以看到，链表中各结点在内存中并不是占连续的一片内存单元。各个结点可以分别存放在内存的各个位置，只要知道其地址，就可以访问此结点。

如果想增加一个结点 B' 到第二、三个结点（B 和 C）之间，只需将结点 B 中的地址改为新结点 B' 的地址，而将结点 C 的地址赋给新结点 B' 中的地址即可，如图 9-22 所示。

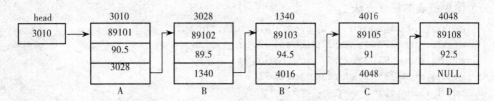

图 9-22　在 B 和 C 之间增加一个结点 B'

这样就使链表增加了一个结点，结点 B 指向新结点 B'，新结点 B' 又指向结点 C，此时链表共有 5 个结点。这就实现了动态存储分配，可以根据需要不断增加新结点。

如果想从已有的链表中删除一个结点，例如，想将学号为 89105 的结点删去，也可以通过改变有关结点中的地址来实现，如图 9-23 所示。

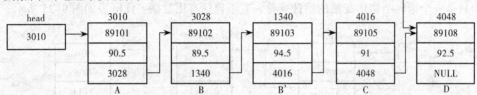

图 9-23　删除一个结点

此时，结点 B' 指向的下一个结点已不是结点 C，而是结点 D 了，通过 B' 能 "顺藤摸瓜" 找到 D。有人可能认为：通过结点 C 不也可以找到 D 吗？的确，结点 C 也指向 D，但 C 的前头的 "链" 断开了，无法通过任何结点来找到 C，因此，C 虽存在，但已不在链表之中了。在链表中的结点顺序是 A – B – B'–D。

9.6.2　用包含指针项的结构体变量构成结点

从上面的介绍可以知道：链表中的每一个结点是由两部分组成的：①对用户有用的数据，这是链表的结点的实体部分。例如，图 9-22 中每一结点中的学号和成绩。②用来存放下一个结点地址的一个指针类型数据项。这是用来建立结点间的联系的，即用它来构成 "链"。

用 C 语言来实现链表这种数据结构是很方便的，包含指针项的结构体变量就是一个结点。对于图 9-22 中的结点，可以用下面形式定义数据类型。结点结构如图 9-24 所示。

```
struct stud_score
{
    long num;
    float score;
    struct stud_score *next;
}
```

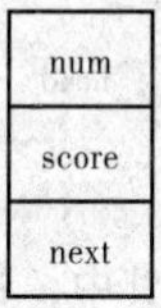

图 9-24　结点结构

其中，num 和 score 成员用来存放学号和成绩；next 是指针变量，指向 struct stud_score 类型的变量。这是什么意思呢？从图 9-22 可以看到，结点 A 中的指针成员指向结点 B，而结点 B 是什么类型呢？它与结点 A 同一类型。这种用同一类型的结点形成的链表称为同质链表。它是使用最普遍的链表。在上述同质链表中，next 指针项必须指向与 next 所在的结点是同一类型的结点。对上面这个具体例子来说，next 属于一个 struct stud_score 类型的结点，而它指向的必定也是 struct stud_score 类型的结点。下面就用上面的 stud_score 类型来举例说明链表的建立方法。

一个简单链表的建立方法。

```
struct stud_score stud1,stud2,stud3,*head;
stud1.num=89101;stud1.score=89.5;
stud2.num=89102;stud2.score=90.5;
stud3.num=89103;stud3.score=94.5;
head =&stud1;
stud1.next=&stud2;
stud2.next=&stud3;
stud3.next=NULL;
```

用户不必具体了解和过问每个结点中next成员的值是什么？只要将需要链入的下一结点的地址赋给它即可。而系统在对程序编译时自动对每一个变量分配确定的地址。

把&stud2赋给stud1.next就是将stud2结点链接到stud1后面。注意：head 不是一个结构体变量而只是一个指向结构体变量的指针变量，它不包括有用数据。此链表如图9-25所示。

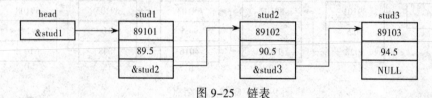

图 9-25　链表

如果想输出第一个结点stud1中的学号和分数，可以直接用stud1.num和stud1.score，也可以间接地通过head来引用，即head→num, head→score。要引用stud2中的数据，可以用stud1.next→num和 stud1.next→score。由于圆点运算符和"→"运算符优先级别相同，结合方向均为由左向右，因此它们相当于（stud1.next）→num 和（stud1.next）→score。stud1.next是一个结点stud1中的next成员项，它是一个指针项，存放了&stud2。

以上的方法虽然也能实现简单的链表结构，但它必须在程序中事先定义确定个数的结构体变量（结点），这就缺乏灵活性，想再增加一个结点就要修改程序，而且所有结点都自始至终占据内存单元，而不是动态地进行存储分配。因此，实际上是很少用这种办法来构成链表的。而为了能动态地开辟和释放内存单元，要用到C标准库函数中的malloc()函数和free()函数。

【例9.30】建立一个链表，数据从键盘读取，链表的首结点由head返回。

建立一条数据结构中的链表，形状如图9-26所示。

图 9-26　利用结构体的自使用建立一条链表

其中，每一方块为一结点，它包括一个数据区和一个指针区。数据区用于存放各种数据（用户根据需要定义），指针区用于连接各个结点。head 表示该链的开始，必须保存，如果丢失，则无法访问到此链。下面是建立一个链表的程序，数据从键盘读取，链表的首结点由head返回。

```
#define NULL 0
struct node
{
  int data;
  struct node *next;
};                              /*--①--*/
struct node *creat()            /*--②--*/
```

```
{
    struct node *p,*head;
    char *malloc();
    int i;
    head=NULL;
    for(i=0;i<5;i++)                         /*--③--*/
     {
       p=(struct node *)malloc(sizeof(*p)); /*--④--*/
       if(p==NULL)
       {
         printf("Memory is too small !\n");
         exit(0);
       }
       scanf("%d",&p->data);                 /*--⑤--*/
       p->next=NULL;
       if(head==NULL)                        /*--⑥--*/
         head=p;
       else                                  /*--⑦--*/
         {
           p->next=head;
           head=p;
         }
     }
    return(head);                            /*--⑧--*/
}
main()
{
    struct node * Head,*np;
    Head=creat();
    if(Head==NULL)
      printf("Creat link error!\n");
    else
      for(np=Head;np!=NULL;np=np->next)      /*--⑨--*/
        printf("%d\t",np->data);
}
```

运行输入：

　　1 2 3 4 5

运行结果：

　　5　　4　　3　　2　　1

程序说明：

（1）语句行①定义一个结构体类型 node。

（2）语句行②定义链表建立函数 creat()，其返回值为结构体指针。

（3）语句行③建立只有 5 个结点的链表。

（4）语句行④申请结构体类型 struct node 大小的一个存储空间，用于存放数据及指针。

（5）语句行⑤读取一个整型数并赋给每一个结点的数据区。

（6）语句行⑥第一个链结点的处理。

（7）语句行⑦中间结点的处理。

（8）语句行⑧返回结构体指针变量，即链表的首结点指针。

（9）语句行⑨打印链表中每个结点数据值。

注意：在添加链表的结点过程中，后面加入的结点是插在链表的最前面，因此输出数据的次序与输入数据的次序相反。同理，可以对链表进行插入或删除操作，或者进行数据结构的其他操作。

9.6.3　用于动态存储分配的函数

ANSI C 要求各 C 编译版本提供的标准库函数中应包括动态存储分配的函数，它们是：

```
malloc()
calloc()
free()
realloc()
```

1．malloc()函数

其作用是在内存开辟指定大小的存储空间，并将此存储空间的起始地址作为函数值带回。malloc 函数的模型（原型）如下：

```
void *malloc(unsigned int size)
```

其形参 size 为无符号整形。函数值为指针（地址），这个指针是指向 void 型的，即不规定指向任何具体的类型。如果想将这个指针赋给其它类型的指针变量，应当进行显式的转换（强制类型转换）。例如，可以用 malloc(8)来开辟一个长度为 8 字节的内存空间。如果系统分配的此段空间的起始地址为 1268，则 malloc(8)的函数返回值为 1268。这个返回的指针指向 void 型，如果想把此地址赋给一个指向 long 型的指针变量 p，则就进行以下显示转换：

```
p=(long *)malloc(8);
```

应当指出，指向 void 类型是 ANSI C 建议的，但现在使用的许多 C 系统提供的 malloc()函数返回的指针是指向 char 型的，即其函数模型为：

```
char *malloc (unsigned int size)
```

在使用指向 char 型的函数返回指针并将它赋给其他类型的指针变量时，也就进行类似的强制类型转换。因此对程序设计者来说，无论函数返回的指针是指向 void 还是指向 char 型，用法是一样的。

如果内存缺乏足够大的空间进行分配，则 malloc()函数值为"空指针"，即地址为 0。

2．calloc()函数

其函数模型为：

```
void *calloc(unsigned int num,unsigned int size)
```

它有两个形参 num 和 size，其作用是分配 num 个大小为 size 字节的空间。例如，用 calloc（10,20）可以开辟 10 个（每个大小为 20 字节）空间，即总长为 200 字节。此函数返回值为该空间的首地址）。

3．free()函数

其模型为：

```
void free (void *ptr)
```

其作用是将指针变量 ptr 指向的存储空间释放，即交还给系统，系统可以另分配另作它用。应当强调，ptr 值不能是任意地地址，而只能是由在程序中执行过的 malloc()或 calloc()函数所返回的地址。如果随便写，如 free（100）是不行的，因为系统怎么知道释放多大的存储空间呢？下面这样写是可以的。

```
p=(long *)malloc(8);
free(p);
```

它把原先开辟的 8 字节的空间释放，虽然 p 是指向 long 型的，但可以传给指向 void 型的指针变量 ptr，系统会使其自动转换的。free()函数无返回值。

4．realloc()函数

用来使已分配的空间改变大小，即重新分配。其模型为：

```
void *realloc(void *ptr,unsigned int size)
```

作用是将 ptr 指向的存储区（原先用 malloc()函数分配的）的大小改为 size 字节。可以使原先的分配区扩大也可以缩小。其函数返回值是一个指针，即新的存储区的首地址。应指出，新的首地址不一定与原首地址相同，因为为了增加空间，存储区会进行必要的移动。

ANSI C 标准要求在使用动态分配函数时要用#include 命令将 stdlib.h 文件包含进来，在 stdlib.h 文件中包含有关的信息。但在目前使用的一些 C 系统中，用的是 malloc.h，而不是 stdlib.h。在使用时请注意本系统的规定，也有的系统则不要求包括任何"头文件"。

9.6.4　链表应用举例

【例 9.31】用链表存放学生数据。

用结构体数组来存放学生数据是静态存储方法，浪费内存空间。现在改用链表来处理，每一结点中存放一个学生的数据。

程序由 3 个函数组成，new_record()函数用来新增加一个结点，listall()函数用来打印输出已有的全部结点中的数据。程序开始运行时若输入"E"或"e"则表示要进行增加新结点的操作，若输入"L"或"l"，表示要输出所有结点中数据。

先列出程序，然后对其作必要说明。

```
#include "stdlib.h"
struct stud
{
  char name[20];
  long name;
  int age;
  char sex;
  float score;
  struct stud *next;
} ;
struct stud *head,*this ,*new;

main()
{
  char ch;
  int flag=1;
  head=NULL;
  while(flag)
  { printf("\ntype 'E' or 'e'to enter new record,");
    ch=getchar();
    switch(ch)
    { case 'e':
      case 'E':new _record();break;
      case 'l':
```

```
        case 'L':listall();break;
        default:flag=0;
        } /*end switch*/
    } /*end while*/
} /*end main*/


void new_record(void)
{
  char numstr[20];
  new=(struct stud *) malloc (sizeof(struct stud));  /*开辟新结点/*
  if (head==NULL)   /*原来为空表*/
    head=new;
  else
  { this=head;
    while (this->next!=NULL)
      this=this->next;
    this->next=new;
  }
  this=new;
  printf("\enter name:");
  gets(this->name);
  printf("\nenter number:");
  gets(numstr);
  this→num=atoi(numstr);
  printf("\nenter age:");
  gets(numstr);
  this->age=atoi(numstr);
  printf("\nenter sex:");
  this->sex=getchar();
  getchar();
  printf("\nenter score:");
  gets(numstr);
  this->score=atof(numstr);
  this->next=NULL;   /*新结点不再指向其他结点*/
}


void listall(void)
{
  int i=0;
  if(head==NULL)
  { printf ("\enmpty list.\n");
    return;
  }
  this=head;
  do
  { printf("\nrecord number %d\n",++i);
    printf("name:%s\n",this->name);
    printf("num:%ld\n",this->num);
    printf("age:%d\n",this->age);
    printf("sex:%c\n",this->sex);
```

```
        printf("score:%6.2f\n",this->score);
        this=this->next;
    } while(this!=NULL);     /*打印完最后一个结点不再打印*/
}
```

运行情况如下：

```
type 'E' or 'e'to enter new record,type 'L' or 'l' to list all record:e✓
enter name:Wang Li✓
enter number:89101✓
enter age:18✓
enter sex:m✓
enter score:89.5✓
type 'E' or 'e' to enter new record,type 'L' or 'l'to list all record:e✓
enter name:Zhang Fu✓
enter number:89102✓
enter age:19✓
enter sex:m✓
enter score:90.5✓
type 'E' or 'e' to enter new record,type 'L' or 'l'to list all record:L✓
record  number 1
name:Wang Li
num:89101
age:18
sex:m
score:89.50

record  number 2
name:Zhang Fun
num:89102
age:19
sex:m
score:90.50
type 'E' or 'e' to enter new record,type 'L' or 'l'to list all record:c ✓(结束)
```

说明：

（1）从 main 前面的外部定义部分可以看到，本程序没有定义数组，而是定义了 3 个指针变量 head 、this、new，用来处理链表结点间的联系。

（2）在 main()函数中先使 head 的值为 NULL，即链表中开始是'空'的，如图 9-27（a）所示。.

（3）如果输入"e"或"E"，就执行 new-record。下面着重分析如何将一个新结点插入链表中。要开辟新结点，就要调用 malloc()函数，用 sizeof(struct stud_type)来测出每个结点的长度，这样用

```
new=(struct stud*) malloc(sizeof(struct stud));
```

就能开辟出一个 struct stud 类型的结点，它是一个结构体变量，但没有为其定义变量名。执行上面的语句后，把新结点的地址给指针变量 new。此时 new 指向新开辟的结点，如图 9-27（b）所示。

在第一次调用 new_record()函数时，head 的值为 NULL，此时应将新结点链接在 head 之后，令 head=new，就是将新结点的地址赋给 head，使 head 指向新结点，如图 9-27（c）所示（图中地址是随便写的，只是为了便于理解）。接着执行 this=new，使 this 指向当前插入的结点。

接着向新结点输入数据，所用方法与以前相同，如图 9-27（d）所示。最后使 this->next 为 NULL，也就是使这个结点不再指向其他结点（图中为简化，只画出两个成员项：学号、成绩）。

　　如果第二次输入了"e"或"E"，则在进入 new_record()函数时，初始如图 9-27（d）所示。再创建一个新结点，如图 9-27（e）。this=head 的作用是使 this 指向第一个结点，然后在 while 循环中判断 this->next 的值是否为 NULL，如果是 NULL（见图 9-27（e）），表示新结点就加在第一个结点之后，此时不执行 while 的循环体 this=this->next，而执行 this->next=new，即把新结点的地址赋给 this 所指的结点中的 next 项，即 this 所指的结点指向新结点，如图 9-27（f）所示。然后再将 new 的值赋给 this，即 this 也指向 new 的结点，再输入第二个结点的数据，并使 this->next 为"空"，如图 9-27（g）所示。

　　下面来看又增加新结点时的情况。在进入 new_record()函数时的初始状态如图 9-27(g)所示。先用 malloc()函数创建新结点，如图 9-27（h）所示。由于 head 值不为"空"，故执行 if 语句的 else 部分，使 this 指向第一结点（用 this=head 使两个指针都指向第一个结点），如图 9-27（i）所示。接着执行 while 循环，由于 this->next 不是 NULL，执行循环体 this=this->next,它的作用是把 this 所指向的下一结点的地址赋给 this。例如，开始时 this->next 值为 2150，把 2150 赋给 this，因此 this 也就指向 2150 开始的结点，就是 this 后移一个结点，this 由原来指向第一个结点改为指向第二个结点了，如图 9-27（j）所示。此时，this->next 值已是 NULL 了，不再执行循环体。如果原有结点数较多，则 while 循环使 this 一次一次地后移直到指向最后一个结点（此时 this->next 值为 NULL）为止。接着执行 this->next=new，把新结点链入最后一个结点之后，然后使 this 指向新结点，输入数据给新结点，最后使 this->next 为 NULL，如图 9-27（k）所示。

　　（4）如果在 main()函数中，输入"L"或"l"，表示要输出链表中已有全部结点。调用 listall()函数。在 listall()函数中先判断是否为"空表"（如果 head 值为 NULL，表示链表中无任何有效结点），如果是"空表"，就输出"空表"信息。然后结束函数调用。如果不是空表，就先使 this 指向第一个结点（this=head），输出此结点中数据，如图 9-27（l）所示。然后执行 this=this->next，使 this 后移一个结点，再输出 this 当前指向的结点（见虚线箭头）中数据，……，直到输出完最后一个结点中的数据为止（此时 this=NULL）

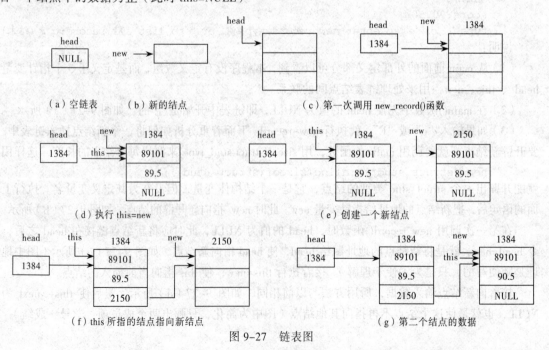

图 9-27　链表图

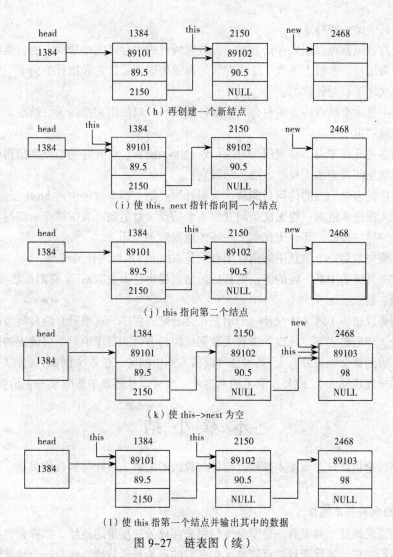

（h）再创建一个新结点

（i）使 this, next 指针指向同一个结点

（j）this 指向第二个结点

（k）使 this->next 为空

（l）使 this 指第一个结点并输出其中的数据

图 9-27　链表图（续）

N-S图分别表示 listall()和 new_record()函数的流程，分别如图 9-28 和图 9-29 所示。

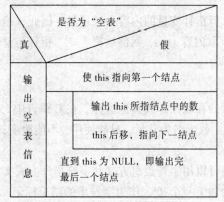

图 9-28　listall()函数的流程

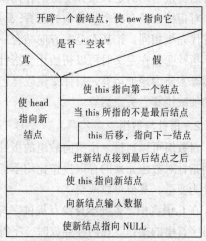

图 9-29　new_record()函数的流程

可以看出链表的一些特点：

（1）链表与数组都可以用来存储数据，但数组所占的内存区大小是固定的，而链表则是不固定的，可以随时增减，数组占连续一片内存区，而链表则不是，它靠指针指向下一个结点，各结点在内存中的次序可以是任意的。

（2）链表中每一个结点内必须包含一个指针数据项，以使用它指向下一结点，如果没有此指针项就不能形成"链"。

（3）要动态地开辟单元，必须用 malloc()或 calloc()函数。所开辟的结点是结构体类型的，但无变量名，只能用间接方法（指针方法）访问它。

（4）对单向链表中结点的访问只能从"头指针"开始（即本程序中的 head 变量）。如果没有"头指针"，就无法进入链表，也无法访问其中各个结点。对单向链表中结点的访问只能顺序地进行，如同链条一样一环扣一环，先找到上一环才能找到下一环。

（5）向链表中最后一个结点中的指针项必须是 NULL，不指向任何结点。

（6）如果断开链表中某一处的链，则其后的结点都将"失去联系"，它们虽然在内存中存在，但无法访问到它们。

通过上例可以初步了解怎样设计一个动态存储分配的程序，这里只介绍最简单的单向链表。对于双向链表、环形链表等，可以参考有关数据结构的书籍。程序中对单向链表的处理只是顺序增加新结点（放到整个链表最后），其实也可以插入到中间某一位置（例如，已按学号排好顺序，将新结点按同样规律插入）。此外，除了插入之外，也可以从链表中删除某一个结点。

本 章 小 结

本章主要讨论指针概念及基本操作、指针与数组的关系、指针与函数的关系、指针与结构体的关系。

1．指针概念及基本操作

指针为变量的地址。如果有一个变量专门用来存放另一变量的地址，则称它为指针变量。它和普通变量不同的是，指针变量的存储单元中存放的不是普通数据，而是一个地址值。

对指针变量有两个最基本的运算：&（取变量的地址）和*（间接存取）。"&"和"*"两个运算符优先级相同，按从右至左方向结合。

指针变量在定义时可以初始化。指针变量可以运算，但指针变量的内容为地址量，因此，指针运算实质为地址运算，指针变量运算包括取地址（&）、取内容（*）、赋值运算（=）、指针与整数的加减运算、关系运算。

2．指针与数组

对数组可以通过一个指向数组的指针来实现数组元素的存取操作或其他运算。在 C 语言中，使用指针对数组元素的存取操作比用下标更方便、更迅速。数组名为常量，只能使用，不能改变；指针为变量，其值可以改变。

在 C 语言中，系统本身没有提供字符串数据类型，但可以用字符数组方式和字符指针方式实现对字符串的操作。在内存存放时，字符串的最后被自动加上一个'\0'，作为字符串的结束标记。在初始化时对字符数组能整体赋值。

一个指针变量所指的数据本身又是一个指针时，就构成了多级指针。在定义时，标识符前有多少个*，即表示多少级指针变量。

一系列有序的指针集合构成数组时，就是指针数组。指针数组中的每个元素都是一个指针变量，它们具有相同的存储类型和相同的数据类型。只有 static 型和外部型的指针数组才可以进行初始化。

指针可以指向一维数组，也可以指向多维数组。

3. 指针与函数

函数的参数可以为指针类型，以实现一次调用得到多个值的效果。函数名代表内存中该函数的入口（起始）地址，因此，可以把函数名赋给一个类型相同的指针变量。

例如：

```
double (*f)(),x,sin(),cos();
    ...
f=sin;x=(*f)(30*3.14/180.0);
    ...
```

在这里，f 是一个双精度函数的指针变量，语句"f=sin;"是把 C 语言提供的内部函数 sin 的地址赋给指针变量 f。

在 C 语言中，只要与函数有关的标识符，右边的一对圆括号必不可少，但以上定义语句中(*f)()不可以写成*f()，因为()的优先级高于*号，定义语句"double *f();"定义了在本函数中将调用一个名为 f 的函数，此函数的函数值类型为 double 的指针类型。在这里 f 变成了函数名，不再是指针变量名。以上程序段中

```
x=(*f)(30*3.14/180.0);
```

语句相当于

```
x=sin(30*3.14/180.0);
```

不能写成

```
x=*f(30*3.14/180.0);
```

一对圆括号不能省略，因为这将首先执行 f(30*3.14/180.0)，变成了调用名为 f 的函数，操作显然是错误的。

函数名或指向函数指针可作为实参，把函数入口地址传送给对应的形参，使之也指向指定的函数。例如，以下主函数两次调用 tra()函数，第一次求出 60° 的正切函数值，第二次求出 60° 的余切函数值。

```
#include "math.h"
double tra(double (*f1)(),double (*f2)(),double y)
{ return((*f1)(y)/(*f2)(y));}
main()
{ double yt,yc;
  yt=tra(sin,cos,60*3.14/180.0);
  yc=tra(cos,sin,60*3.14/180.0);
   ...
}
```

当第一次调用时，指针 f1 指向 sin 的入口地址，指针 f2 指向 cos 的入口地址，60° 所对应的弧度值传送给变量 y，因此，表达式(*f1)(y)/(*f2)(y)相当于：

```
sin(60*3.14/180.0)/cos(60*3.14/180.0)
```

第二次调用时，指针 f1 指向 cos 的入口地址，f2 指向 sin 的入口地址，表达式相当于：

```
cos(60*3.14/180.0)/sin(60*3.14/180.0)
```

4. 指针与结构体

结构体指针是用一个指针变量来指向结构体变量。一个结构体指针变量，它保存的是结构体的存储空间的首地址。

访问结构体的成员有 3 种等效的方法：

- 结构体变量.成员名
- (*结构体指针).成员名
- 结构体指针->成员名

一个结构体中的成员不能是其本身。有了结构体指针，可以用一个指向其自身的结构体类型指针变量来实现包含自身的情况，即所谓的结构体自使用。利用结构体的自使用可以建立一条数据结构中的链表。

习 题 九

一、选择题

1. 经过语句"int i,a[10],*p;"定义后，下列语句中合法的是（　　　）。

   A．p=a+2;　　　　B．p=a[5];　　　　C．p=a[2]+2;　　　　D．p=&(i+2)

2. 两个指针变量不可以（　　　）。

   A．相加　　　　　B．比较　　　　C．相减　　　　D．指向同一地址

3. 下面判断正确的是（　　　）。

   A．char *a="china";等价 char *a;*a="china";

   B．char str[5]={"china"};等价于 char str[]={"china"};

   C．char *s="china"; 等价于 char *s;s="china";

   D．char c[4]= "abc",d[4]="abc";等价于 char c[4]=d[4]="abc";

4. 若有定义"int a[9],*p=a;"，在以后的语句中未改变 p 的值，不能表示 a[1]地址的是（　　　）。

   A．p++　　　　　B．a++　　　　C．a+1　　　　D．++p

5. 若有定义：int n1=0,n2,*p=&n2,*q=&n1;，以下赋值语句中与 n2=n1;语句等价的是（　　　）。

   A．*p=*q　　　　B．p=q　　　　C．*p=&n1　　　　D．p=*q

6. 若有以下的定义、说明和语句，则值为 31 的表达式是（　　　）。

   ```
   struct wc
   { int a;
     int *b;
   }*p;
   int x0[]={11,12},x1[]={31,32};
   struct wc x[2]={100,x0,300,x1};
   p=x;
   ```

   A．*p->b　　　　B．(++p)->a　　　　C．*(++p)->b　　　　D．*(p++)->b

7. 有如下语句，对 a 数组元素不正确引用的是（　　　）。

   ```
   int a[10]={0,1,2,3,4,5,6,7,8,9},*p=a;
   ```

   A．a[p-a]　　　　B．*(&a[i])　　　　C．p[i]　　　　D．*(*(a+i))

8. 有如下定义：

```
int a[3][3]={1,2,3,4,5,6,7,8,9};
int(*pt)[3]=a,*p=a[0];
```

能正确表示数组元素 a[1][2]的表达式是（　　　）。

A. *((*pt+1)[2])　　　 B. *(*(p+5))　　　 C. (*pt+1)+2　　　 D. *(*(a+1)+2)

9. 若有定义和语句：

```
int **p,*p,x=20,y=30;
pp=&p;p=&x;p=&y;
printf("%d,%d",*p,**pp);
```

则输出结果是（　　　）。

A. 20, 30　　　　　 B. 20, 20　　　　　 C. 30, 30　　　　　 D. 30, 20

10. 已定义如下函数，该函数的返回值是（　　　）。

```
fun( int *p)
{ return *p;}
```

A. 不确定的值　　　　　　　　　　 B. 形参 p 中存放的地址

C. 形参 p 所指储存单元中的值　　　 D. 形参 p 的地址

11. 若有定义 "int *p[4];"，则以下叙述中正确的是（　　　）。

A. 定义了一个基类型为 int 的指针变量 p，该变量有 4 个指针

B. 定义了一个指针数组 p，该数组含有 4 个元素，每个元素都是基类型为 int 的指针

C. 定义了一个名为*p 的整形数组，该数组含有 4 个 int 类型元素

D. 定义了一个可指向一维数组的指针变量 p，所指一维数组应具有 4 个 int 类型元素

12. 下列程序的运行结果是（　　　）。

```
main()
{ int i,a=0,b[]={1,2,3,4,5,6,7,8,9};
  for(i=0;i<9;i+=2)
  a+=*(b+i);
  printf("%d\n",a);
}
```

A. 45　　　　　　　 B. 25　　　　　　　 C. 20　　　　　　　 D. 36

13. 下列程序的运行结果是（　　　）。

```
main()
{ char c[]={"aeiou"},*p;
  p=c;
  printf("%c\n",*p+4);
}
```

A. a　　　　　　　 B. u　　　　　　　 C. e　　　　　　　 D. 元素 c[4]的地址

14. 下列程序的运行结果结果是（　　　）。

```
main()
{ int a[]={1,2,3,4},c,*p=&a[3];
  p--;
  c=*p;
  printf("c=%d\n",c);
}
```

A. c=0　　　　　　 B. c=1　　　　　　 C. c=2　　　　　　 D. c=3

15. 下列程序的运行结果是（　　）。

```
#include <stdio.h>
main()
{ int *p1,*p2.*p;
  int a=5,b=8;
  p1=&a;p2=&b;
  if(a<b){p=p1;p1=p2;p2=p;}
  printf("%d,%d",*p1,*p2);
  printf("%d,%d",a,b);
}
```

　　A. 8,5 5,8　　　　　B. 5,8 8,5　　　　　C. 5,8 5,8　　　　　D. 8,5 8,5

16. 下列程序的运行结果是（　　）。

```
main()
{ char s[]="135",*p;
  p=s;
  printf("%c",*p++);
  printf("%c",*p++);
}
```

　　A. 13　　　　　　B. 14　　　　　　C. 12　　　　　　D. 35

17. 下列程序的运行结果是（　　）。

```
fun(char *p){ p+=3;}
main()
{ char b[4]={'a','b','c','d'},*p=b;
  fun(p);
  printf("%c\n",*p);
}
```

　　A. a　　　　　　B. b　　　　　　C. c　　　　　　D. d

18. 下列程序的运行结果是（　　）。

```
#include <stdio.h>
struct STU
{ char name[10];
  int num;
};
void fun(char *name,int num)
{ struct STU s[2]={{ "SunMing",20044},{"LinLi",20045}};
  num=s[0].num;
  strcpy(name,s[0].name);
}
main()
{ struct STU s[2]={{ "YanDong",20041},{"LiDaWei",20042}},*p;
  p=&s[1];
  fun(p->name,p->num);
  printf("%s  %d\n",p->name,p->num);
}
```

　　A. SunMing　20042　　　　　　　　　B. SunMing　20044
　　C. LiDaWei　20042　　　　　　　　　D. YanDong　20041

二、填空题

1. 下列程序的运行结果为_____。

```c
int st(int x,int y,int *p,int *q)
{ *p=x+y;
  *q=x-y;
}
main()
{ int a,b,c,d;
  a=4;b=3;
  st(a,b,&c,&d);
  printf("%d,%d\n",c,d);
}
```

2. 若 a=6、b=9，则下列程序的运行结果是_____。

```c
swap(int *p1,int *p2)
{ int p;
  P=*p1;
  *p1=*p2;
  *p2=p;
}
main()
{ int a,b,*p1,*p2;
  scanf("%d%d",&a,&b);
  p1=&a;p2=&b;
  if(a<b)swap(p1,p2);
  printf("\na=%d,b=%d\n",a,b);
}
```

3. 下列程序的运行结果为_____。

```c
#include <stdio.h>
sub(int x,int y,int *z)
  {*z=y-x;}
main()
{ int a=1,b=2,c=3;
  sub(a,b,&a);
  sub(b,a,&b);
  sub(a,b,&c);
  printf("%d,%d,%d\n",a,b,c);
}
```

4. 程序执行时，若输入 2 3 4 6 5 4，则输出的结果是_____。

```c
#include "stdio.h"
main()
{ int i,*p,a[6];
  for(i=5;i>=0;i--)
    scanf("%d",&a[i]);
  printf("\n");
  for(p=a;p<a+6;p++)
    printf("%d",*p);
}
```

5. 下列程序的运行结果为_____。

```
#include "stdio.h"
main()
{  int b[2][3]={{1,2,3},{4,5,6}};
   int *pb[]={b[0],b[1]};
   int i,j;
   i=0;
   for(j=0;j<3;j++)
     printf("b[%d][%d]=%d\t",i,j,*(pb[i]+j));
   printf("\n");
}
```

6. 下列程序的运行结果为_____。

```
#define FORMAT "%u,%u\t"
main()
{  int a[3][4]={1,3,5,7,9,11,13,15,17,19,21,23};
   printf("\n");
   printf(FORMAT,**a,*a[0]);
   printf(FORMAT,*(a[0]+1),*&a[0][1]);
   printf(FORMAT,a[1][0],*(*(a+1)+0));
}
```

7. 下列程序的运行结果为_____。

```
#include "stdiO.h"
main()
{  int i;
   int a[5]={1,3,5,7,9};
   int *num[5];
   int **p;
   for(i=0;i<5;i++)
     num[i]=a+i;
   p=num;
   for(i=0;i<5;i++)
   {  printf("%d",**p);
      p++;
   }
}
```

8. 下面的函数实现字符串的复制。

```
main()
{  char a[]="I love china! ",b[20];char__(1)__;
   while(__(2)__)
   {  *p2=*p1;
      p1++;
      p2++;
   }
   *p2='\0';
   printf("string a is: %s\nstring b is: %s\n",__(3)__);
}
```

9. 以下程序调用函数 swap1 将指针 s 和 t 所指单元（a 和 b）中的内容交换。

```
main()
{  int a=10,b=20,*s,*t;
```

```
        s=&a;t=&b;
        swap1(&s,&t);
        printf("%d%d",a,b);
    }
    swap1(__(1)__ ss,__(2)__ tt)
    {
        int term;
        term=__(3)__;
        **ss=__(4)__;
        **tt=term;
    }
```

三、编程题

1. 编程输入 10 个整数，将其中最小的数放在第一位，最大的数放在最后一位，要求写 3 个函数来实现：（1）读取 10 个数；（2）进行处理；（3）输出 10 个数。

2. 从键盘上输入 3 个数，编写一个函数对传递过来的 3 个数选出最大值和最小值，并通过形参传递回调用函数（主函数），在主函数中输出这 3 个数的最大值和最小值。

3. 在主函数中从键盘输入两个数，编写一函数，对主函数传过来的两个数求和与差，并将计算结果通过形参传递回调用函数（主函数）。在主函数中输出这两个数的和与差。

4. 编程将输入的字符串按着由小打大的顺序排序。字符串输入在主函数中进行，字符串排序函数 sort() 函数有两个参数，一个是字符串的指针，一个是字符串的个数。

5. 编程输入 10 个字符串，按英文字典排序由小到大顺序输出。

第 10 章　编译预处理命令

C 语言和其他高级语言的一个重要区别是它具有编译预处理功能。C 语言的编译预处理功能是通过预处理程序实现的。C 语言编译预处理程序负责分析和处理以 "#" 开头的编译预处理命令。C 语言的预处理命令主要有宏定义、文件包含和条件编译。由于它们是在编译系统的第一遍扫描，即词法分析和语法分析之前进行的，所以称为预处理命令。

一个 C 源文件一般要经过编辑、预处理、编译、汇编和连接 5 个阶段。

从语法上讲，预处理命令和 C 语言的其他成分无关，它们可以出现在程序中的任何地方，一般宏定义（并且宏定义可以出现在文件中间位置，用#define 命令执行宏定义，用#undefine 命令结束宏定义）和文件包含应出现在文件的开头。预处理命令的作用范围仅限于说明它们的那个文件，出了那个文件它们就失去了作用。

正确地使用 C 语言的预处理功能可以编写出易读、易改、易于移植和调试的 C 程序，有利于工程的模块化设计。

10.1　宏　定　义

以#define 作为标志的预处理命令称为宏定义命令，具体划分为无参宏定义（不带参数的宏定义）和有参宏定义（带参数的宏定义）两种形式。

10.1.1　不带参数的宏定义

不带参数的宏定义，即用一个指定的标识符（宏名）来代表一个字符串，其一般形式为：

```
#define　标识符　字符串
```

其中，#define 是预处理 "宏定义" 命令；标识符称为 "宏名"，一般由大写字母组成，以便与程序中的变量名和函数名相区别；字符串为 C 语言字符集中的任意字符序列，字符串不带双引号。#define、标识符、字符串之间以空格分隔；末尾不加分号。每个预处理命令行占一行。例如：

```
#define PI 3.1415926
```

包含该命令的文件在预处理过程中，凡是以 PI 作为标记出现的地方都用 3.1415926 来替换，这种方法使用户能以一个简单的名字代替一个长的字符串，尤其是当程序中多次用到 PI 时，其好处更为突出，而且这样做对于修改、阅读和移植程序都是十分方便的。在预处理时将宏名替换成字符串的过程称为 "宏展开"，宏定义的宏展开是一个简单的字符替换过程，将宏展开后的形式进行编译，形成目标代码，连接后，才可以执行。前面章节中介绍的符号常量就是一种无参宏定义形式。

【例 10.1】宏定义应用举例，求圆的周长和面积。

```
#define  PI  3.1415926
main()
{
    float  1,s,r,v;
    printf("Input radius:");
    scanf("%f",&r);
    1=2*PI*r;
    s-PI*r*r;
    v=4.0/3*PI*r*r*r;
    printf("L=%10.4f\nS=%10.4f\nV=%10.4f\n",1,s,v);
}
```

运行结果：

```
Input radius:4
L=25.1328
S=50.2655
V=150.7966
```

说明：

（1）宏名一般用大写字母表示，以与变量名、函数名相区别。

（2）宏定义不是 C 语句，末尾不加分号，否则分号作为字符串的一部分一起进行替换。

（3）宏定义只是用宏名代替一个字符串，不作语法检查。

（4）#define 命令一般放在文件的开头，其有效范围从它出现起到源文件结束。

（5）在进行宏定义时，可以引用已定义过的宏名，可以层层置换。

【例 10.2】宏定义中引用已定义过的宏名举例，求圆的周长和面积。

```
#deftne  R  3.0
#deftne  PI  3.1415926
#deftne  L  2*PI*R
#deftne  S  PI*R*R
main()
printf("L=%f\nS=%f\n",L,S);
```

运行结果：

```
L=18.849556
S=28.274333
```

（6）程序中用双引号括起来的字符串中若含有宏名则在宏展开时不进行宏置换。例如，上例中的 L，一个在双引号内没有进行宏置换，一个在双引号外进行了宏置换。

10.1.2 带参数的宏定义

带参数宏定义的一般形式如下：

```
#define  宏名(参数表)  字符串
```

其中，参数表中的参数类似于函数中的形参，字符串中应包含括号中所指定的参数。

例如：

```
#define S(a,b)  a*b
    …
area=S(3,2);
```

同样，带参宏定义的宏展开也是一个简单的字符替换的过程。

定义矩形面积S，a和b是边长。在程序中用了S(3,2)，把3、2分别代替宏定义中的形参a、b，即用3*2。因此该赋值语句展开为：

```
area=3*2;
```

对带参的宏定义是按以下方法展开置换的。在程序中如果有带实参的宏（如 S(3,2)），则按#define命令行中指定的字符串从左到右进行置换。将程序语句中相应的实参（可以是常量、变量或表达式）代替形参，如果宏定义中的字符串中的字符不是参数字符（如a*b中的*号），则保留。

【例10.3】带参的宏定义应用举例，求圆的面积。

```
#define  PI  3.1415926
#define  S(r)  PI* r* r
main()
{
  float a,area;
  a=2.4;area=S(a);
  printf("r=%f\narea=%f\n",a,area);
}
```

运行结果：

```
r=2.400000
area=18.095573
```

赋值语句 area=S(a);经宏展开后为

```
area=3.1415926*a*a;
```

说明：

（1）宏定义时，宏名与带参的圆括号之间不能有空格，否则将空格后的字符都会作为替代字符串的一部分，即系统认为是一种不带参的宏定义形式。

（2）对带参宏定义的宏展开只是将语句中的宏名后面括号内的实参字符串代替#define命令行表达式中的形参。如果有以下语句：

```
area=S(a+b);
```

这时，把实参 a+b 代替 PI *r *r 中的形参 r，成为：

```
area=PI*a+b*a+b;
```

注意：在 a+b 外面没有括号，显然这与程序设计者的原意不符。原来希望得到

```
aera=PI*(a+b)*(a+b);
```

为了得到这个结果，应该定义时在字符串中的形参外面加上括号。即

```
#define S(r) PI*(r)*(r)
```

在对 S(a+b)进行宏展开时，将 a+b 代替 r，就成了：

```
aera=PI*(a+b)*(a+b)
```

除了字符串中的形参要用圆括号括起来外，整个字符串最好也用圆括号括起来。

例如：

```
#define SQU(x)  (x)*(x)    /* 定义的 x 平方 */
main()
{
  printf("%f\n",16.0/SQU(2.0));
}
```

输出的结果却是 16.000000。因为该程序在预处理后成为

```
main()
```

```
{
  printf("%f\n",16.0/(2.0)*(2.0));
}
```

由于/和*是同一优先级，从左到右进行运算，上面的表达式就等价于

```
(16.0/2.0)*2.0
```

所以会输出 16.000000。为了避免出现这样的问题，在宏定义时，把字符串整个用圆括号括起来。

```
#define SQU(x)  ((x)*(x))
```

（3）带参宏定义与有参函数的区别。

① 函数调用时先求实参表达式的值，然后把实参传递给形参。而使用带参的宏只是进行简单的字符替换。

② 函数调用是在程序运行时处理的，分配临时的内存单元。而宏展开则是在预编译时进行的，在展开时并不分配内存单元，不进行值的传递处理，也没有返回值的概念。

③ 对函数中的实参和形参都要定义类型，并且二者要求一致。而宏不存在类型问题，宏名无类型，其参数也无类型。

④ 调用函数只能得到一个返回值，而用宏可以设法得到几个结果。

【例 10.4】多个参数的宏定义应用举例，求圆的周长、面积和球的体积。

```
#define PI 3.1415926
#define CIRCLE(R,L,S,V)  L=2*PI*R*R;S=PI*R*R;V=4.0/3*PI*R*R*R
main()
{
  float r,1,s,v;
  scad("%",&r);
  CIRCLE(r,1,s,v);
  printf("r=%6.2f,l=%6.2f,s=%6.2f,v=%6.2f\n",r,1,s,v);
}
```

经预编译宏展开后的程序如下：

```
main()
{
  float r,1,s,v;
  scanf("%f",&r);
  l=2*3.14159261*r;s=3.1415926 * r*r;v=4.0/3 *3.1415926*r* r*r;
  printf("r=%6.2f,l=%6.2f,s=%6.2f,v=%6.2f\n",r,1,s,v);
}
```

运行输入：

```
2.6
```

运行结果：

```
r=2.60,l=16.33,s=21.23,v=73.62
```

根据实参 r 的值，可以从宏带回 3 个值，即 1,s,v。其实，只不过是字符代替而已，将字符 r 代替 R，1 代替 L，s 代替 S，v 代替 V，而并未在宏展开时求出 1、s 和 v 的值。

⑤ 程序中使用宏次数多时，宏展开后使源程序代码增长，而函数调用不会使源程序变长。

⑥ 宏替换不占运行时间，而函数调用则占运行时间（分配单元、保留现场、值传递、执行函数、返回函数值等）。

10.2 文 件 包 含

文件包含是指一个源文件可以将另一个源文件的内容全部包含到本文件中。C 语言用#include 命令来实现文件包含的操作。其一般形式为：

```
#include "文件名"
```

或

```
#include <文件名>
```

例如，文件 file1.c 中有一条文件包含命令#include "file2.c"，在编译预处理时，文件 file2.c 的全部内容复制到#include "file2.c" 命令处，即 file2.c 被包含到 file1.c 中，然后将包含 file2.c 的文件 file1.c 作为一个源文件单位进行编译，得到一个 file1.obj 目标文件。

说明：

（1）一个#include 命令只能指定一个被包含文件，如果要包含几个文件，则要用几个包含命令。

（2）如果 file1 包含 file2，而 file2 要用到 file3 的内容，则可在 file1 中用两条包含命令分别包含 file2 和 file3，而且 file3 应该出现在 file2 之前，file1 中定义：

```
#include "file3.c"
#include "file2.c"
...
```

这样 file1 和 file2 都可以用 file3 的内容，在 file2 中就可以不必再用包含命令包含 file3 了。

（3）在一个被包含文件中又可以包含另一个被包含文件，即文件包含是可以嵌套的。

（4）被包含的文件与其所在的文件（即 file1）在预编译后已成为同一个文件。因此，如果被包含的文件中有全局变量（包括静态全局变量），则它也在包含文件（即 file1）中有效，而不必再用 extern 说明。

（5）包含命令中的被包含文件名可以用双引号或尖括号括起来。二者的区别：用双引号时，系统先在被包含文件的源文件（即 file1）所在的目录中查找要包含的文件。若找不到，再按系统指定的标准方式检索其他目录。用尖括号时，不检索源文件（file1）所在的文件目录而直接按系统标准方式检索文件目录。一般情况下用双引号不会出现找不到的现象。

10.3 条 件 编 译

一般情况下，源程序中所有的行都进行编译。但有时希望对其中一部分内容只在满足一定的条件下才进行编译，这就是条件编译。

条件编译有如下 3 种形式：

（1）#ifdef 标识符

```
    程序段 1
#else
    程序段 2
#endif
```

这种形式的作用是：当"标识符"已被宏定义过时，则对"程序段 1"进行编译，否则编译"程序段 2"。和 if…else 语句一样，#else 部分也可以省略，即为：

```
#ifdef 标识符
```

```
    程序段 1
  #endif
```
程序段可以是语句组，也可以是命令行。

（2）#ifndef 标识符
```
    程序段 1
  #else
    程序段 2
  #endif
```
这种形式的作用是：如果"标识符"未被宏定义则编译"程序段 1"，否则编译"程序段 2"，这种情况与第一种情况的作用正好相反。

（3）#if 表达式
```
    程序段 1
  #else
    程序段 2
  #endif
```
这种形式的作用是：当指定的表达式成立时编译"程序段 1"，否则编译"程序段 2"。可以事先设置一定条件，使程序在不同的条件下执行不同的功能。

【例 10.5】输入一行字符，要求根据设备条件进行编译，使之按小写字母或按大写字母输出。

```c
#define LETTER
main()
{
    char c,str[20]="Turbo C Program";
    int i=0;
    while((c=str[i]!='\0')
    {
        i++;
        #ifdef  LETTER
            if(c>='a'&&c<='z') c-=32;
        #else
            if(c>='A'&&c<='Z') c+=32;
        #endif
        printf("%c",c);
    }
}
```

运行结果：
```
TURBO C PROGRAM
```
因为先用#define 定义了 LETTER，这样在编译预处理时，由于定义了 LETTER，则对第一个 if 语句进行编译，使小写字母变为大写字母。如果将程序的第一行去掉或将
```
#ifdef  LETTER
```
改为：
```
#ifndef  LETTER
```
则在预处理时，对第二个 if 语句进行编译处理，使大写字母变成小写字母。此时运行情况为
```
turbo c program
```

本 章 小 结

C 语言的预处理命令主要有宏定义、文件包含和条件编译。由于它们是在编译系统的第一遍扫描，即词法分析和语法分析之前进行的，所以称之为预处理命令。

1. 宏定义

宏定义具体划分为无参宏定义（不带参数的宏定义）和有参宏定义（带参数的宏定义）两种形式。

宏定义的宏展开是一个简单的字符替换的过程。将宏展开后的形式进行编译，形成目标代码，连接后，方可执行。

不带参数的宏定义，其一般形式如下：

```
#define  标识符  字符串
```

其中，#define 是预处理"宏定义"命令；标识符称为"宏名"，一般由大写字母组成，以便与程序中的变量名和函数名相区别；字符串为 C 语言字符集中的任意字符序列，#define、标识符、字符串之间以空格分；每个预处理命令行占一行。

带参数宏定义的一般形式如下：

```
#define  宏名(参数表)  字符串
```

在使用带参数宏定义时应注意：

（1）带参数宏定义时，宏名与带参的圆括号之间不能有空格，否则将空格后的字符都作为替代字符串的一部分，即系统认为是一种不带参的宏定义形式。

（2）对带参宏定义的宏展开只是将语句中的宏名后面括号内的实参字符串代替#define 命令行表达式中的形参。

带参宏定义与有参函数的区别：

① 函数调用时先求实参表达式的值，然后把实参传递给形参。而使用带参的宏只是进行简单的字符替换。

② 函数调用是在程序运行时处理的，分配临时的内存单元，而宏展开则是在预编译时进行的，在展开时并不分配内存单元，不进行值的传递处理，也没有返回值的概念。

③ 对函数中的实参和形参都要定义类型，并且二者要求一致。而宏不存在类型问题，宏名无类型，其参数也无类型。

④ 调用函数只能得到一个返回值，而用宏可以设法得到几个结果。

⑤ 程序中使用宏次数多时，宏展开后使源程序代码增长，而函数调用不会使源程序变长。

⑥ 宏替换不占运行时间，而函数调用则占运行时间（分配单元、保留现场、值传递、执行函数、返回函数值等）。

2. 文件包含

文件包含是指一个源文件可以将另一个源文件的内容全部包含到本文件中。其一般形式如下：

```
#include "文件名"
```

或

```
#include <文件名>
```

一个#include 命令只能指定一个被包含文件，如果要包含几个文件，则要用几个包含命令。如果 file1 包含 file2，而 file2 要用到 file3 的内容，则可在 file1 中用两条包含命令分别包含 file2 和

file3，而且 file3 应该出现在 file2 之前，file1 中定义如下：

```
#include "file3.c"
#include "file2.c"
...
```

这样，file1 和 file2 都可以用 file3 的内容，在 file2 中就可以不必再用包含命令包含 file3 了。

文件包含是可以嵌套的。包含命令中的被包含文件名可以用双引号或尖括号括起来，注意二者的区别。如果被包含的文件中有全局变量（包括静态全局变量），则它也在包含文件中有效。

3. 条件编译

条件编译是指根据给定的条件决定是否对某些程序段进行编译。

条件编译有如下 3 种形式：

（1）#ifdef 标识符

```
        程序段 1
#else
        程序段 2
#endif
```

这种形式的作用是：当"标识符"已被宏定义过，则对"程序段 1"进行编译，否则编译"程序段 2"。

（2）#ifndef 标识符

```
        程序段 1
#else
        程序段 2
#endif
```

这种形式的作用是：如果"标识符"未被宏定义则编译"程序段 1"，否则编译"程序段 2"。

（3）#if 表达式

```
        程序段 1
#else
        程序段 2
#endif
```

这种形式的作用是：当指定的表达式成立时编译"程序段 1"，否则编译"程序段 2"。

习　题　十

一、选择题

1. 下面是对宏定义的描述，不正确的是（　　　）。

　　A. 宏不存在类型问题，宏名无类型，其参数也无类型

　　B. 宏替换不占用运行时间

　　C. 宏替换时先求出实参表达式的值，然后代入形参运算求值

　　D. 其实，宏替换只不过是字符替代而已

2. 以下叙述正确的是（　　　）。

　　A. 在程序的一行上可以出现多个预处理命令行

　　B. 预处理行是 C 语言的合法语句

　　C. 被包含的文件不一定以.h 为扩展名

D. 在以下定义中 "C R" 是称为 "宏名" 的标识符

```
#define C  R 37.6921
```

3. 下列叙述不正确的是（　　　）。

A. 使用宏的次数较多时，宏展开后使源程序长度增长，而函数调用不会使源程序变长

B. 函数调用是在程序运行时处理的，分配临时的内存单元，而宏的展开是在编译时进行的，在展开时不分配内存单元，不进行传递

C. 宏替换占用编译时间

D. 函数调用占用编译时间

4. 下列程序段中，不含有错误的是（　　　）。

A. `#define F(n) ((n)==1?1:(n*F(n-1)))`

B.
```
#define swap(x,y) t=x;x=y;y=t;
#include "stdio.h"
main()
{ int a,b,t;
  a=10,b=20;
  swap(a,b);
  printf("%d",t);
}
```

C.
```
#define M(x,y)  (x/y)
#include "stdio.h"
main()
{ int a=2,b=3,c=0,d=5;
  int x=M(a+b,c+d);
  printf("%d",x);
}
```

D.
```
#define PLUS +
main()
{ int x,y;
  #define OK 1
  scanf("%d",&x);
  y=10;
  if(x==OK) y=yPLUS1;
  printf("%d",y);
}
```

5. 下列程序的运行结果是（　　　）。

```
#include "stdio.h"
#define SQR(x)  x*x
main()
{ int a=10,k=2,m=1;
  a/=SQR(k+m)/SQR(k+m);
  printf("%d",a);
}
```

A. 10　　　　　　　B. 1　　　　　　　C. 9　　　　　　　D. 0

6. 下列程序的运行结果是（　　　）。

```
#include "stdio.h"
#define SQR(x)  x*x
```

```
main()
{ int a,k=3;
  a=++SQR(k+1);
  printf("%d\n",a);
}
```

　A. 9　　　　　　　　B. 8　　　　　　　　C. 12　　　　　　　D. 16

7. 下列程序的运行结果是 (　　)。

```
#define ADD(x) (x)+(x)
main()
{ int a=4,b=6,c=7;
  int d=ADD(a+b)*c;
  printf("d=%d",d);
}
```

　A. d=70　　　　　　　B. d=140　　　　　　C. d=280　　　　　D. d=80

二、填空题

1. 若输入 1，2 时，下列程序的运行结果是_____。

```
#define SWAP(a,b) t=b;b=a;a=t
main()
{ int a,b,t;
  scanf("%d,%d",&a,&b);
  SWAP(a,b);
  printf("a=%d,b=%d\n",a,b);
}
```

2. 下列程序的运行结果是_____。

```
#define VAL1  0
#define VAL2 15
#include "stdio.h"
main()
{ int f;
  #ifdef VAL1
     f=VAL1;
  #else
     f=VAL2;
  #endif
  printf("f=%d\n",f);
}
```

3. 下列程序的运行结果是_____。

```
#define A 3
#define B(a) ((A+1)*a)
main()
{ int x;
  x=3*(A+B(7));
  printf("x=%4d\n",x);
}
```

4. 下列程序的运行结果是_____。

```
#define CIR(r) (r*r)
main()
```

```
    {  int a=1,b=2,t;
       t=CIR(a+b);
       printf("%d\n",t);
    }
```

5. 下列程序的运行结果是_____。

```
#define S(a,b) a*b
main()
{ int i=1,j=2;
  { int i=4,j=5;
    printf("s=%d\n",S(i+2,j+2));
  }
  printf("s=%d\n",S(i,j));
}
```

三、编程题

1. 定义一个带参的宏，使两个参数的值互换，编写程序，输入两个数作为使用宏时的实参，输出交换后的两个值。

2. 编写程序，输入两个整数，求这两个整数相除的余数，用带参的宏定义实现。

3. 编写一个程序，从 3 个数中找出最大数，用带参的宏定义实现。

4. 编写从键盘输入 10 个数，求其中最大或最小的数并显示的程序，用条件编译实现。

第 11 章 文 件

通常来说，文件是存储在外部介质上的数据的集合。在 C 语言中，文件又是一个逻辑概念，还可指终端等外部设备。本章将对简单的输入/输出和文件处理的基本知识做一些说明。主要内容有 C 语言文件的概念、标准 I/O 库函数、缓冲型文件操作和非缓冲型文件操作。

11.1　C 语言文件概述

文件（file）是程序设计中的一个重要的概念。从操作系统的概念看，"文件"是指存储在外部设备上的、以唯一的名字作为标识的数据集合。它是一个逻辑概念，可以用来表示从磁盘文件到终端设备等所有东西。当大批数据以文件形式存放在外部介质（如磁盘、磁带）上时，操作系统将以文件为单位对数据进行管理。即想找到存储在外部介质上的数据，必须先按文件名找到所指定的文件，然后根据文件的不同结构对该文件进行相应的数据处理。向外部介质存储数据，必须先建立一个文件（以文件名标记），然后才能输出数据。

11.1.1　文本文件和二进制文件

在 C 语言中，也把文件看做是一个字符（字节）的序列，即由一个一个的字符（字节）的数据序列组成。根据数据的组织形式，C 语言中把文件分为 ASCII 文件和二进制文件。ASCII 文件又称为文本文件（text file），它每一个字节存放一个 ASCII 字符代码，表示一个字符。如"10000"这个字符串在 ASCII 文件中保存时占 5 个字节，依次存储的是数字的 ASCII 码。二进制文件是把内存中的数据按在内存中存储形式的原样输出到磁盘中保存。如内存中数字 10000 在文件中只占一个整数的空间，即 2 个字节，如图 11-1 所示。

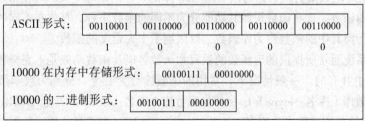

图 11-1　数据的组织形式

其中，10000 数的二进制值为 10011100010000，字符'1'和'0'的 ASCII 码值分别为 0110001 和 0110000。ASCII 码形式输出数据与字符一一对应，一个字节代表一个字符，因而便于对字符进行逐个处理，也便于输出其字符形式。但占用存储空间较多，而且要花费转换时间（二进制形式与

ASCII 码间的转换）。用二进制形式存储数据，可以节省存储空间，但一个字节并不对应一个字符，不能直接输出其字符形式。

因此，一个 C 文件可以视为一个字节数据流或二进制数据流，它把数据看做字符（字节）序列串，而不考虑记录的界限。换句话说，C 语言中的文件不是由记录（record）组成的，这和 Pascal 之类的语言不同。在 C 语言中，对文件的存取是以字符（字节）为单位的，其输入/输出的数据流的开始和结束仅受程序控制而不受物理符号（如回车换行符）控制，通常称这类文件为流式文件。C 语言允许对文件存取一个字符（字节），这就增强了文件处理的灵活性。

11.1.2 缓冲文件系统和非缓冲文件系统

在过去使用的 C 语言版本（如 UNIX 系统下使用的 C 语言）中有两种对文件的处理方法：一种叫做缓冲文件系统（buffered file system），也称高级文件系统（high level file system）；一种叫做非缓冲文件系统（unbuffered file system），又称低级文件系统（low level file system）。它们是由 UNIX 标准定义的。

缓冲文件系统是指系统自动地在内存区为每个正在使用的文件开辟出一个缓冲区，从内存向磁盘输出数据必须先送到内存的缓冲区，装满缓冲区后才一起送到磁盘上。

如果从磁盘向内存读入数据，则一次从磁盘文件上将一批数据输入到内存缓冲区，装满后再从缓冲区将数据逐个送到程序数据区（给程序变量）。

非缓冲文件系统是指系统不自动开辟大小确定的缓冲区，而由程序为每个文件自行设定缓冲区。

在 UNIX 系统中，用缓冲文件系统来处理文本文件，用非缓冲文件系统处理二进制文件。用缓冲文件系统进行的输入/输出又称高级磁盘输入/输出系统（高级 I/O）。用非缓冲文件系统进行的输入/输出又称低级磁盘输入/输出系统（低级 I/O）。1983 年，ANSI C 标准决定不采用非缓冲文件系统，而只采用缓冲文件系统，即用缓冲文件系统处理文本文件，同时也处理二进制文件。

C 语言本身并不提供输入/输出语句，而是用一组库函数来实现数据的输入/输出。ANSI C 标准规定了标准输入/输出函数，用它们对文件进行读/写操作。

Turbo C 遵循 ANSI C 的文件标准，在此着重介绍 ANSI C 规定的文件操作系统，即缓冲文件系统。

11.1.3 标准输入/输出库函数

C 语言用一组库函数来实现数据的输入/输出。库函数是由系统定义，放在指定的文件中，用户可以直接使用的函数。这些函数按照其功能分为不同的函数集合，存放在不同的文件中。函数集合称为函数库，而其中的函数称为库函数，以区别于个人定义的函数。

不同的编译系统通常所提供的库函数的数目和函数名以及函数功能是不完全相同的，但有些常用的是各系统中共有的。一般情况下，常用的函数库分为五类，分别为数学函数库（库名：math.h）、字符函数库（库名：ctype.h）、字符串函数库（库名：string.h）、输入/输出函数库（库名：stdio.h）和动态存储分配函数库（库名：malloc.h 或 stdlib.h）。有关具体情况见附录或查阅有关系统手册。

在使用系统提供的标准库函数时，根据库函数的概念，必须要了解以下 4 个方面：

（1）函数的功能。

（2）函数形式参数的个数和顺序，每个参数的类型和意义。

（3）函数返回值的类型和意义。

（4）函数所在的函数库名，即包含文件。

从编译角度来看，标准库函数也是外部函数，所以在使用前应该对其进行说明。这些说明以及库函数中使用的符号常量都包含在一定的包含文件中，所以在选用库函数时，必须说明相应的包含文件。而前 3 个方面是函数作为"黑盒"使用的必要条件。

在 C 语言编译系统中，由于计算机键盘输入和显示器的输出是使用最多的 I/O 操作。因此，C 编译系统将键盘、显示器分别定义为标准的输入设备文件和标准的输出设备文件。在没有专门指定输入/输出设备的情况下，所有的 I/O 操作均由键盘和显示器完成。

1．标准通用输入/输出函数

scanf()：格式化输入函数。

printf()：格式化输出函数。

这两个函数前面已详细介绍过，此处不再赘述。

2．标准字符输入/输出函数

getche()、getchar()、getch()、putchar()

getchar()、getch()、putchar()这 3 个函数前面已详细介绍过，此处仅讨论 getche()函数。

（1）函数原型：int getche(void);。

（2）功能：getche()函数的原型在 conio.h 中，其功能是从键盘上读取一个字符并将该字符自动显示在屏幕上。getche()函数有两个变体，一个是 getchar()函数，它是 UNIX 系统的字符输入函数的原形，这个函数的缺点是其输入缓冲区一直到输入一个回车符才返回给系统。这是因为最初的 UNIX 系统的缓冲区就是这样设计的。这样就可能在 getchar()函数返回之后留下一些字符在输入排队流中，这个结果与现在使用的内部环境很不协调，故建议一般不要使用这个函数。另一个是 getch()函数，其功能和 getche()基本一致，只是它不把读入的字符回显到屏幕上，可以利用这一特点来避免不必要的显示。

（3）返回值：正常情况下其返回值是读到字符的 ASCII 码值，遇到文件结束或出错时，返回 EOF。也可以通过标准输入设备换向功能从磁盘文件中读取字符的代码。

【例 11.1】把输入的小写字母变成大写字母输出，并统计字符个数。

```
#include "stdio.h"
main()
{
  int ch,count-0;
  while((ch=getchar())!=EOF)
  {
    count++;
    if(ch>='a'&&ch<='z')
      putchar(ch-'a'+'A');
    else
      putchar(ch);
  }
  printf("The characters total to: %d\n",count);
}
```

运行输入：

The student is a boy!

运行结果：

```
THE STUDENT IS A BOY!
The characters total to:21
```

因为 getchar()、putchar()函数原型包括在 stdio.h 中，所以第一行语句包含函数的包含文件 stdio.h。

3．字符串输入/输出函数 gets()、puts()

（1）gets()函数。

函数原型：char *gets(char *str);

功能：接收来自标准输入的一个字符串，并把它放入 str 所指向的字符数组中。

返回值：正常返回指向该字符串的指针，否则返回空指针 NULL。

gets()函数读取字符串的个数没有限制，编程时注意保证 str 所指向的字符数组应该有足够大的空间。它读到换行符或读入 EOF 时结束，EOF 或换行符不放入字符串中而是将它们转换为空字符 '\0'，作为字符串的结束符，即自动转换成 C 语言的字符串。由于发生错误和读到文件结束标志这两种情况下返回值均为空指针，所以应该使用 feof()函数和 ferror()函数来区别两种不同的情况。

【例 11.2】读入一个字符串到字符数组中，并输出其长度。

```
#include "stdio.h"
main()
{
  char str[80];
  gets(str);
  printf("%d\n",strlen(str));
}
```

运行输入：

```
how are you
```

运行结果：

```
11
```

gets()函数的形式参数是字符型指针，所以相应的实参可以是 char 型指针或数组名。此题用数组名 str 做实参。

（2）puts()函数。

函数原型：int puts(char *str);

功能：将字符指针 str 所指的字符串输出到标准输出文件上，字符串结束符被转换成换行符。

返回值：调用成功返回零，否则返回 EOF。

【例 11.3】将输入的字符串输出。

```
#include "stdio.h"
main()
{
  char str[80];
  while (gets(str)!=NULL)
  puts(str);
}
```

11.1.4　标准设备文件及 I/O 改向

当输入一个字符或输出一个字符时，系统规定的设备分别为键盘和显示器，即所谓的标准输入/输出设备的名称。其实，一个程序运行时，系统首先自动打开 5 个标准文件，并为其分配了文件号。当程序运行结束时，系统又自动关闭这些标准设备，用户不能控制其打开与关闭。表 11-1 中列举了 5 个标准设备文件名及对应的文件号。

表 11-1 标准设备文件

文 件 号	文 件 指 针	标 准 文 件
0	stdin	标准输入（一般指终端键盘）
1	stdout	标准输出（一般指终端显示器）
2	stderr	标准错误（一般指终端显示器）
3	stdaux	标准辅助（辅助设备端口）
4	stdprn	标准打印（一般指打印机）

如果用户要检查表 11-1 中的标准设备文件是否打开，可以使用附录中的 fileno()函数。它用于检查文件打开与否，其说明形式如下：

```
#include "stdio.h"
int fileno(FILE *stream);
```

fileno 函数用于返回被打开文件的文件号，stream 是指向被打开 FILE 类型文件的指针。这些标准设备文件是系统启动时，由系统分配给指定的外部设备。系统运行时自始至终保持这种分配和指定。但是，在执行某个程序时，可以临时改变系统的设定，把标准设备文件指定为其他设备文件或磁盘文件。由用户临时性地改变标准设备文件的设定，这称为标准设备文件的改向，与 DOS 中的 I/O 改向及管道完全一致。这种"临时性的改变"是指这种改变仅仅在本次程序执行中有效，该程序执行完毕后，系统自动恢复原来标准的设定。

【例 11.4】从键盘上输入和向显示器上输出一个字符。

```
/*文件名 EXP8_4.c*/
#include "stdio.h"
main()
{
  int c;
  while((c=getchar())!=EOF)
  putchar(c);
}
```

程序中的库函数 getchar()和 putchar()分别是从键盘上输入和向显示器上输出一个字符，而键盘和显示器分别是系统设定的标准输入文件和标准输出文件。因此，本程序的功能是从标准输入文件中读取一个字符，然后把它写到标准输出文件上，直到输入的字符代码为 EOF 时，程序结束。

在执行这个程序时，可以利用标准设备改向完成各种不同的功能。标准设备文件的改向操作是在执行文件时使用改向符"<"、">"等来实现。>是标准输出文件改向符。<是标准输入文件改向符。

1．输出改向

例如，程序 EXP8_4 编译连接之后的可执行文件名为 EXP8_4.EXE，则输入如下命令行：

```
EXP8_4>PRN
```

将把标准输出文件从显示器改到打印机。执行程序时，从键盘输入的字符将不再输出到显示器，而是输出到打印机上打出。

2. 输入改向

假设磁盘上存在一个名为 data.txt 的文本文件，则输入如下命令行：

```
EXP8_4<data.txt
```

把标准输入设备文件改向到磁盘文件 data.txt。程序执行时，不再从键盘读取字符，而是从 data.txt 文件中读取字符。

3. 输入/输出改向同时进行

例如，`EXP8_4 <data.txt> result.txt`

该命令行把标准输入改向到文件 data.txt，把标准输出改向到文件 result.txt。程序执行后，把文件 data.txt 的内容复制到文件 result.txt 中。

11.2　缓冲型文件输入/输出系统

缓冲文件输入/输出系统又称高级磁盘输入/输出系统。其数据操作以字节为单位，系统同时自动为其开辟文件缓冲区，且被操作文件用文件指针来描述。利用这些特征，可进行高效率的输入/输出操作。

11.2.1　文件（file）类型结构及文件指针

在缓冲文件系统中，对文件的读/写是通过文件指针来实现的，文件指针是指向文件有关信息的指针。每个被使用的文件都在内存中开辟出一个缓冲区，用来存放与文件有关的信息，包括缓冲区的位置、当前字符在缓冲区的位置、文件名、状态等对文件操作所必需的信息。这些文件信息是保存在一个结构体类型的变量中的，该结构体类型是由系统定义的，取名为 FILE。有的 C 版本在 stdio.h 中用 typedef 方式定义为 FILE。Turbo C 在 stdio.h 文件中定义以下文件类型声明：

```
typedef struct              /*Turbo C 文件类型声明*/
{
  short         level;      /*fill/empty level of buffer*/
  unsigned      flags;      /*File status flags*/
  char fd;                  /*File descriptor*/
  unsigned char   hold;     /*Ungetc char if no buffer*/
  short bsize;              /*Buffer size*/
  unsigned char   *buffer;  /*Data transfer buffer*/
  unsigned char   *curp;    /*Current active pointer*/
  unsigned      istemp;     /*Temporary file indicator*/
  short         token;      /*Used for validty checking*/
}FILE ;                     /*This is the FILE object*/
```

程序运行时，系统自动对 I/O 缓冲区初始化，打开和关闭标准输入/输出设备文件，而一般的用户文件和程序，必须使用库函数来打开和关闭。在 C 语言中，对一个一般用户文件的打开、关闭及输入/输出操作，都是通过文件指针来进行的。因此，用户必须先在程序中定义文件指针，其定义的一般形式如下：

```
FILE  *文件结构指针名;
```

例如，文件型指针变量如下：

```
FILE  *fp;
```

fp 是一个指向 FILE 类型结构体的指针变量。通过定义可以使 fp 指向某一个文件的结构体变量，从而通过该结构体变量中的文件信息访问该文件。如果有 n 个文件，则应设 n 个指针变量，若程序中定义两个文件指针变量，则定义如下：

```
FILE *fp1,*fp2;
```

fp1、fp2 是两个指向 FILE 类型结构体的文件指针变量。

11.2.2　文件的打开与关闭

1．文件打开（fopen()函数）

函数原型：FILE *fopen(char *filename,char *mode);

功能：按 mode 指定的模式打开由 filename 指定的文件。其中，filename 是一个字符串组成的有效文件名，允许带有路径名，mode 说明文件打开方式的字符串，有效值如表 11–2 所示。

表 11–2　Turbo C 文件操作模式

mode	含　　义	mode	含　　义
"r"	为输入打开一个文本文件只读	"r+"	为读/写打开一个文本文件
"w"	为输出打开一个文本文件只写	"w+"	为读/写产生一个文本文件
"a"	向文本文件尾部添加	"a+"	为读/写打开一个文本文件
"rb"	为输入打开一个二进制文件只读	"rb+"	为读/写打开一个二进制文件
"wb"	为输出打开一个二进制文件只写	"wb+"	为读/写产生一个二进制文件
"ab"	向二进制文件尾部添加	"ab+"	为读/写打开一个二进制文件

例如，要打开 C 盘根目录下的名为 text 的文件进行读操作，要求用二进制方式打开。

```
FILE *fp;
fp=fopen("c:\test","rb+");
```

fp 为指向 test 文件的指针变量，"rb+"表示允许对该文件进行读的操作。

说明：

（1）以"r"打开的文件只能用于从该文件中读取数据。为读而打开的文件必须存在，否则出错。

（2）以"w"打开的文件只能用于向该文件写入数据。如果这个文件不存在就创建一个以指定名字命名的新文件，如果文件已经存在，那么，将使原来文件的内容全部丢失。

（3）以"a"打开的文件只能用于向该文件添加数据。如果这个文件不存在就创建一个已指定文件名的新文件。如果文件已经存在，文件指针指向文件末尾用以添加数据。不能直接在文件的中间插入数据。

（4）以"r+"、"w+"、"a+"打开的文件可以用于输入、输出数据。以"r+"打开一个已存在的文件，可从中读取数据；以"w+"打开一个文件时，则创建一个新文件，可先向此文件中写数据，然后可以读此文件中的数据；以"a+"打开一个文件时，原来的文件不被删除，位置指针移动到文件末尾，可以添加也可以读。

（5）进行打开文件操作时，要用以下方式进行检查是否正确打开。

```
if((fp=fopen("filename","rb+"))==NULL)
{
printf("cannot open this file\n");
exit(0);
}
```

如果 fopen()函数返回一个 NULL 指针，表示文件打开失败，终端上显示"cannot open this file"，这里 exit()函数的功能是关闭所有打开的文件并强迫程序结束。一般 exit 带参数值 0 表示正常结束，非 0 表示出错后结束，操作系统中可以接收返回的参数值。

（6）用以上方式可以打开文本文件或二进制文件，ANSI C 规定用同一种缓冲文件系统来处理文本文件和二进制文件。

（7）在用文本文件向内存输入时，将回车换行符转换为一个换行符，在输出时把换行符转换成为回车和换行两个字符。在用二进制文件时，不进行这种转换，在内存中的数据形式与输出到外部文件中的数据形式完全一致，一一对应。

（8）对一个允许读/写操作的文件，通过不同的文件指针变量可以对文件同时进行读/写操作。

2．文件关闭（fclose()函数）

函数原型：int fclose(FILE *fp);

功能：关闭与 fp 相联结的文件，其中 fp 是一个调用 fopen()函数时所返回的文件指针。

返回值：函数操作成功，返回一个 0；否则返回一个非零值。

程序结束或对某一个文件操作结束后，应及时关闭相应文件，把留在磁盘缓冲区中的内容都传给文件。因此，在执行完文件操作后要使用该函数，避免数据丢失，文件损坏及其他一些错误。

由于同时打开的文件数量有限制，因此应该关闭当前不用的文件，这样使只有必需的文件处于打开状态，提高了系统运行效率。

11.2.3　文件的读写

1．fputc()函数与 fgetc()函数（putc()函数和 getc()函数）

fputc 函数()和 fgetc()函数是按字符逐一读/写到文件中。

（1）fputc()函数。

函数原型：`int fputc(int ch,FILE *fp);`

功能：将字符 ch 写到 fp 所指的文件中去，其中 fp 是调用 fopen()函数时返回的文件指针。

返回值：如果操作成功，就返回那些所写入的字符；反之，返回 EOF（stdio.h 中定义的一个宏，值为-1，含义是"文件结束"）。

这里要注意，虽然 ch 为 int 类型，但实际只使用低位字节，即只写一个字符。

（2）fgetc()函数。

函数原型：`int fgetc(FILE *fp);`

功能：从 fp 所指向的文件中读取一个字符。其中，fp 是调用 fopen()函数时返回的文件指针。

返回值：如果操作成功，就返回读取的字符，当读到文件尾或出错时，就返回 EOF。

说明：由于字符的 ASCII 码不能出现-1，因此当读入的字符值为-1 时，表示读入的不是正常字符而是文件结束符。而对于二进制文件，如果读入某一字节中的二进制数据的值为-1 时，则正好是 EOF 的值，即结束文件。这就导致了读入的二进制数据被处理成文件结束的情况。为了解决这一问题，ANSI C 提供了一个 feof()函数来判断文件是否真的结束。

feof(fp)测试 fp 所指文件当前状态是否为结束，若文件结束，feof(fp)返回非零值，否则返回 0。

（3）getc()函数及 putc()函数。

getc()、putc()函数与 fgetc()、fputc()函数功能完全相同，它们只是函数名不同而已，其实在 stdio.h 中存在宏定义如下：

```
#define putc(ch,fp) fputc(ch,fp)
#define getc(fp) fgetc(fp)
```

因此，通常情况下可以把它们看做相同的函数。

（4）fputc()函数、fgetc()函数使用举例。

【例 11.5】从键盘输入一些字符，逐个把它们存到磁盘文件中，直到输入一个"#"结束。

```
#include "stdio.h"
main()
{
  char ch, filename[20];
  FILE *fp;
  scanf("%s",filename);
  if((fp=fopen(filename,"w"))==NULL
  {
    printf("cannot open this file\n");
    exit(0);
  }
  while((ch=getchar())!='#')
  {
    fputc(ch,fp);
    putchar(ch);
  }
  fclose(fp);
}
```

运行输入：

<u>file1.txt</u>   /*输入磁盘文件名*/
<u>computer and c#</u>   /*输入一个字符串*/

运行结果：

computer and c   /*输出一个字符串*/

本程序的功能是从键盘输入磁盘文件名 file1.txt，然后输入要写入该磁盘文件的字符"computer and c#"，"#"表示输入结束，程序将"computer and c"写到以"file1.txt"命名的磁盘文件中，同时在屏幕上显示这些字符。

可以用 DOS 中的 type 命令显示所建立的文件内容如下：

```
C> type file1.txt
computer and c
```

【例 11.6】将一个磁盘文件中的信息复制到另一个磁盘文件中，两个文件名由命令行参数给出。

```
include "stdio.h"
main(int argc,char *argv[])
{
  int ch;
  FILE *fpr,*fpw;
  if(argc!=3)
  {
    printf("you forgot to enter a filename\n");
    exit(0);
  }
  if((fpr=fopen(argv[1],"r"))==NULL)
```

```
{
    printf("File %s cannot open\n",argv[1]);
    exit(0);
}
if((fpw=fopen(argv[2],"w"))==NULL)
{
    printf("FILE %s cannot open\n",argv[2]);
    exit(0);
}
while((ch=fgetc(fpr))!=EOF)
    fputc(ch,fpw);
fclose(fpr);
fclose(fpw);
}
```

假若本程序的文件名为 exp_6.c，经编译连接后得到的可执行文件名为 exp8_6.exe，则在操作命令工作方式下，可以输入命令行如下：

```
C>exp8_6 file1.c file2.c
```

本程序的功能是把 file1.c 文件的内容复制到 file2.c 文件中，类似于 DOS 命令中的 copy 命令。在输入命令行后，argv[0]的内容为 exp8_6，argv[1]的内容为 file1.c，argv[2]的内容为 file2.c，argc 的值为 3（因为命令行共 3 个参数）。文件间的复制工作是由程序中的 while 语句完成，用 fgetc() 函数从源文件 file1.c 中读取字符，用 fputc()函数将字符复制到目标文件 file2.c 中。

为了能同时适用文本文件和二进制文件，则采用二进制文件打开模式。检查文件的结束采用 feof()函数完成。

```
#include "stdio.h"
main(int argc, char *argv[])
{
    int ch;
    FILE *fpr, *fpw;
    if(argc!=3)
    {
        printf("you forgot to enter a filename\n");
        exit(0);
    }
    if((fpr=fopen(argv[1],"rb"))==NULL)
    {
        printf("File %s cannot open\n",argv[1]);
        exit(0);
    }
    if((fpw=fopen(argv[2],"wb"))==NULL)
    {
        printf("File %s cannot open\n",argv[2]);
        exit(0);
    }
    while(!feof(fpr))
        fputc(fgetc(fpr),fpw);
    fclose(fpr);
    fclose(fpw);
}
```

2. fgets()函数与 fputs()函数

文件除了用 fgetc()和 fputc()函数逐个字符进行输入/输出外，还可以用 fgets()和 fputs()函数以字符串为单位进行输入/输出。

（1）fgets()函数。

函数原型：`char *fgets(char *str,int length,FILE *fp);`

功能：从 fp 所指向的文件中，至多读取 length–1 个字符，并把它们放到字符数组 str 中，如果在读入 length–1 个字符结束之前遇到换行符或 EOF，读入即结束，字符串读入后在最后加一个 '\0'字符。其中，fp 是一个调用 fopen()函数时所返回的文件指针，length 指定每行读取字符的个数，str 是指向用于存放所读取的字符串的内存地址，一般作为缓冲区使用的字符数组名。

返回值：如果操作成功，返回 str 指针（str 所指的字符串首地址）；失败时，返回一个空指针 NULL。

（2）fputs()函数。

函数原型：`int fputs(char *str,FILE *fp);`

功能：把 str 所指的字符串写入 fp 所指的文件中。其中，str 可以是字符串、字符型指针或字符数组名，fp 是指向文件的指针。

返回值：如果操作成功返回 0，否则返回 EOF。

（3）fgets()函数和 fputs()函数的例子。

【例 11.7】读取文本文件的内容，并加上行号显示。

```c
#include "stdio.h"
#define SIZE 256
main(int argc, char *argv[])
{
  char ch[SIZE];
  int c,line;
  FILE *fp;
  if(argc!=2)
  {
    printf("you forgot to enter a filemane\n");
    exit(0);
  }
  if((fp=fopen(argv[1],"r"))==NULL)
  {
    printf("File %s cannot open\n",argv[1]);
    exit(0);
  }
  line=1;
  while(fgets(ch,SIZE,fp)!=NULL)
    printf("%4d\t%s\n",line++,ch);
  fclose(fp);
}
```

本程序的功能是用 fgets()函数每次从 fp 所指的文件中读取至多 SIZE–1 个字符送到 ch[]中，然后用 printf()函数将行号和 ch[]中的内容一同输出。

3. fread()函数与 fwrite()函数

fgetc()、fputc()函数可以用来读/写文件中的一个字符，fgets()、fputs()函数可以用来读/写文件中的一行字符。但是常常要求一次读入一组数据。例如，读取一个结构变量的整体数据。ANSI C 标准设置两个函数 fread()函数和 fwrite()函数，用于读/写一个数据块。

（1）fread()函数。

函数原型：`int fread(void *buffer,int num_bytes,int count,FILE *fp);`

功能：从 fp 所指的文件中读取 count 个字段，每个字段为 num_bytes 个字节，把它们送到 buffer 所指的缓冲数组中，其中，buffer 是一个指向用来接受从文件中读取的数据存储区的指针，num_bytes 表示读取每个字段的字节数，count 表示要读取多少个字段，fp 表示已打开的数据流的文件指针。

返回值：如果操作成功，返回实际读取的字段数；如果文件结束或操作中有错，则返回 0。

（2）fwrite()函数。

函数原型：`int fwrite(void *buffer,int num_bytes,int count,FILE *fp);`

功能：从 buffer 所指的数组中，把 count 个字段写到 fp 所指的文件中，每个字段为 num_bytes 个字节，其中 buffer 表示要输出数据的地址，其他参数的意义同 fread()中对应的参数。

返回值：如果操作成功，返回实际所写的字段的个数，如果文件结束或操作中有错，则返回 0 。

（3）fread()和 fwrite()函数使用例子。

【例 11.8】从键盘输入 4 个学生的有关数据，然后把它们转存到磁盘文件中去。

```c
#include "stdio.h"
#define SIZE 4
struct student_type
{
  char name [10];
  int  num;
  int  age;
  char  addr[15];
} stud[SIZE];
void save()
{
  FILE *fp;
  int i;
  if((fp=fopen("stu_list","wb"))==NULL)
  {
    printf("cannot open this file\n");
    exit(0);
  }
  for(i=0;i<SIZE;i++)
    if(fwrite(&stud[i],sizeof(struct student_type),1,fp)!=1)
      printf("file write error\n");
}
main()
{
  int i;
```

```
    for(i=0;i<SIZE;i++)
      scanf("%s%d%d%s",stud[i].name,&stud[i].num,&stud[i].age,stud[i].
      addr);
    save();
}
```

运行输入：

```
zhang        1001        19        room-101
fun          1002        20        room-102
tan          1003        21        room-103
ling         1004        21        room-104
```

本程序的功能是在 main()函数中，从终端键盘输入 4 个学生的数据（学生的姓名，学号，年龄和地址），然后调用 save()函数将这些数据写入以 stu_list 命名的磁盘文件中。

fwrite()函数的作用是将一个长度为 29 个字节的数据块送到 stu_list 文件中。一个 student_type 类型结构体变量的长度为它的成员长度之和，即(10+2+2+15=29)。

本程序运行时，屏幕上无任何信息显示，只是将从键盘输入的数据送到磁盘文件中去。如果想验证一下磁盘文件 stu_list 中是否已存在这些数据，可用以下方法在屏幕上显示 stu_list 文件中的数据。

```
#include "stdio.h"
#define SIZE 4
struct student_type
{
  char name[10];
  int num;
  int age;
  char  addr[15];
} stud[SIZE];
main()
{
  int i;
  FILE *fp;
  if((fp=fopen("stu_list","rb"))==NULL)
  {
    printf("cannot open this file\n");
    exit(0);
  }
  for(i-0;i<SIZE;i++)
  {
    fread(&stud[i],sizeof(struct student_type),1,fp);
    printf("%-10s%4d%4d%-15s\n",stud[i].name,stud[i].num,
    stud[i].age,stud[i].addr);
  }
}
```

运行结果：（屏幕上显示）

```
zhang        1001        19        room-101
fun          1002        20        room-102
tan          1003        21        room-103
ling         1004        21        room-104
```

说明：

（1）从键盘输入 4 个学生的数据是 ASCII 码，也就是文本文件，在送到内存时，回车和换行符转换成一个换行符。再从内存以"wb"方式（二进制写）输出到 stu_list 文件中，此时不发生字符转换，按内存中存储形式原样输出到磁盘文件中去，后又用 fread()函数以"rb"方式从 stu_list 文件中向内存读入数据，不发生字符转换，这时内存中的数据恢复到最开始时的情况，然后用 printf()函数输出到显示屏上，printf()函数是格式输出函数，输出 ASCII 码，在屏幕上显示字符。换行符又转换为回车加换行符。如果从 stu_list 文件中以"r"方式读入数据就会出错。

（2）fread()、fwrite()函数一般用于二进制文件的输入、输出。因为它们是按数据块的长度来处理输入、输出的，在字符发生转换的情况下，很可能出现与原设想的情况不同。

例如，fread(&stud[i],sizeof(struct student_type),1,stdin);想从终端键盘输入数据，这在语法上并不存在错误，编译能通过。如用以下形式输入数据：

```
zhang 1001 19 room-101
...
```

由于 fread()函数要求一次输入 29 个字节（而不问这些字节的内容），因此，输入数据中的空格也可作为输入数据而不作为数据间的分隔符了。连空格也存储到 stud[i]中去了，显然是错误的。

由于 ANSI C 标准不采用非缓冲输入/输出系统，所以在缓冲系统中增加了 fread()和 fwrite()两个函数，用来读/写一个数据块。

4．fscanf()函数与 fprintf()函数

fscanf()与 fprintf()很像 scanf()和 printf()，只是它们对一般磁盘文件进行格式化输入、输出，而不是对标准设备进行格式化输入、输出。

（1）fscanf()函数。

函数原型：`int fscanf(FILE *fp,char *format,arg_list);`

功能：从 fp 所指的文件中，按 format 格式读取 arg_list 对应的数据。其中，fp 表示已打开的数据流的文件指针，format 表示控制字符串，arg_list 表示参量表，format 和 arg_list 的使用和 scanf()相同。

返回值：如果操作成功，返回实际读取的参数个数；否则返回一个负数。

例如，`fscanf(fp,"%d%f",&i,&f);`表示从 fp 所指文件中读取一个整数和一个实数。

（2）fprintf()函数。

函数原型：`int fprintf(FILE *fp,char *format,art_list);`

功能：将 art_list 内各参数值以 format 格式输出到 fp 所指的文件中，其中，fp 表示打开的数据流的文件指针，format 表示控制字符串，art_list 表示参量表，format 和 art_list 的使用和 printf()相同。

返回值：如果操作成功，返回实际被写的参数个数；否则返回一个负数。

例如，`fprintf(fp,"%d,%f",i,f);`表示将整型变量 i 和实型变量 f 的值按%d 和%f 的格式输出到 fp 所指的文件中。

11.2.4　文件的定位

文件中有一个位置指针，指向当前读/写的位置。在顺序读/写一个文件时，每次读/写之后，位置指针自动向下移动一个位置。有时我们希望在文件的任意指定位置读/写文件，这就必须使用定位函数。

1．rewind()函数

函数原型：`void rewind(FILE *fp)`

功能：使 fp 所指文件的位置指针重新返回到文件的开头。

返回值：此函数无返回值。

2．fseek()函数和随机读/写

对流式文件可以进行顺序读/写，也可以进行随机读/写，关键在于控制文件的位置指针。如果位置指针是按字节位置顺序移动的，就是顺序读/写。如果可以将位置指针按需要移动到仜意位置，就实现了随机读/写。所谓随机读写，即读写完上一个字节后，并不一定要读/写其后继的字节，而是可以读/写文件中用户指定的任意字节。用 fseek()函数可以实现文件的位置指针的改变。

函数原型： `int fseek(FILE *fp,long offset,int origin);`

功能：按 offset 和 origin 的值，设置 fp 所指文件的当前读/写位置。

其中，fp 表示已打开的流文件指针；origin 表示起始位置，它在 ANSI C 标准定义中的规定如表 11-3 所示；offset 表示偏移量，它是从起始位置 origin 到要确定的新位置方向的字节数目。

返回值：如果操作成功返回 0；否则返回非 0。

表 11-3　ANSI C 标准对文件起始位置的定义

起始位置（origin）	宏 定 义	数 字 代 表
文件开始	SEEK_SET	0
文件当前位置	SEEK_CUR	1
文件末尾	SEEK_END	2

说明：

（1）偏移量 offset 表示从起始点 origin 移动的字节数，它是一个 long 型数据，这样可以保证当文件长度超过 64KB 时，不至于出问题。ANSI C 标准规定在数字的末尾加一个字母 L 就表示是 long 型。当被操作的文件是结构类集合时，可用 sizeof()函数确定偏移量，当偏移量为正整数时，从当前位置向前移动偏移量字节，当偏移量为负数时，从当前位置向后移动偏移量字节。

（2）fseek()函数一般用于二进制文件。因为文本文件要发生字符转换，计算位置时会发生错误。

例如：

```
fseek(fp,100L,0);              将位置指针移到离文件头 100 字节处。
fseek(fp,-20L,SEEK_END);       将位置指针从文件末尾后退 20 字节。
fseek(fp,50L,1);               将位置指针移到离当前位置 50 字节处。
```

【例 11.9】在磁盘文件 stud.dat 中存有 10 个学生的数据，要求将第 2、4、6、8、10 个学生数据显示在屏幕上。

```
#include "stdio.h"
struct student_type
{
  char name[10];
  int  num;
  int  age;
  char sex;
} stud[10];
main()
```

```
{
    int i;
    FILE *fp;
    if((fp=fopen("stud.dat","rb"))==NULL)
    {
        printf("cannot open this file\n");
        exit(0);
    }
    for(i=1;i<10;i+=2)
    {
        fseek(fp,i*sizeof(struct student_type),0);
        fread(&stud[i],sizeof(struct student_type),1,fp);
        printf("%s%d%d%c\n",stud[i].name,stud[i].num,stud[i].age,
        stud[i].sex);
    }
    fclose(fp);
}
```

11.2.5 出错的检测

1. ferror()函数

在调用各种输入/输出函数（如 fputc、fgetc、fread、fwrite 等）时，如果出现错误，除了函数返回值有所反映外，还可用 ferror()函数检查。

函数原型：int ferror(FILE *fp);

功能：检测 fp 所指文件的错误。其中，fp 表示已打开的流文件指针。

返回值：如果返回值为 0（假），表示未出错；如果返回一个非零值，表示出错。

前面介绍过文件的有关操作，当出错时返回 EOF，但对于二进制的流文件 EOF 是一个合法值。因此，判断出错的方法就需利用此函数。

应该注意，对同一个文件每一次调用输入/输出函数，均会产生一个新的 ferror()函数值。因此，应当在调用一个输入/输出函数后立即检查 ferror()函数的值，否则信息会丢失。在执行 fopen()函数时，ferror()函数的初始值自动置为 0。

2. clearerr()函数

函数原型：void clearerr(FILE *fp);

功能：使 fp 所指文件错误标志和文件结束标志置为 0。

返回值：无。

假设在调用一个输入/输出函数时，出现错误。ferror()函数值为一个非零值，在调用 clearerr(fp) 后，ferror(fp)的值变成 0。只要出现错误标志，就会一直保留，直到对同一文件调用 clearerr()函数或 rewind()函数，或任何其他一个输入/输出函数。

11.3　非缓冲型文件输入/输出系统

非缓冲型输入/输出系统又称为低级磁盘输入/输出系统。在非缓冲文件系统中，系统不自动提供文件缓冲区，编程者必须提供和维护磁盘缓冲区；在非缓冲文件系统中也提供了一些输入/

输出函数，这些函数对文件的访问不是通过文件指针，而是用一个称为文件说明符的非零整数（类似于 FORTRAN 中的"文件号"）代表一个文件。

非缓冲文件系统是基于 UNIX 的，ANSI C 标准不包含这部分内容。鉴于实际工作中的情况，此处对非缓冲型文件做一些简单的介绍，并不提倡使用。

1. open()函数

函数原型：`int open(char *filename,int mode);`

功能：用于打开文件名为 filename 的文件，其中，filename 是任一有效文件名，mode 表示打开文件的操作方式，下面是 3 个由 fcntl.h 中的宏定义之一，如表 11-4 所示。

返回值：如果调用成功，函数返回一个正整数，文件指针置于开始处；如出错，函数返回-1。

表 11-4　mode 表示

mode 宏定义	mode 数字表示	含　义
O_RDONLY	0	只读
O_WRONLY	1	只写
O_RDWR	2	可读/写

【例 11.10】只读方式打开文件。

```
int fnum;
if((fnum=open("stud.dat",0))==-1)
{ printf("cannot open this file\\n");
    exit(0);
}
```

程序以只读方式打开文件 stud.dat，如果打开失败（如该文件不存在），则返回-1。

2. close()函数

函数原型：`int close(int fd);`

功能：关闭 fd 所表示的文件，其中，fd 为整型变量，它是"文件说明符"（即文件号）。

返回值：如果操作成功，函数返回 0；否则返回-1。

fd 代表一个确定的文件，执行 close()函数后，文件号释放，它不再与一个确定的文件相联系，但可以再被用来与另一个文件相联系。文件号是由系统在打开文件时确定的，并且系统规定了可以同时打开的最大文件数，而不是由程序设计者指定的。因此，凡不再使用的文件应及时用 close()函数关闭。

3. creat()函数

函数原型：`int creat(char *filename,int mode);`

功能：创建一个由 mode 决定操作方式的名为 filename 的新文件。如果文件已经存在，则使文件中原来的内容全部丢失。

返回值：如果操作成功，函数返回一个整数文件号；如果创建文件失败则返回-1。

4. read()函数

函数原型：`int read(int fd,void *buf,int num);`

功能：从文件说明符 fd 所关联的文件中读入 num 个字节到由 buf 所指的缓冲区中，可读的最大字节数为 65534。

返回值：如果操作成功，返回读入缓冲区的字节数，在文件结束时可能少于 num 个字节数；如果出错则返回-1。

【例 11.11】从文件 a1 中读取前 50 字节送到数组 buf 中，并将该字符串显示出来。

```c
#include "stdio.h"
#include "io.h"
main()
{
  int fd,i;
  char buf[50];
  if((fd=open("a1",0))==-1)
   {
     printf("cannot open this file\n");
     exit(0);
   }
  if(read(fd,buf,50)!=50)
   printf("possible read error");
  for(i=0;i<50;i++)
   putchar (buf[i]);
  close(fd);
}
```

文件号的说明包含在 io.h 文件中，因此，要使用#include "io.h"。

当读到的字节数不为 50 时，不能马上断定读取数据出错，因为可能 a1 文件中的数据本身不足 50 字节。

5. write()函数

函数原型：int write(int fd, void *buf, int num);

功能：写数据缓冲区 buf 的内容到 fd 相关联的文件中，写的长度为 num 字节。

返回值：如果操作成功，返回所写的字节数；否则返回-1。

【例 11.12】文件复制程序。

```c
#include "stdio.h"
#include "io.h"
#define BUFFSIZE 512
main( int argc, char *argv[])
{
  char buf[BUFFSIZE];
  int nr,fdr,fdw;
  if(argc<3)
  {
    printf("you forgot to enter a filename\n");
    exit(0);
  }
  if((fdr=open(argv[1],0))==-1)
  {
    printf("cannot open input file\n");
    exit(0);
  }
  if((fdw=creat(argv[2],1))==-1)
  {
```

```
        printf("%s",argv[2]);
        printf("cannot open output file!\n");
        exit(0);
    }
    while((nr=read(fdr,buf,BUFFSIZE))>0)
      write(fdw,buf,nr);
    close(fdr);
    close(fdw);
}
```

运行时输入命令行如下：

```
exp10.11 file1 file2
```

exp10.11 为本程序编译连接之后的可执行文件名；file1 为源文件，必须存在；file2 为目标文件，可以不存在。执行程序时，从 file1 中每次至多读 512 字节，实现文件的复制功能。

【例 11.13】显示文件的内容。

```
#define SIZE 51
#include "io.h"
main(int argc , char *argv[])
{
  char buf[SIZE];
  int fd,n;
  if(argc!=2)
  {
     printf("usage: type file\n");
     exit(0);
  }
  if((fd=open(argv[1],0))==-1)
  {
     printf("cannot open %s\n",argv[1]);
     exit(0);
  }
  while((n=read(fd,buf,sizeof(buf)))>0)
    write(1,buf,n);
  exit(0);
}
```

这个程序中 read() 函数返回值可能与 sizeof(buf) 不等，所以输出时，只能用 n，而不能用 sizeof(buf) 表示输出的字节数。函数调用 exit(0) 关闭所有打开的文件，然后结束程序运行。在使用非缓冲文件系统时，也有 3 个文件被自动打开，它们是标准输入、标准输出和标准错误输出，其 fd 值分别为 0、1、2。

6. lseek() 函数和随机访问

在文件随机存取时用于移动文件指针，类似于缓冲文件系统中的 fseek() 函数。

函数原型：long lseek(int fd,long offset,int origin);

功能：按照 offset 和 origin 的值，来设置由 fd 所表示的文件位置指针。其中 soffset 为长整型数，表示偏移的字节数；origin 表示起始位置。

在 io.h 中的宏定义如表 11-5 所示。

返回值：如果操作成功，函数将返回一个长整数，否则返回 -1。

表11-5　io.h中宏定义

起 始 点	名　字	用数字表示
文件开头	SEEK_SET	0
文件当前位置	SEEK_CUR	1
文件尾	SEEK_END	2

例如：

lseek(fd,100L,0);表示将文件位置指针移到离文件头100字节处。

lseek(fd,-10L,1);表示将文件位置指针从当前位置倒退10字节。

lseek()函数的使用方法与fseek()函数类似，读者可参阅前面的内容。

此外需强调，为了提高程序可移植性，一般不提倡使用ANSI C不包含的函数。

本 章 小 结

1．C文件的概念

（1）C语言中文件不是由记录组成，而是被看做是一个字符（字节）的序列，称为流式文件。

（2）C文件根据数据的组织形式可分为ASCII（文本）文件和二进制文件。

（3）C语言对文件的处理方法为缓冲文件系统和非缓冲文件系统。ANSI C标准采用缓冲文件系统。

（4）在缓冲文件系统中是靠文件指针与相应文件建立起联系的。一般有几个文件就至少应有几个文件指针。

（5）文件指针的定义形式如下：

```
FILE  *指针变量名;          /*文件型指针变量*/
```

2．文本文件和二进制文件

C语言文件由一个字符（字节）序列组成，即把数据看做是一连串的字符（字节），对文件的存取是以字符（字节）为单位的。根据数据的组织形式，可分为ASCII码文件和二进制文件。

ASCII码文件又称为文本文件，其每个字节存放一个ASCII码，代表一个字符；例如，整数-256在内存中只占2字节（假设为int类型），以二进制数的形式存放，当把这个数输出到终端屏幕上或打印时，系统会自动把它翻译成-256 4个字符，便于人们阅读，由这种数据组成的文件称为二进制文件。任何文本文件都可以在终端上显示，而二进制文件却不能，当然也不能打印，二进制文件只能由计算机去读。

文本文件在进行输入或输出时都要经过转换，因此效率较低；但ASCII码的标准是统一的。因此，这种代码的文件易于移植。二进制文件在输入/输出时没有转化的步骤，因此效率较高。但各类计算机对数据的二进制存放形式各有差异，且无法进行人工阅读，因此，这类文件的可移植性较差，一般用来保存数据计算的中间结果，由本计算机写，再由本计算机读入。

3．文件的输入和输出

把内存中的数据（这些数据在程序中存放在变量、数组等存储单元中）输出到外部介质（如磁盘）上的操作称为文件的输出，或称为写操作、写文件操作。

把文件中的内容读到内存中，具体地说，是输入到各变量、数组等存储单元中，称为文件的输入，或称为读操作、读文件操作。

在 C 语言中，对文件的输入和输出操作通过 C 语言提供的库函数来实现。在调用这些库函数时，必须在程序中包含头文件 stdio.h。

4．有关文件的操作

C 语言中对文件的操作由库函数来实现，在使用系统提供的标准库函数时，根据库函数的概念，必须要了解以下 4 个方面，并能灵活运用。

（1）函数的功能。

（2）函数形式参数的个数和顺序，每个参数的类型和意义。

（3）函数返回值的类型和意义。

（4）函数原型所在的头文件。

标准通用输入/输出函数 scanf()、printf()。

标准字符输入/输出函数 getche()、getchar()、getch()、putchar()。

字符串输入/输出函数 gets()、puts()。

文件的打开与关闭函数 fopen()、fclose()。

文件的读/写函数 fputc()与 fgetc()（(putc()和 getc())、fgets()与 fputs()、gets()与 puts()、fread()与 fwrite()、fscanf()与 fprintf()。

文件的定位函数 rewind()、fseek()。

出错的检测函数 ferror()、clearerr()。

习 题 十 一

一、选择题

1．C 语言中，文件由（　　　）。

    A．记录组成   B．由数据行组成

    C．由数据块组成   D．由字符（字节）序列组成

2．C 语言中的文件类型只有（　　　）。

    A．索引文件和文本文件两种   B．ASCII 文件和二进制文件两种

    C．文本文件一种   D．二进制文件一种

3．fgets(str,n,fp)函数从文件中读入个字符串，以下正确的叙述是（　　　）。

    A．字符串读入后不会自动加入'\0'

    B．fp 是 file 类型的指针

    C．fgets()函数将从文件中最多读入 n-1 个字符

    D．fgets()函数将从文件中最多读入 n 个字符

4．已知函数 fread 的调用形式为 fread(buffer,size,count,fp)，其中 buffer 是（　　　）。

    A．存放读入数据项的存储区

    B．一个指向所读文件的文件指针

    C．存放读入数据的地址或指向此地址的指针

    D．一个整型变量，代表要读入的数据项总数

5. C 语言中的文件的存取方式有（　　　）。

A. 只能顺序存取

B. 只能随机存取（直接存取）

C. 可以顺序存取，也可随机存取

D. 只能从文件的开头进行存取

6. 若 fp 是文件指针，且文件已正确打开，以下语句的输出结果为（　　　）。

```
fseek(fp,0,SEEK_END);
i=ftell(fp);
printf("i=%d\n",i);
```

A. fp 所指文件的记录长度

B. fp 所指文件的长度，以字节为单位

C. fp 所指文件的长度，以比特为单位

D. fp 所指文件当前位置，以字节为单位

7. 要打开一个已存在的非空文件"file"用于修改，选择正确的语句（　　　）。

A. fp=fopen("file","r");

B. fp=fopen("file","w");

C. fp=fopen("file","r+");

D. fp=fopen("file","w+");

8. 函数调用语句"fsee(fp,–20L,SEEK_END);"的含义是（　　　）。

A. 将文件位置指针移到距文件开头 20 个字节处

B. 将文件位置指针从当前位置向后移动 20 个字节

C. 将文件位置指针从文件末尾处向后移动 20 个字节

D. 将文件位置指针移到离当前位置 20 个字节处

9. rewind()函数的作用是（　　　）。

A. 使位置指针重新返回到文件开头

B. 将位置指针指向文件中的当前位置

C. 使位置指针指向文件末尾

D. 使位置指针指自动移至下一个字符位置

10. 下了程序运行后输出结果是（　　　）。

```
#include <stdio.h>
main()
{ FILE *fp;
  int i,k,n;
  fp=fopen("data.dat","w+");
  for(i=1;i<6;i++)
  { fprintf(fp, "%d",i);
    if(i%3==0) fprint(fp,"\n");
  }
  rewind(fp);
  fscanf(fp,"%d%d",&k,&n);
  printf("%d %d\n",k,n);
  fclose(fp);
}
```

A. 0 0　　　　　　B. 123 45　　　　　　C. 1 4　　　　　　D. 1 2

11. 执行下列程序后，data.txt 文件的内容是（文件能正常打开）（　　　）。

```
#include <stdio.h>
main()
{ FILE *fp;
  char *a="Fortran",*b="Basic";
```

```
      if((fp=fopen("data.txt","wb"))==NULL)
        { printf("Can't open data.txt file\n");exit(1);}
      fwrite(a,7,1,fp); /*把从地址 a 开始的 7 个字符写到 fp 所指文件中*/
      fseek(fp,0L,SEEL_SET);
      fwrite(b,5,1,fp); /*把从地址 b 开始的 5 个字符写到 fp 所指文件中*/
      fclose(fp);
    }
```

A. Basican   B. BasicFortran

C. Basic   D. FortranBasic

12. 下列程序的运行结果是（   ）。

```
    #include <stdio.h>
    main()
    { FILE *fp;
    int a[5]={1,2,3},i,n;
    fp=fopen("data.dat","w");
    for(i=0;i<3;i++)
      fprintf(fp,"%d",a[i]);
    fprintf(fp,"\n");
    fclose(fp);
    fp=fopen("data.dat","r");
    fscanf(fp,"%d",&n);
    printf("%d\n",n);
    fclose(fp);
    }
```

A. 12300   B. 123   C. 1   D. 321

二、填空题

1. 调用 fopen()函数打开一文本文件，在"使用方式"这一项中，为输出而打开需填入＿＿＿＿，为输入而打开需填人＿＿＿＿，为追加而打开需＿＿＿＿。

2. feof()函数可用于＿＿＿＿文件和＿＿＿＿文件，它用来判断即将读人的是否为＿＿＿＿，若是，函数值为＿＿＿＿。

3. C 语言中调用＿＿＿＿函数打开文件，调用＿＿＿＿函数关闭文件。

4. 若 ch 为字符变量，fp 为文本文件指针，请写出从 fp 所指文件中读入一个字符时，可用的两种不同的文件输入语句＿＿＿＿，＿＿＿＿，请写出把一个字符输出到 fp 所指文件中的两种不同的文件输出语句＿＿＿＿，＿＿＿＿。

5. 若需要将文件中的位置指针重新回到文件的开头位置，可调用＿＿＿＿函数，若需要将文件中的位置指针指向文件中倒数第 20 字节处，可调用＿＿＿＿函数。

6. sp=fgets(str,n,fp);函数调用语句从＿＿＿＿指向的文件输入＿＿＿＿个字符，并把它们放到字符数组 str 中，sp 得到＿＿＿＿的地址。＿＿＿＿函数的作用是向指定的文件输出一个字符串，输出成功，函数值为＿＿＿＿。

7. 在 C 程序中，可以对文件进行的两种存取方式是＿＿＿＿、＿＿＿＿。

8. 在 C 文件中，数据存放的两种代码形式是＿＿＿＿、＿＿＿＿。

9. feof(fp)函数用来判断文件是否结束，如果遇到文件结束，函数值为＿＿＿＿，否则＿＿＿＿。

10. 函数调用语句：fgets(str,n,fp)；从 fp 指向的文件中读入_____个字符放到 str 字符数组中。函数值为_____。

11. 在 C 中，文件指针变量的类型只能是_____。

12. 为了从文本文件中读入数据，在打开文件时，应该指定的方式是_____。

13. 为了把新的数据加到一个二进制文件的末尾，在打开文件时，应该指定的方式是_____。

14. 文件结束标志 EOF 只可用于_____文件。

15. 当结束对文件的输入/输出操作时，用来关闭文件的预定义函数是_____。

三、编程题

1. 编程从键盘上输入一个字符串，将字符串中小写字母全部转换成大写字母，输出到文件 data.txt 中保存，输入的字符串以"!"结束，然后从该文件中读出字符串并显示。

2. 编程从键盘上给 a 数组任意赋值 10 个整型数据，把这 10 个整型数据输出到"test1"文件中保存，然后从文件 test1 中读取 10 个数据，对这 10 个数据进行有小到大进行排序，把排好序的数据存放到文件 test2 中保存。

3. 对某单位 10 名职工按下列要求编程实现：

（1）从键盘输入 10 名职工数据，职工数据包括职工编号、姓名、年龄、工资，将数据保存在文件 worker1.dat 中，然后从文件中调出这些数据进行输出。

（2）对存放在 work1.dat 中的职工数据，按工资由高到低进行排序，将排好序的职工记录保存在文件 worker2 中，同时输出这些数据。

（3）在 worker2 文件中的数据基础上，增加一名职工数据，按职工工资由高到低的顺序插入到原有数据中，把排好序的职工数据保存在文件 worker3 中，同时输出这些数据。

（4）对文件 worker3 中的数据输出顺序号为偶数的职工记录数据（第 2、4、6、…个职工的数据）。

第 **12** 章 位 运 算

C 语言最初是为了编写系统程序而设计的,所以它提供了很多类似于汇编语言的功能,如第 9 章介绍的指针和本章将要介绍的位运算等。C 语言既具有高级语言的特点,又具有低级语言的功能,因而具有广泛的用途和很强的生命力。

位运算是指对二进制位进行的运算。其运算对象不是以一个数据为单位,而是对内存中存储数据的每个二进制位进行运算。每个二进制位只能存放 0 和 1。通常把组成一个数据的最右边的二进制位称为第 0 位,然后是第 1 位……,数据中最左边的二进制位是最高位。正确的使用二进制位运算,将有助于节省内存空间和编写复杂的程序。

位运算的运算数据只能是整型或字符型,而不能是实型等其他类型。

12.1 基本位运算符与位运算

如表 12-1 所示,C 语言提供了 4 种基本位运算符。其中,除了运算符 "~" 是单目运算符之外,其他都是双目运算符。

12.1.1 按位与运算符(&)

按位与运算是对两个运算数据的对应二进制位进行与运算。运算规则:若对应两个位都为 1,则该位与的结果为 1,否则为 0。此运算规则如表 12-2 所示。

表 12-1 位运算符

运 算 符	名 称	例 子	运 算 功 能
&	按位与	a&b	a 和 b 按位与
|	按位或	a|b	a 和 b 按位或
^	按位异或	a^b	a 和 b 按位异或
~	按位求反	~a	a 按位取反

表 12-2 按位与运算规则

&	0	1
0	0	0
1	0	1

【例 12.1】设 a=0x17,b=0x26,计算 c=a&b 的结果值。

此题中变量 a 的二进制表示为 00010111,变量 b 的二进制表示为 00100110。计算过程如下:

```
        00010111(a)
&       00100110(b)
        ─────────────
        00000110(c = a&b)
```

即 a&b 的值为 0x06。

根据按位与运算的规则，可知如下：

（1）一个数的某二进制位与0相与，该位结果为0。

（2）一个数的某二进制位与1相与，该位结果保持原值。

据此，按位与运算有如下两个用途：

（1）将数据中的某些位置零。若想将一个数a的某些位置0，只需找另一个数b，其相应位为0，然后与a进行按位与运算即可。

【例12.2】设a=01011011，将a的第2位置0，结果存入变量c中。

此题要将a的第2位置0，因此取一个数b，其第2位为0，其他位为1，即b=11111101。然后将a与b按位与，结果存入变量c中。计算过程如下：

$$
\begin{array}{r}
01011011\ （a）\\
\&\ \ 11111101\ （b）\\
\hline
01011001\ （c=a\&b）
\end{array}
$$

（2）保留一个数中某些指定位。要想将数a的某位保留下来，就与一个数b进行与运算，此数在该位取1。

【例12.3】设a=01101101，取a的左起第3、4、7、8位的值，将结果存入变量c中。

此题要取a的左起第3、4、7、8位的值，因此设一个数b，其左起第3、4、6、7、8位为1，其他位为0，即b=00110111。然后将a与b按位与，结果存入变量c中。计算过程如下：

$$
\begin{array}{r}
01101101\ （a）\\
\&\ \ 00110111\ （b）\\
\hline
00100101\ （c=a\&b）
\end{array}
$$

12.1.2　按位或运算符（｜）

按位或运算是对两个运算数据的对应二进制位进行或运算。其运算规则是：若对应的两个位都是0，则该位或的结果值为0，否则为1。此运算规则如表12-3所示。

表12-3　按位或运算规则

1	0	1
0	0	0
1	1	1

【例12.4】设a=0x17，b=0x26，计算c=a｜b的结果值。

$$
\begin{array}{r}
00010111\ （a）\\
｜\ \ 00100110\ （b）\\
\hline
00110111\ （c=a｜b）
\end{array}
$$

即a｜b的值为0x37。

根据按位或的运算规则，可知：

（1）一个数的某二进制位与0相或，该位结果保持原值。

（2）一个数的某二进制位与1相或，该位结果为1。

据此，按位或运算有用途如下：

将一个数的某些特定位置1。

【例12.5】设a=0101010110011001，将a的低8位均置1，高8位保留原值。结果存入变量c中。

此题要将 a 的低 8 位均置 1，高 8 位保留原值，因此设一个数 b，使其低 8 位为 1，高 8 位为 0，即 b=0000000011111111。然后将 a 与 b 按位或，结果存入变量 c 中。计算过程如下：

$$
\begin{array}{r}
0101010110011001 \ （a） \\
|\ \ 0000000011111111 \ （b） \\
\hline
0101010111111111 \ （c = a|b）
\end{array}
$$

显然，这样或的结果使 a 的高 8 位保留了原值，而低 8 位均置成了 1。

12.1.3 按位异或运算符（^）

按位异或运算是对两个运算数据的对应二进制位进行异或运算。运算规则：若相应的两个位的值不同，则结果值为 1；若两个位的值相同，则结果值为 0。此运算规则如表 12-4 所示。

表 12-4 按位异或运算规则

^	0	1
0	0	1
1	1	0

【例 12.6】设 a=0x17，b=0x26，计算 c=a^b 结果值。

此题的计算过程如下：

$$
\begin{array}{r}
00010111 \ （a） \\
^\wedge\ \ 00100110 \ （b） \\
\hline
00110001 \ （c = a^b）
\end{array}
$$

即 a^b 的值为 0x31。

根据按位异或运算规则，易知：

（1）一个数的某二进制位与 0 相异或，可保留原值。

（2）一个数的某二进制位与 1 相异或，可使 0 变 1，1 变 0。

据此，按位异或运算有 3 个用途如下：

（1）保留原值。一个数与 0 进行异或运算，保留原值。

【例 12.7】设 a=01010011，b=00000000，令 c=a^b，则变量 c 得到的是变量 a 的原值。计算过程如下：

$$
\begin{array}{r}
01010011 \ （a） \\
^\wedge\ \ 00000000 \ （b） \\
\hline
01010011 \ （c = a^b）
\end{array}
$$

（2）使特定位翻转。

【例 12.8】设 a=01010011，将 a 的低 4 位翻转，高 4 位保持不变，结果存入变量 c 中。

此题要使 a 的低 4 位翻转，高 4 位保持不变，因此设一个数 b，使其低 4 位为 1，高 4 位为 0，即 b=00001111。然后将 a 与 b 按位异或，结果存入变量 c 中。计算过程如下：

$$
\begin{array}{r}
01010011 \ （a） \\
^\wedge\ \ 00001111 \ （b） \\
\hline
01011100 \ （c = a^b）
\end{array}
$$

（3）交换两个变量值，不借助临时变量。

前面讲过，若要交换两个变量的值，要借助一临时变量。设有两个变量 a、b，将两个变量的值进行交换，设临时变量 c，交换变量值的语句组为"c=a;a=b;b=c;"。

在这里可以不借助临时变量，使用按位异或运算实现 a 和 b 两个变量值的交换。交换变量值的语句组为："a=a^b;b=b^a;a=a^b;"

【例 12.9】设 a=00011011，b=00110110，交换变量 a 和 b 的值。计算过程如下：

```
    00011011（a）              00110110（a）              00101101（a）
  ^ 00110110（b）            ^ 00101101（b）            ^ 00011011（b）
    00101101（a = a^b）        00011011（b = b^a）        00110110（a = a^b）
```

即等效于以下两步：

① b=b^(a^b)=b^a^b=a^b^b=a^0=a;，它相当于上面的前两个赋值语句："a=a^b;"和"b=b^a;"。b^b 的结果为 0，因为同一个数与本身相异或，结果必为 0。现在 b 已得到 a 的值 27。在上式中除了第一个 b 以外，其余的 a、b 都是指原来的 a、b。

② 再执行 a=a^b=(a^b)^(b^a^b)=a^b^b^a^b=a^a^b^b=b;，a 得到 b 原来的值。

12.1.4 按位取反运算符（~）

按位取反运算是把运算数据按二进制位取反。运算规则：若操作数的某位二进制位为 0，则取反后为 1；反之，当它为 1 时，取反后为 0。

【例 12.10】设 a=0x17，计算~a 的值。

计算过程如下：

```
  ~ 00010111
    11101000
```

即~a 的值为 0xe8。

下面举一个例子说明取反运算的应用。

若某系统以 8 位表示一个整数。设一个整数 a，想使其最低一位为 0，可以用 a=a&0376，0376 即二进制数 11111110。设 a 的值为 075，则 a&0376 的运算可以表示如下：

```
    00111101
  & 11111110
    00111100
```

变量 a 的最后一个二进制位变成了 0。但如果将 C 源程序移植到以 16 位存放一个整数的计算机系统上，若将最后一位变成 0，就不能用 a=a&0376，而应改为 a=a&0177776，0177776 即二进制数 1111111111111110。程序的可移植性差。但若改用 a=a&~1，则它对以 8 位和以 16 位存放一个整数的系统都适用，不必做任何修改。因为在以 8 位存储一个整数时，1 的二进制形式为 00000001，~1 是 11111110。在以 16 位存储一个整数时，1 的二进制形式为 0000000000000001，~1 是 1111111111111110。

关于按位取反运算符有以下一点说明：

~运算符的优先级别比算术运算符、关系运算符、逻辑运算符和其他位运算符都高。

12.2 位移运算符与位移运算

如表 12-5 所示，C 语言提供两种位移操作：左移位和右移位。其作用是对运算数据以二进制位为单位进行左移和右移。

表 12-5　左移位和右移位运算规则

运　算　符	名　　　称	例　　子	运 算 功 能
<<	左移位	a<<2	a 左移 2 位
>>	右移位	b>>3	b 右移 3 位

12.2.1　左移运算符（<<）

左移的运算规则：将运算数据中的每个二进制位向左移动若干位，从左边移出去的高位部分被丢弃，右边空出的低位部分补零。

【例 12.11】设无符号整型变量 a 的值为 0x1b，计算 a=a<<2 的值。

此题表示将 a 中的每个二进制位左移 2 位后存入 a 中。由于 0x1b 的二进制表示为 00011011，所以左移 2 位后，将变为 01101100，即 a=a<<2 的结果为 0x6c，如图 12-1 所示。

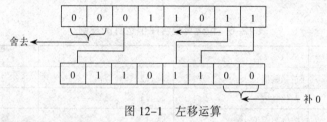

图 12-1　左移运算

由上述运算结果不难看出，在进行"左移"运算时，如果移出去的高位部分不包含 1，则左移一位相当于乘以 2，左移 n 位相当于乘以 2^n。

12.2.2　右移运算符（>>）

右移的运算规则：将运算数据中的每个二进制位向右移动若干位，从右边移出去的低位部分被丢弃。对无符号数来讲，左边空出的高位部分补 0。对有符号数来讲，如果符号位为 0（即正数），则空出的高位部分补 0。如果符号位为 1（即负数），空出的高位部分补 0 还是补 1，与所使用的计算机系统有关。有的计算机系统补 0，称为"逻辑右移"；有的计算机系统补 1，称为"算术右移"。Turbo C 和其他一些 C 编译采用的是"算术右移"。

【例 12.12】变量 a 的值为-8，b 的值为 248，其二进制形式相同，均是 11111000。但它们右移后的结果不同。a 右移的结果为-2，b 右移的结果为 62，如图 12-2 所示。

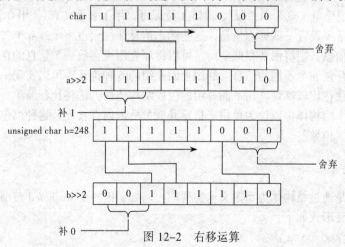

图 12-2　右移运算

【例 12.13】设 a=0x08，计算 a=a>>2 的值。

此题表示将 a 中的每个二进制位右移 2 位后存入 a 中。由于 0x08 的二进制表示为 00001000，所以，右移 2 位后，将变成 00000010，即 a=a>>2 的结果为 0x02。

在进行"右移"运算时，如果移出去的低位部分不包含 1，则右移 1 位相当于除以 2，右移 n 位，相当于除以 2^n。

12.3　位运算的复合赋值运算符

C 语言中不仅提供了算术符合赋值运算符，而且也允许由位操作运算符与赋值运算符复合构成位运算符合赋值运算符。

位运算复合赋值运算的规则：首先进行两个操作数的位运算，然后再将结果赋值给左操作数。这种运算如表 12-6 所示。

表 12-6　位运算复合赋值运算的规则

运　算　符	名　　称	例　　子	等　价　于
<<=	左移赋值	a<<=2	a=a<<2
>>=	右移赋值	a>>=3	a=a>>3
&=	按位与赋值	a&=b	a=a&b
|=	按位或赋值	a|=b	a=a|b
^=	按位异或赋值	a^=b	a=a^b

关于位运算的复合赋值运算符有以下几点需要说明：

（1）位运算复合赋值运算中，左操作数只能是变量，不能是表达式或常量，因为不能把一个表达式的值赋给一个表达式或常量。

（2）位运算复合赋值运算符与赋值运算符属于同一优先级别，结合顺序从右至左。

12.4　位　　段

前面介绍的对内存中信息的存储一般以字节为单位。实际上，有时存储一个信息不必用一个或多个字节。例如，逻辑量"真"和"假"，只需 1 位即可，用 1 表示"真"，用 0 表示"假"。在程序设计过程中，经常要设置一些标志信息，这些标志信息往往仅占一个或 n 个二进制位。如果用一个变量表示某个信息，则将浪费存储空间。可以将原先用来存放一个信息的存储单元划分成若干个小区域、分别存放 n 个不同的信息。利用上面介绍的 6 种位运算可以实现一个变量中包含多种信息的情况，但往往比较麻烦。用下面介绍的位段结构体的方法将比较简单。

C 语言允许在一个结构体中以位为单位来指定其成员所占内存长度，这种以位为单位的成员称为"位段"或称为"位域"。

12.4.1　位段的定义

一个位段的定义是通过结构体类型定义来实现的。例如，把一个 unsigned 整型数据单元分成若干位段，可以按定义形式如下：

```
struct packed_data
```

```
{unsigned a:2;
 unsigned b:6;
 unsigned c:4;
 unsigned d:4;
};
```

上面定义了位段结构类型 struct packed_data，它共包含 4 个位段（成员），分别占 unsigned 型数据存储单元的 2 位、6 位、4 位、4 位。

由于 struct packed_data 位段结构类型，可以定义相应的位段结构类型的变量。例如：struct packed_data data;。

系统将给 data 变量分配占 16 位的存储空间，其内存存储形式如图 12-3 所示。

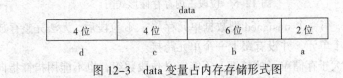

图 12-3　data 变量占内存存储形式图

关于位段的定义有以下几点需要说明：

（1）在存储单元中位段的空间分配方向，因计算机而异。在微机使用的 C 语言中，一般是由右到左进行分配的。

（2）位段成员的类型必须指定为 unsigned 或 int 类型。

可以定义无名位段。例如，

```
struct packed_data
{
   unsigned a:1;
   unsigned :2;
   unsigned b:3;
};
```

其变量的内存存储形式如图 12-4 所示。

图 12-4　定义无名位段占内存存储形式图

此位段结构定义中的第二个位段（成员）是无名位段，它占用两个二进制位，在 a 和 b 位段之间起分隔作用，无名位段所占用的空间不起作用。

若某一位段要从另一个存储单元存放，可以用以下形式定义：

```
struct packed_data
{ unsigned a:1;
  unsigned b:2;
  unsigned :0;
  unsigned c:3;      /*另一存储单元*/
};
```

本来 a，b，c 应连续存放在一个存储单元中，由于中间有一长度为 0 的位段，其作用是使下一个位段从下一个存储单元开始存放。因此，只将 a，b 存储在一个存储单元中，c 另存在下一个单元。

一个位段必须存储在同一存储单元中，不能跨两个单元，如果第一个存储单元所剩空间不能容纳下一个位段，则该空间不用，而以下一个单元起存放该位段。例如，

```
struct packed_data
{
  unsigned a:10;
  unsigned b:5;
  unsigned c:6;
};
```

其变量的内存存储形式如图 12-5 所示。

图 12-5　位段占内存存储形式图

从图中可以看出，第一个 unsigned 型数据单元存放 a、b 位段后，无法完整存放位段 c。因此，位段 c 自动移到下一个单元，并没有跟上一个单元跨接。

位段的长度不能大于存储单元的长度，不能定义位段数组，也不能用指针指向位段。

位段结构定义中，可以包含非位段成员。例如，

```
struct packed_data
{
  unsigned a:4;
  unsigned b:3;
  unsigned c:5;
  int n;
};
```

其变量的内存存储形式如图 12-6 所示。

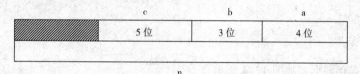

图 12-6　非位段占内存存储形式图

其中，非位段成员 n 在 a，b，c 位段之后从另一个存储单元存放。成员 n 的引用方式同普通结构成员的引用方式完全相同。

12.4.2　位段的引用

对位段结构成员的引用方式，同引用一般结构成员的方式相同。例如，

```
struct packed_data
{
  unsigned a:2;
  unsigned b:2;
  unsigned c:3;
}data;
data.b=3;
```

它表示将 3 赋给 data 位段变量中的 b 位段（成员）中。

关于位段的引用有以下几点需要说明：

（1）在对位段赋值时，应该考虑到每个位段所占用的二进制位数，如果所赋的数值超过了位段的表示范围，则自动取其低位数字。有赋值语句如下：

```
data.a=4;
```
由于 a 位段仅占两个二进制位，因此实际赋给 a 位段的是 4 的二进制表示（即 100）的最低 2 位，即 0。

（2）可以在一般的表达式中被引用，并被自动转换为相应的整型数。例如，下列表达式
```
x=data.b+2*data.c-3;
```
是合法的。

（3）位段可以用整型格式符输出。例如，
```
printf("%d,%d,%d,%d",data.a,data.b,data.c,data.d);
```
当然，也可以用%u、%o、%x 等格式符输出。

12.5 位运算应用举例

【例 12.14】从一个整数 a 的第 7 位开始向下提取 5 位数据，如图 12-7 所示。

分析：要想从一个整数的第 m 位开始向下提取 n 位数据，可按下述 3 个步骤进行。

（1）将整数右移 m−n+1 位。a 右移 m−n+1 位，即 3 位，如图 12-7 所示。

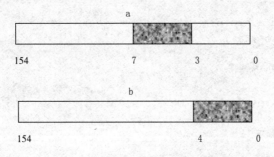

图 12-7　a 右移 3 位

（2）选择这样一个整数，其低 n 位全为 1，其他位全为 0，如图 12-8 所示。

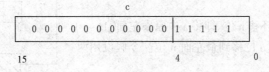

图 12-8　选择整数

（3）d=b%c。

上述三个步骤可以归纳成一个公式，即：
```
d=a>>(m-n+1)&~(~0<<n)
```
其中：

① a>>(m−n+1)为第一步。

② ~(~0<<n)为第二步。

③ 前后两个式子按位与运算后赋值便是第三步。

~(~0<<n)的作用是构造一个低 n 位为 1，其他位为 0 的数，其实现过程如图 12-9 所示。

这样选择数据的好处在于，它不受数据长度的限制。换句话说，它可以跟任何类型的整型

变量作位运算，如 int 型（16 位）、long 型（32 位）等。而且用这种方法选择数据，其写法也比较简单。此题的程序如下：

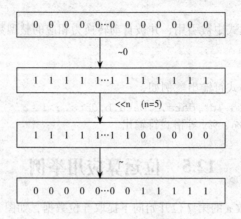

图 12-9　构造数实现过程

```
main()
{
    unsigned a,b,c,d;
    scanf("%o",&a);
    b=a>>3;
    c=~(~0<<5);
    d=b&c;
    printf("%o\n%o\n",a,d);
}
```

程序运行结果如下：

331↙

331

33

【例 12.15】循环移位。要求将数 a 进行右循环移位，如图 12-10 所示。

图中表示将 a 右循环移 n 位。即将 a 中原来左面（16-n）位右移 n 位，原来右端 n 位移到最左面 n 位。今假设用两字节存放一个整数。

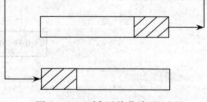

图 12-10　循环移位实现过程

为实现以上目的可以按下述步骤进行：

（1）将 a 的右端 n 位先放到 b 中的高 n 位中。语句实现如下：

```
b=a<<(16-n);
```

（2）将 a 右移 n 位，其左面高 n 位补 0。语句实现如下：

```
c=a>>n;
```

（3）将 c 与 b 进行按位或运算。即

```
c=c|b;
```

此题的程序如下：

```
main()
{
    unsigned a,b,c;
    int n;
```

```
    scanf("a=%o,n=%d",&a,&b);
    b=a<<(16-n);
    c=a>>n;
    c=c|b;
    printf("%o\n",a,c);
}
```

程序运行结果如下：

```
a-157653,n=3↙
157653
75765
```

运行开始时输入八进制数 157653，即二进制数 1101111110101011，循环右移 3 位后得二进制数 0111101111110101，即八进制数 75765。

本 章 小 结

1．位运算表达式

位运算表达式是用位运算符连接运算量而组成的表达式。位运算的操作对象是二进制位（bit）。在 C 语言中，位运算包括逻辑位运算和移位位运算。

逻辑位运算有 4 种：位反、位与、位或和位异或。

位运算中只有运算符 ~ 为单目运算符，其他均为双目运算符。位运算只能用于整型或字符型数据。位运算符与赋值运算符结合可以组成扩展的赋值运算符，即 ~=、<<=、>>=、&=、^=和|=。两个长度不同的数据进行位运算时，系统先将二者右端（低位）对齐，然后将短的一方按符号位扩充，无符号数则以 0 扩充。不可把按位与运算符 & 和逻辑与运算符 && 混淆。

移位运算有两种：左移和右移，它是以二进制位（bit）为单位进行左移或右移。

在 C 语言中，当进行左移运算时，右端出现的空位补 0，而移至左端之外的数据位则舍去。当对变量进行右移操作时，操作结果与操作数是否带符号有关，不带符号的操作数右移时，左端出现的空位补 0；带符号的操作数右移时，左端出现的空位按原最左端位复制。无论什么操作数，移出右端的位都被舍弃。

如果在一个表达式中出现多个运算符时，应该掌握各运算符之间的优先关系才能进行正确运算。

2．位段

C 语言中的位段类型是借助于结构体类型，以二进制位为单位来说明结构体中成员所占空间。每个位段的宽度不得超过机器字长。不同的机型，其 int 型位长不同。省略位段名时，称该位段为无名位段。当无名位段宽度为 0 时，其作用是使下一个位段从一个新的字节开始存放。不能定义位段结构的数组。

位段结构体在存储时使用的内存空间形式与 int 型数据相同，即使位段结构体中各成员项的位数总和小于 int 型的位长，它也占用一个 int 型位长的内存空间。当成员项总位长超过 int 型时，它将占用下一个连续的 int 型位长空间，不允许任何一个成员项跨越两个 int 型位长空间的边界。

位段变量的说明及使用形式与结构体相同。位段可以进行赋值操作，所赋之值可以是任意形式的整数，当其值超过位段所允许的最大值时，取值的低位。

习 题 十 二

一、选择题

1. 若整型变量 a，b，c，d 的值依次为 13，22，96，-3，则：

（1）a&b=（   ）。

A. 4   B. 0   C. 22   D. 13

（2）a|b=（   ）。

A. 18   B. 27   C. 31   D. 8

（3）a^b=（   ）。

A. 18   B. 31   C. 4   D. 27

（4）c>>3=（   ）。

A. 11   B. 12   C. -11   D. 9

（5）d<<2=（   ）。

A. 0   B. 12   C. -12   D. -24

2. 以下程序的输出结果为（   ）。

```
#include "stdio.h"
main()
{  int a=-1,b=-1;
   printf("%d,%d,%d,%d,%d\n",a&b,a|b,a&&b,a^b,a||b);
}
```

A. -1，-1，1，0，1   B. 1，1，0，1，-1

C. 1，-1，0，-1，0   D. -1，-1，0，1，-1

3. 以下的程序输出的结果是（   ）。

```
main()
{  unsigned int x=3,y=10;
   printf("%d\n",x<<2|y>>1);
}
```

A. 1   B. 5   C. 12   D. 13

4. 以下的程序输出的结果是（   ）。

```
main()
{ unsigned char a,b;
  a=7^3;b=~4&3;
  printf("%d  %d\n",a,b);
}
```

A. 4 3   B. 7 3   C. 7 0   D. 4 0

二、填空题

1. 下列程序的运行结果是 _____。

```
char a;
a=~ 6+01;
printf("%d%o\n",a,a);
```

2. 下列程序的运行结果是 _____。

```
int a=1234;
a=a&0377;
printf("%d%o\n",a,a);
```

3. 下列程序的运行结果是_____。

```
char a=lll;
a=a^00;
printf("%d%o\n",a,a);
```

4. 下列程序的运行结果是_____。

```
int a=-1;
a=a|0377;
printf("%d%o\n",a,a);
```

5. 下列程序的运行结果是_____。

```
int a=125;
printf("%d\n",a>>4);
```

6. 程序执行时输入 211、372，则输出的结果是_____。

```
main()
{
    unsigned char x,y;
    printf("enter x and y:\n");
    scanf("%o,%o",&x,&y);
    printf("x&y=%o\n",x&y);
}
```

7. 程序运行时输入 75、32,输出的结果是_____。

```
main()
{
    unsigned char a,b,c,d;
    printf("enter two hex numbers:");
    scanf("%x,%x",&a,&b);
    c=a<<2; d=b>>2;
    printf("%x,%x\n",c,d);
}
```

三、编程题

1. 用位运算将一个数清 0。

2. 对一个十六位的二进制数取出其奇数位（从左边起 1、3、5、…、15 位）构成一个数。

2. 将给定的一个数右移 4 位。

3. 取一个数中的指定位（如高 4 位或低 4 位）。

4. 把一个十进制整数转换成二进制数。

5. 给出一个数的源码，能得到该数的补码。

第 **13** 章 字符屏幕和图形函数

Turbo C 提供了一整套综合性的图形功能函数，把这些图形函数分成两类，一类是计算机屏幕函数，一类是图形功能函数。本章简单介绍屏幕与图形功能函数，并以一些简短的范例来说明其用途，了解它们的功能。

13.1 显示器及其工作模式

当前微型计算机的屏显适配器有几种不同的类型，最常用的是 CGA（彩色图形适配器）、PCjr 以及 EGA（增强型图形适配器）。这些适配器支持 16 种不同模式的显示器操作。IBM 系列微型计算机的屏显模式如表 13-1 所示。

表 13-1 IBM 系列微型计算机的屏显模式

编 号	屏 显 模 式	分辨率（像素）	适 配 器
0	字符，黑白	40×25	CGA，EGA
1	字符，16 种颜色	40×25	CGA，EGA
2	字符，黑白	80×21	CGA，EGA
3	字符，16 种颜色	80×25	CGA，EGA
4	图形，4 种颜色	320×200	CGA，EGA
5	图形，4 种灰度	320×200	CGA，EGA
6	图形，黑白	640×200	CGA，EGA
7	字符，16 种颜色	160×200	PCjr
8	字符，16 种颜色	320×200	PCjr
9	字符，4 种颜色	640×200	PCjr，EGA
10	字符，16 种颜色	320×200	EGA
11	字符，16 种颜色	640×200	EGA
12	字符，4 种颜色	640×350	ECA

其中一些模式是用于字符状态，一些是用于图形状态。在字符状态，屏幕上可访问的最小单位为一个字符；在图形状态，屏幕上可访问的最小单位为一个像素（点）。图形状态的屏幕左上角定位为(0,0)，字符状态的屏幕左上角定位为(1,1)。每一个位置坐标写成(x,y)，x 在前，y 在后。x 为水平方向，y 为垂直方向。

C 语言有两种工作方式，即字符工作方式和图形工作方式，默认的是字符工作方式。

13.2　字符屏幕函数

Turbo C 的字符屏幕函数可分为以下几类：
（1）基本输入/输出函数。
（2）屏幕操作函数。
（3）字符属性控制函数。
（4）字符屏幕状态函数。

这些函数都包含在 conio.h 头文件中，在使用这些函数的程序中都要求包含有头文件 conio.h。

13.2.1　窗口

Turbo C 的字符函数的操作是通过窗口实现的。窗口的默认值就是指整个屏幕。窗口可以大到整个屏幕，也可以小到几个字符，一幅屏幕上可以同时有几个窗口存在，每个窗口由程序用于执行独立的任务。

Turbo C 允许定义窗口的位置和大小。在定义了一个窗口后，Turbo C 的字符操作程序就限制在所定义的窗口中活动。另外，所有的位置坐标都是相对窗口而言的，而不是相对于整个屏幕。窗口重要的功能之一是对窗口的输出可以自动防止向窗口外溢出。如果一些输出超过了边界，只有在窗口内的部分才显示出来，其余的将被剪裁掉。被剪裁掉的部分 Turbo C 不会认为出错。

13.2.2　基本输入/输出函数

Turbo C 建立了一些新的可适用于窗口的基本输入/输出函数函数，如表 13-2 所示。当窗口是全屏幕时，用窗口的基本 I/O 函数或用标准函数都是一样的。但在窗口小于整个屏幕时，就要用调整后的窗口函数，因为它们可以自动防止字符写到该窗口外。

表 13-2　Turbo C 字符屏幕基本输入/输出函数

函　　数	功　　能
cprintf( )	将格式化的输出送到当前窗口
cputs( )	将一个字符串送到当前窗口
putch( )	将单个字符送到当前窗口
getche( )	读一个字符并将它回显到当前窗口
cgets( )	读一个字符串并将它回显到当前窗口

cprintf()函数在 Turbo C 窗口下的操作使用与 printf()函数完全一样。cputs()函数在方式上也相当于 puts()函数：在 Turbo C 窗口下，该函数自动地防止输出超过当前窗口的部分溢出到屏幕的其他地方（标准 I/O 函数如 printf()没有这个功能）。同样，修改过的 putch()函数也是如此，它不允许字符被写到当前窗口外。函数 getche( )也修改成为不会接收来自当前窗口以外的输入。cgets()函数同样可以在 Turbo C 窗口下使用。

注意：

（1）当 cprintf()、cputs()、putch()等函数的输出超过窗口的右边界时会自动转到下一行的开始处继续输出。当窗口内填满内容仍没有结束输出时，窗口屏幕将会自动逐行上卷直到输出结束为止。

（2）另一个要注意的是，这些字符屏幕的基本 I/O 函数是不会改变方向的。Turbo C 的标准I/O 函数允许改变输入/输出方向，即从一个磁盘文件或辅助设备输入改为向其他输出，或输出改为输入，而窗口的字符屏幕的输入/输出函数却不能改变方向。

13.2.3 屏幕操作函数

Turbo C 的字符屏幕操作函数如表 13-3 所示。

表 13-3　Turbo C 字符屏幕操作函数

函　数	功　能	函　数	功　能
clrscr()	清除字符窗口中的内容	movetext()	将屏幕上一个区域的文字复制到另一个区域
clreol()	清除从光标至行尾的所有字符	gettext()	将屏幕上一个区域的文字复制到内存
delline()	删除光标所在行	puttext()	将内存中的文字复制到屏幕上的一个区域
insline()	在光标所在行插入一空行	textmode()	将屏幕设置为字符状态
gotoxy()	将光标移至指定位置	window()	定义一个字符状态下的窗口

1．clrscr()函数

该函数用来清除字符窗口中的内容。其原型如下：

```
void clrscr(void)
```

2．clreol()函数

该函数用来清除从光标至行尾的所有字符。其原型如下：

```
void clreol(void)
```

3．delline()函数

该函数用来删除光标所在行，同时把光标下面的各行顺次上移一行。其原型如下：

```
void delline(void)
```

4．insline()函数

该函数执行后在光标所在行插入一空行，同时把光标下面的各行顺次下移一行。其原型如下：

```
void insline(void)
```

5．gotoxy()函数

该函数执行后将光标移至指定位置，这里 x 和 y 是要定位的坐标，如果坐标出界，则该函数将不执行。

其原型如下：

```
void gotoxy (int x,int y)
```

6．movetext()函数

该函数将屏幕上一个区域的文字复制到另一个区域，left 和 top 是区域左上角坐标，right 和bottom 是区域右下角坐标，newleft 和 newtop 是另一个区域的左上角坐标。若有坐标超界，则函数返回 0，否则返回 1。

其原型如下：

```
int movetext(int left,int top,int right,int bottom,int newleft,int newtop)
```

7. gettext()函数和 puttext()函数

gettext()和 puttext()这对函数分别用于将字符状态下的文字复制到内存及从内存复制到屏幕。其原型如下：

```
int gettext(int left,int top,int right,int bottom,void *buffer)
int puttext(int left,int top,int right,int bottom,void *buffer)
```

left 和 top，right 和 bottom 分别为区域的左上角和右下角的坐标。若使用 gettext()，指针 buffer 必须指向一个足够保存该文件的内存。内存的大小用如下公式计算：

$$所用字节大小 = 行数 × 列数 × 2$$

屏幕上所显示的每个字符都需要两个字节的显示存储器来存储。前一个字节存放真正的字符（ASCII 码），第二个字节存放其屏幕属性。

8. textmode()函数

该函数用于屏幕模式的设置。其原型如下：

```
void textmode(int mode)
```

参数 mode 必须是表 13-4 所示的值之一，可以用整数值，也可以用符号值。

表 13-4　字符屏显模式

符　号　值	数　　值	字符屏显模式
BW40	0	40 列黑白
C40	1	40 列彩色
BW80	2	80 列黑白
C80	3	80 列彩色
MONO	7	80 列单色
LAST	–1	启用原字符模式

调用该函数后，屏幕复位，并且所有字符屏幕的属性恢复为其默认设置。

9. window()函数

window()函数定义一个字符状态下的窗口。其原型如下：

```
void window(int left,int top,int right,int bottom)
```

如果有一个坐标无效，则该函数将不起作用。字符窗口建立后，所有对坐标的引用都是相对于这个窗口，而不是相对于整个屏幕。例如，下面这段程序建立了一个窗口，并且在窗口内的(3,4)坐标位置写下一行字符。

```
window(10,10,60,15);
gotoxy(3,4);
cprintf("at location 3,4");
```

调用 window ()函数所用的坐标是屏幕的绝对坐标，而不是相对于窗口的相对坐标。

下面的程序首先沿屏幕画边框，然后再建立两个独立的带边框的窗口。每个窗口中字符的位置是由 gotoxy()语句确定，该语句的坐标是相对于每个窗口而言的。

【例 13.1】在屏幕上建立窗口并在窗口中输出字符。

```
#include "conio.h"
```

```
void border(int,int,int,int);
main()
{
  clrscr();
  border(1,1,80,25);           /*沿屏幕周围画边框*/
  window(3,2,40,9);            /*建第一个窗口*/
  border(3,2,40,9);
  gotoxy(3,2);cprintf("First window");
  window(30,10,60,18);         /*建第二个窗口*/
  border(30,10,60,18);
  gotoxy(3,2);cprintf("Second window");
  gotoxy(5,4);cprintf ("Hello");
  getche();
}
/*画文本窗口边框*/
void border(int startx,int starty,int endx,int endy)
{
  register int i;
  gotoxy(1,1);
  for(i=0;i<=endx-startx;i++) putch('-');
  gotoxy(1,endy-starty);
  for(i=0;i<=endx-startx;i++) putch('-');
  for(i=2;i<endy-starry;i++)
  {
    gotoxy(1,i;putch('|');
    gotoxy(endx-startx+1,i); putch('|');
  }
}
```

13.2.4 字符属性控制函数

字符属性控制函数用来改变显示器模式，控制字符及其背景的颜色，设置字符显示的亮度。这些功能函数如表 13-5 所示。

表 13-5 字符属性控制函数

函　　　数	函　　　数
highvideo()	设置显示器高亮度显示字符
lowvideo()	设置显示器低亮度显示字符
normvideo()	使显示器返回到程序运行前的显示方式
textcolor()	设置字符颜色
textbackground()	设置字符背景颜色
textattr()	同时设置字符和背景颜色

1. highvideo()和 lowvideo()函数

这两个函数分别设置显示器所显示的字符是高亮度和低亮度。其原型分别如下：

```
void highvideo(void)
void lowxideo(void)
```

2．normvideo()函数

该函数使显示器返回到程序运行前的显示方式。其原型如下：

```
void normvideo(void)
```

3．textcolor( )函数

该函数确定字符的显示颜色。它还能用于使字符闪烁。其原型如下：

```
void textcolor(int color)
```

参数 color 可以是 0～15，每个值都对应丁不同的颜色。然而，在 conio.h 中定义的颜色符号常量比数值更便于记忆。这些符号和它们的对应数值在表 13-6 中给出。字符颜色的选择只影响到其下面要写的字符，而不改变任何当前屏幕上的其他字符。要让字符闪烁，需将所选择的颜色值与 128（BLINK）做或（OR）运算。例如，下面的语句可以使字符的输出为绿色，同时闪烁。

```
textcolor(GREENIBLINK);
```

4．textbackground()函数

textbackground()函数用于设置字符屏幕的背景颜色。其原型如下：

```
void textbackground(int color)
```

与 textcolor()函数类似，当调用该函数后，只影响到下面将要写的字符的背景颜色。参数 color 的值必须是在 0～6 的范围内，即只能使用表 13-6 中所示的前 7 种。

表 13-6　颜色符号和对应的数值表

符 号 值	含　义	数 字 值
BLACK	黑	0
BLUE	蓝	1
GREEN	绿	2
CYAN	青	3
RED	红	4
MAGENTA	洋红	5
BROWN	棕	6
LIGHTGRAY	淡灰	7
DARKGRAY	深灰	8
LIGHTBLUE	淡蓝	9
LUGGTGREEN	淡绿	10
LIGHTCYAN	淡青	11
LIGHTRED	淡红	12
LIGHTMAGENTA	淡洋红	13
YELLOW	黄	14
WHITE	白	15
BLINK	闪烁	128

5．textattr()函数

该函数同时设置字符和背景的颜色。其原型如下：

```
void textattr(int attribute)
```

颜色信息的编码形式如图 13-1 所示。

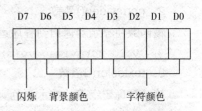

如果第 7 位设置为 1，字符将会闪烁。第 6 位～第 4 位决定背景颜色，第 3 位～第 0 位用来设置字符的颜色。将背景颜色编制为属性代码（attribute）最简单的办法是：用所选的颜色值乘以 16，再与字符的颜色做按位或运算。例如，若要建立绿色背景下的蓝色字符，应该使用 GREEN*16|BLUE。若要使字符闪烁，就要把字符颜色、背景色和 128(BLINK) 一起做按位或运算。例如，下面的语句可使字符为红色并闪烁，背景为蓝色。

图 13-1　颜色信息的编码形式

```
textattr(RED|BLINK|BLUE *16);
```

或

```
textattr(RED|BLINK|BLUE<<4));
```

【例 13.2】字符属性控制函数的应用。

```
# include "conio.h"
main()
{
  int i;
  char *c[]={"BLACK","BLUE","GREEN","CYAN","RED","MAGENTA",
  "BROWN","LIGHTGRAY"};          /*定义字符指针数组并初始化*/
  textbackground (0);            /*设置屏幕背景色*/
  clrscr()                       /*清除屏幕*/
  printf("%s",c[0]);             /*输出字符串*/
  for(i=1;i<8;i++)
  {
      window(10+i*5,5+i,30+i*5,15+i);   /*定义窗口*/
      textbackground (i);        /*设置窗口背景色*/
      clrscr()                   /*清除窗口*/
      textcolor(7+i);            /*设置字符颜色*/
      cputs(c[i]);               /*向当前窗口输出字符串*/
  }
  getch();
}
```

13.2.5　字符屏幕状态函数

Turbo C 提供了 3 个在字符模式下返回屏幕状态的函数，如表 13-7 所示。

表 13-7　字符屏幕状态函数

函　　　数	功　　　能
gettextinfo()	返回当前字符窗口信息
wherex()	返回当前光标处的 x 坐标
wherey()	返回当前光标处的 y 坐标

1．gettextinfo()函数

该函数用类型为 text_info 的结构指针返回当前窗口的状态。该结构在 conio.h 中已定义。函数 gettextinfo() 的原型如下：

```
void gettextinfo(struct text_info*info)
```

结构 text_info 定义形式如下：

```
struet text_info
{
  unsigned char winleft;          /*窗口左上角 x 坐标*/
  unsigned char wintop;           /*窗口左上角 y 坐标*/
  unsigned char winright;         /*窗口右下角 x 坐标*/
  unsigned char winbottom;        /*窗口右下角 y 坐标*/
  unsigned char attribute;        /*字符和背景颜色信息*/
  unsigned char normattr;         /*正常的颜色信息*/
  unsigned char currmode;         /*当前的屏显模式*/
  unsigned char screenheight;     /*屏幕高度（字符行数）*/
  unsigned char screenwidth;      /*屏幕宽度（字符列数）*/
  unsigned char curx;             /*当前光标的 x 坐标*/
  unsigned char cury;             /*当前光标的 y 坐标*/
};
```

当使用 gettextinfo()函数时，要传递指针 text_info 类型的结构，以便该结构的元素能够由函数来设置。不要传递结构变量本身。例如，下面的程序段将说明如何正确地调用该函数。

```
struct text_info screen_satus;
gettextinfo(&screen_status);
```

2．wherex()函数

该函数返回当前光标处的 x 坐标，其原型如下：

```
int wherey(void)
```

3．wherey()函数

该函数返回当前光标处的 y 坐标，其原型如下：

```
int wherey(void)
```

【例 13.3】制作一个简单的文本编辑器。

```
#include"conio.h"
main()
{
  int i;
  char *f[]=                       /*定义字符指针数组*/
  {
    "Load  F3",
    "Pick  alt+F3",
    "New to",
    "Save  F2",
    "Write to",
    "Directory",
    "Change dir",
    "Os shell",
    "Quit  Alt+X"
  };
  char *buf[9*14*2];
  clrscr();textcolor(YELIOW);
  textbackground(BLUE);clrscr();
  gettext(10,2,24,11,buf);         /*将文本内容保存于数组中*/
  window(10,2,24,11);
```

```
        textbackgmtmd(RED);
        textcolor(YELLOW);
        clrscr();
        for,(i=0;i<9;i++)
        {
            gotoxy(1,i+1);                  /*移动光标*/
            cprintf("%s",f[i])             /*在当前窗口的位置输出字符串*/
        }
        getch();
        movetextk(10,2,24,11,40,10);       /*将屏幕上一个矩形区内容拷贝到另一位置*/
        puttext (10,2,24,11,buf);          /*在指定位置释放内存中保存的文本内容*/
        getch();
    }
```

13.2.6　程序举例

下面的程序说明了几种字符屏幕函数的使用方法。

【例 13.4】字符屏幕函数的应用举例。

```
    #include "conio.h"
    main()
    {
        register int i,j;
        textmode(C8D);
        clrscr();
        for(i=1,j=1;j<18;i++,j++){gotoxy(I,j);cprintf("*");}
        for(;j>0;i++,j--){gotoxy(i,j);cprintf ("*");}
        textbackground(LIGHTBLUE);
        textcolor(RED);
        gotoxy(30,12);
        cprintf("This is red with a light blue background.");
        gotoxy(30,15);
        textcolor(GREENLBLINK);
        textbackground(BLACK);
        cprintf("This is blinking green on black.")
        getch();
        movetext (15,15,1,18,15,1);
        getch();
        textmode (LASTMODE);
    }
```

输出结果：

```
        *               * This is red with a light blue background.
       *            *
      *           *
     *          *        This is blinking green on black.
      *       *
       *    *
        *  *
         *
```

注意："This is red with a light blue background." 以淡蓝色为背景色显示红色字。"This is blinking green on black." 以黑色为背景色显示绿色字，并且闪烁。

13.3　Turbo C 的图形函数

Turbo C 提供了非常丰富的图形函数，所有图形函数的原型均在 graphics.h 文件中。本节主要介绍图形模式的初始化、独立图形程序的建立、基本图形功能、图形视口以及图形模式下的文本输出等函数。另外，使用图形函数时要确保有显示器图形驱动程序*.BGI。同时，将集成开发环境 Options/Linker 中的 Graphics lib 选为 on，只有这样才能保证正确使用图形函数。

图形函数可以分为以下几类：

（1）图形模式初始化函数。

（2）屏幕颜色设置和清屏函数。

（3）基本图形函数。

（4）封闭图形填充函数。

（5）图形操作函数。

（6）文本输出函数。

13.3.1　图形模式的初始化

现介绍 Turbo C 提供的 3 个有关屏显模式设置的函数，如表 13-8 所示。

表 13-8　图形模式设置函数

函　　　数	功　　　能
initgraph()	设置图形屏幕工作方式
detectgraph()	返回图形驱动器代码和最高分辨率
closegraph()	使屏显模式返回到初始化前的状态

1．initgraph()函数

不同的显示适配器有不同的图形分辨率，即使是同一显示适配器，在不同模式下也有不同的分辨率。因此，在屏幕作图之前，必须根据显示适配器的种类将显示器设置成为某种图形模式，在设置图形模式之前，微型计算机系统默认屏幕为文本模式（80 列，25 行字符模式），此时所有图形函数均不能工作。设置屏幕为图形模式所用图形初始化函数如下：

```
void initgraph(int far *driver, int far *mode, char far *pdth);
```

其中，driver 和 mode 分别表示图形驱动器和模式，path 是指图形驱动器所在的目录路径。有关图形驱动器、图形模式的符号常数及对应的分辨率如表 13-9 所示。

表 13-9　图形驱动器、模式的符号常数及数值

图形驱动器（driver）		图形模式（mode）		色　调	分辨率（像素）
符号常数	数　值	符号常数	数　值		
CGA	1	CGAC0	0	C0	320×200
		CGAC1	1	C1	320×200
		CGAC2	2	C2	320×200
		CGAC3	3	C3	320 ×200
		CGAHI	4	2色	640×200
MCGA	2	MCGAC0	0	C0	320×200
		MCGACI	1	C1	320×200
		MCGAC2	2	C2	310×200
		MCGAC3	3	C3	320×200
		MCGAMED	4	2色	640×200
		MCGAHI	5	2色	640×200
EGA	3	EGALO	0	16色	640×200
		EGAHI	1	16色	640×200
EGA64	4	EGA64LO	0	16色	640×200
		EGA64HI	1	4色	640×350
ECAMON	5	EGAMONHI		2色	640×350
1DM8514	6	IBM8514LOIBM8	1	256色	640 ×480
		514HI	2	256色	1 024×768
HERC	7	HERCMONOHI	0	2色	720×348
ATT400	8	ATF400C0	0	C0	310×200
		ATF400C1	1	C1	320×200
		ATF400C2	2	C2	320×200
		ATF400C3	3	C3	320×200
		ATT400MED	4	2色	640×200
		ATT400HI	5	2色	640×200
VGA	9	VGALO	0	16色	640×200
		VGAMED	1	16色	640×350
		VGAHI	2	16色	640×480
PC3270	10	PC3270HI	0	2色	720×350

　　图形驱动器由 Turbo C 出版商提供，文件扩展名为*.BGI。根据不同的图形适配器选择不同的图形驱动程序。例如，对 EGA、VGA 图形适配器就调用驱动程序 EGAVGA.BGI。

　　【例 13.5】使用图形初始化函数设置 VGA 高分辨率图形模式。

```
#include "graphics.h"
main()
{
  int driver,mode;
  driver=VGA;                        /*VGA 图形驱动器*/
  mode=VGAHI;                        /*选 VGA 高分辨率图形模式*/
  initgraph(&driver,&mode,"c:\\tc"); /*图形初始化*/
```

```
    bar3d(200,200,400,350,50,1);              /*画一个长方体*/
    getch();
    closegraph();                             /*关闭图形模式*/
}
```

2．detectgraph()函数

有时编程者并不知道所用的图形显示适配器的类型，或者需要将编写的程序用于不同的图形
驱动器，Turbo C 提供了一个自动检测显示器硬件的函数，其调用格式如下：

```
    void detectgraph(int *driver,int *mode)
```

其中，driver 和 mode 的意义与前面介绍的相同。

【例 13.6】自动检测硬件后进行图形初始化程序。

```
    #include "graphics.h"
    main()
    {
    int driver,mode;
    detectgraph(&driver,&mode);                   /*自动检测硬件
    printf("Detect graphics driver is % d,mode is % d\n",driver,mode);
                                                  /*输出测试结果*/
    getch();
    initgraph(&driver,&mode,"c:\\tc");            /*根据测试结果进行图形初始化*/
    bar3d(50,50,250,150,20,1);
    getch();
    closegraph();
    }
```

上例中，程序先对图形显示器进行测试，然后再用图形初始化函数进行初始化设置。注意：
在图形初始化函数中，路径只给出了一对双引号，说明驱动程序在当前目录中。

Turbo C 提供了一种更简单的方法，即用 driver=DETECT 语句后再跟 initgraph()函数即可。上
例可改成：

```
    #include "graphics.h"
    main()
    {
    int drive=DETECT,mode;
    initgraph(&driver,&mode,"c:\\tc");
    bar3d(50,50,250,150,20,1);
    getch();
    closegraph();
    }
```

3．closegraph()函数

Turbo C 还提供了退出图形状态的函数 closegraph()，其调格式如下：

```
    void closegraph()
```

调用该函数后可退出图形状态进入文本方式（Turbo C 默认方式），并释放用于保存图形驱动
程序和字体的系统内存。

13.3.2　屏幕颜色的设置和清屏函数

对于图形模式的屏幕颜色设置，同样分为背景色和前景色的设置。现在介绍 6 个有关屏幕颜
色设置的函数，如表 13–10 所示。

表 13-10 屏幕颜色设置函数

函　　数	功　　能	函　　数	功　　能
setbkcolor()	设置背景颜色	getbkcolor()	返回背景颜色
setcolor()	设置作图颜色	getcolor()	返回作图颜色
cleardevice()	清除屏幕内容	getmaxcolor()	返回最大有效颜色值

1. setbkcolor()函数

该函数用来设置图形屏幕的背景颜色。其原型如下：

```
void sethkcolor(int color)
```

2. setcolor()函数

该函数用来设置作图颜色。其原型如下：

```
void setcolor(int color)
```

其中，color 为图形方式下的有效颜色值，对于 EGA、VGA 显示适配器，有关颜色的符号常数及数值如表 13-11 所示。

表 13-11 图形方式屏幕颜色的符号常数

符　号　常　数	数　值	含　义	符　号　常　数	数　值	含　义
BLACK	0	黑色	DARKGRAY	8	深灰
BLUE	1	蓝	LIGHTBLUE	9	淡蓝
GREEN	2	绿	LIGHTGREEN	10	淡绿
CYAN	3	青	LIGHTCYAN	11	淡青
RED	4	红	LIGHTRED	12	淡红
MAGENTA	5	洋红	LIGHTMAGENTA	13	淡洋红
BROWN	6	棕	YELLOW	14	黄
LIGHTGRAY	7	淡灰	WHITE	15	白

对于 CGA 适配器，背景颜色可为表中 16 种颜色的任一种，但前景颜色依赖于不同的调色板。共有 4 种调色板，每种调色板上有 4 种颜色可供选择，调色板如表 13-12 所示。

表 13-12 CGA 调色板与颜色值表

调　色　板		颜　　色　　值			
符　号　常　数	数　值	0	1	2	3
C0	0	背景	绿	红	黄
C1	1	背景	青	洋红	白
C1	2	背景	淡绿	淡红	黄
C3	3	背景	淡青	淡洋红	白

3. cleardevice()函数

该函数用来清除屏幕内容，其原型如下：

```
viod cleardevice(void)
```

【例 13.7】设置不同颜色并画不同半径的圆。

```
#include"graphics.h"
main()
{
    int driver=DETECT,mode,i;
    initgraph(&driver,&mode,"c:\\tc");
    setbkcolor(0);                    /*设置背景为黑色*/
    cleardevice();                    /*清屏*/
    for(i=0;i<=15;i++)
    {
        setcolor(i);                  /*设置不同作图色*/
        circle(320,240,20+i*10);      /*画半径不同的圆*/
        delay(100);                   /*延时100毫秒*/
    }
    for(i=0;i<=15;i++)
    {
        setbkcolor(i);                /*设置不同背景颜色*/
        cleardevice();
        circle(320,240,20+i*10);
        delay(100);
    }
    closegraph();                     /*关闭图形模式*/
}
```

4. getbkcolor()函数

该函数返会当前背景颜色值，其原型如下：

```
int getbkcolor(void)
```

5. getcolor()函数

该函数返回当前作图颜色值，其原型如下：

```
int getcolor(void)
```

6. getmaxcolor()函数

该函数返回最高可用的颜色值，其原型如下：

```
int getmaxcolor(void)
```

13.3.3 基本图形函数

基本图形函数如表 13-13 所示。

表 13-13 基本图形函数

函　　数	功　　能	函　　数	功　　能
putpixel()	画点	linerel()	画线
getpixel()	返回点的颜色	circle()	画圆
getmaxx()	返回最大的 x 值	arc()	画圆弧
getmaxy()	返回最大的 y 值	ellipse()	画椭圆弧
getx()	返回光标的 x 值	rectangle()	画矩形框
gety()	返回光标的 y 值	drawpoly()	画多边形

函　　数	功　　能	函　　数	功　　能
moveto()	移光标	setlinestyle()	设置画线类型
Moverel()	移光标	getlinesettings()	返回画线信息
line()	画线	setwritemode()	设置画线方式
lineto()	画线		

1．画点函数

（1）putpixel()函数。该函数为画点函数，其函数的原型如下：

```
void putpixel(int x,int y,int color)
```

该函数表示在指定的点位置(x,y)用 color 所给的有效颜色画一个点。在图形模式下，是按点来定义坐标的。

（2）getpixel()函数。该函数取当前点坐标(x,y)的颜色值，其函数原型如下：

```
int getpixel(int x,int y)
```

（3）getmaxx()和 getmaxy()函数。这两个函数分别返回 X 轴和 Y 轴的最大值。

（4）getx()和 gety()函数。

这两个函数分别返回当前光标的水平方向和垂直方向的点坐标值。其原型分别如下：

```
int getx(void)
int gety(void)
```

（5）moveto()和 moverel()函数。

moveto()函数将光标移到(x,y)点，在移动过程中不画点。moverel()函数将光标当前位置移到(x+dx,y+dy)的位置，移动过程中不画点。这两个函数的原型分别如下：

```
void moveto(int x,int y)
void moverel(int dx,int dy)
```

2．画线函数

（1）line()、lineto()和 linerel()函数。这 3 个函数都是画线函数，其原型分别如下：

```
void line(int strx,int stry,int endx,int endy)
```

line()函数从点(strx,stry)到点(endx,endy)画一条直线。

```
void lineto(int x,int y)
```

lineto()函数是从当前光标位置到点(x,y)处画一条直线。

```
void linerel(int dx,int dy)
```

linerel()函数是从当前光标位置(x,y)到点(x+dx,y+dy)位置画一条直线。

（2）circle()函数。该函数的原型如下：

```
void circle(int x,int y,int radius)
```

以(x,y)为圆心，radius 为半径画一个圆。

（3）arc()函数。该函数的原型如下：

```
void arc(int x,int y,int stangle, int endangle, int radius)
```

以(x,y)为圆心，radius 为半径，从 stangle 开始到 endangle 结束画一段圆弧。stangle 和 endangle 的单位为角度，用度表示。在 Turbo C 中规定 X 轴正向为 0°，逆时针方向旋转一周，顺次为数 0°、180°、270°、360°（其他有关函数也按此规定，不再赘述）。当 stangle=0，endangle=360 时，画出一个完整的圆。

（4）ellipse()函数。该函数的原型如下：

　　　　void ellipse(int x,int y,int stangle,int endanSle,int xradius,int yradius)
以(x,y)为圆心，xradius 和 yradius 为 X 轴和 Y 轴半径，从角 stangle 开始到 endangle 结束画一段椭圆线。当 stangle=0, endangle=360 时，画出一个完整的椭圆。

（5）rectangle()函数。该函数的原型如下：

　　　　void rectangle(int left,int top,int right,int bottom)
以(1eft, top)为左上角坐标，(right,bottom)为右下角坐标画一个矩形框。

（6）drawpoly()函数。该函数的原型如下：

　　　　void drawpoly(int numpoints,int *polypoints)
画一个顶点数为 numpoints，各点坐标由 polypoints 给出的多边形。polypoints 整型数组必须至少有 2 倍顶点数个元素。每一顶点的坐标定义为(x,y)，且 x 在前。需要注意的是：当画一个封闭的多边形时，numpoints 的值取实际多边形的顶点数加一，并且整型数组 polypoints 中的第一个和最后一个点的坐标相同。

【例 13.8】用 drawpoly()函数画一个箭头。

```
#include "graphics.h"
main()
{
  int driver=DETECT,mode,i;
  int arw[16]=
  {
    200,102,300,102,300,107,330,100,300,93,300,98,200,98,200,102
  };
  initgraph(&driver,&mode,"c:\\tc");
  setbkcolor(BLUE);cleardevice();setcolor(12);
  drawpoly(8,arw);              /*画一个箭头*/
  getch();
  closegraph();
}
```

说明：上述各函数按 setcolor()函数设置的颜色画线。

（7）setlinestyle()函数。该函数的原型如下：

　　　　void setlinestyle(int linestyle,unsigned int upattern,inl thickness)
setlinestyle()函数用来设置线的有关信息，其中 linestyle 是线的形状，thickness 是线的宽度。在程序没有对线的特性进行设置之前，Turbo C 用其默认值，即一点宽的实线画线。Turbo C 也提供了可以改变线型的函数。线型包括宽度和形状。其中，宽度只有两种：一点宽和三点宽；形状有 5 种，如表 13–14 所示。

表 13–14　线的形状（linestyle）和宽度（thichness）表

类　　别	符 号 常 数	数　　值	含　　义
形状	SOLID_LINE	0	实线
	DOTTED_LINE	1	点线
	CENTER_LINE	2	中心线
	DASHED_LINE	3	点画线
	USERBIT_LINE	4	用户定义线
宽度	NORM_WIDTH	1	一点宽
	THICK_W1DTH	3	三点宽

对于 upattern，只有当 linestyle 选 USERBIT_LINE 时才有意义（选其他线型，upattern 取 0 即可）。此时，upattern 的 16 位二进制的每一位代表一个点，如果哪一位为 1，则该位打开，否则该位关闭。

（8）getlinesettings()函数。该函数的原型如下：

```
void getlinesettings(struct linesettingstype *lineinfo)
```

getlinesettings()函数将有关线的信息存放到由 lineinfo 指向的结构中，表中 linesettingstype 的结构如下：

```
struct linesettingstype
{
    int linestyle;
    unsigned int upattern;
    int thickness;
};
```

例如，下面两句程序可以读出当前线的特性：

```
struct linesettingstype *info;
getlinesettings(info);
```

（9）setwritemode()函数。该函数的原型如下：

```
void setwritemode(int mode)
```

setwritemode()函数规定画线的方式。如果 mode=0，则表示画线时将所画位置的原来信息覆盖了（Turbo C 的默认方式）。如果 mode=1，则表示画线时用当前特性的线与所画之处原有的线进行异或操作，实际上画出的线是原有线与现在规定的线进行异或的结果。因此，当线的特性不变，进行两次画线操作相当于没有画线。

【例 13.9】用不同的绘画线函数绘图。

```
#include "graphics.h"
main( )
{
  int driver=DETECT,mode,i;
  initgraph(&driver,&mode,"c:\\tc");
  setbkcolor(BLUE);cleardevice();setcolor(GREEN);
  circle(320,240,98);               /*画圆*/
  setlinestyle(0,0,3);              /*设置三点宽实线*/
  setcolor(12);
  rectangle(220,140,420,340);       /*画矩形*/
  setcolor(WHITE);
  setlinestyle(4,0xaaaa,1);         /*设置一点宽用户定义线*/
  line(220,240,420,240);            /*画线*/
  line(320,140,320,340);
  getch();
  closegraph();
}
```

13.3.4　封闭图形的填充

Turbo C 提供了一些先画出基本图形轮廓，再按规定模式和颜色填充整个封闭图形的函数，如表 13-15 所示。在没有改变填充方式时，Turbo C 以默认方式填充。

表 13-15　封闭图形填充函数

函　数	函　数	函　数	函　数
bar()	画矩形色块	setfillpattern()	设置用户填充模式和填充颜色
bar3d()	画长方体并正面涂色	getfillpattern()	保存用户定义的填充模式和颜色信息
pieslice()	画扇形并涂色	getfillsettings()	保存填充模式和填充颜色的信息
sector()	画椭圆扇形并涂色	fillpoly()	多边形涂色
setfillstyle()	设置填充模式和填充颜色	floodfill()	任意封闭图涂色

1. bar()函数

该函数的原型如下：

```
void bar(int left,int top,int right,int bottom)
```

以(1eft,top)为左上角坐标，(right,bottom)为右下角坐标，用规定颜色涂一个矩形块。注意：此函数不画边框，即以填充色为边框。

2. bar3d()函数

该函数的原型如下：

```
void bar3d(int x1,int y1,int x2,int y2,int depth,int topflag)
```

当 topflag 为非 0 时，画一个三维的长方体，如图 13-2（a）所示，图中的阴影部分表示按规定模式和颜色填充。当 topflag 为 0 时，三维图不封顶，如图 13-2（b）所示。实际上，不封顶的这种情况很少使用。

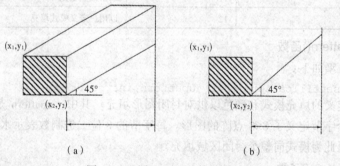

（a）　　　　　　　　　（b）

图 13-2　用 bar3d()函数做图

3. pieslice()函数

函数的功能是画一个以(x,y)为圆心，radius 为半径，stangle 为起始角度，endangle 为终止角度的扇形，再按规定方式填充。

该函数的原型如下：

```
void pieslice(int x,int y,int stangle,int endangle,int radius)
```

4. sector()函数

函数的功能是画一个以(x, y)为圆心，xradius 和 yradius 为 X 轴和 Y 轴半径，strangle 为起始角度，endangle 为终止角度的椭圆扇形，再按规定方式填充。

该函数的原型如下：

```
void sector(int x,int y,int strangle,int endangle,int xradius,int yradius)
```

5. setfillstyle()函数

此函数的原型如下：

```
void setfillstyle(int pattern,int color)
```

其中，color 的值为屏幕图形模式时的颜色的有效值，即填充颜色。pattern 的值及与其等价的符号常数规定填充模式，如表 13-16 所示。

表 13-16　填充模式 pattern 的规定

符 号 常 数	数　　值	含　　义
EMPTY_FILL	0	以背景颜色填充
SOLID_FILL	1	以实填充
LINE_FILL	2	以直线填充
LTSLASH_FILL	3	以斜线填充（阴影线）
SLASH_FILL	4	以粗斜线填充（粗阴影线）
BKSLASH_FILL	5	以粗反斜线填充（粗阴影线）
LTBKSLASH_FILL	6	以反斜线填充（阴影线）
HATCH_FILL	7	以直方网格填充
XHATCH_FILL	8	以斜网格填充
INTERLEAVE_HLL	9	以间隔点填充
WIDE_DOT_FILL	10	以稀疏点填充
CLOSE_DOT_FILL	11	以密集点填充
USER_FILL	12	以用户定义模式填充

6. setfillpattern()函数

该函数的原型如下：

```
void setfillpattern(char *upattern,int color)
```

设置用户定义的填充模式和颜色以供对封闭图形填充。其中，upattern 是一个指向 8 个字节的指针。这 8 个字节定义了 8×8 点阵的图形。每字节的 8 位二进制数表示水平 8 点，8 个字节表示 8 行，然后以此为模式向整个封闭区域填充。

7. getfillpattern()函数

该函数的原型如下：

```
void getfillpattern(char *upattern)
```

函数将用户定义的填充模式存入 upattern 指针指向的内存区域。

8. getfillsettings()函数

该函数的原型如下：

```
void getfillsettings(struct fillsettingstype *info)
```

该函数的功能是获得当前图形模式和颜色信息，并将其存入结构指针变量 info 中。其中，fillsettingstype 结构定义如下：

```
struct fillsettingstype
{
  int pattern;      /*当前填充模式*/
  int color;        /*当前填充颜色*/
}
```

【例 13.10】图形填充模式和填充颜色的选择举例。

```
#include "graphics.h"
#include "dos.h"
#include "conio.h"
#include "stdio.h"
main()
{
  Char str[8]={10,20,30,40,50,60,70,80};  /*用户定义模式*/
  int driver=DETECT,mode,I;
  struct fillsettingstype s;    /*定义用来存储填充信息的结构变量*/
  initgraph(&driver,&mode,"c:\\tc");
  setbkcolor(BLUE);cleardevice();
  for(i=0;i<13;i++)
  {
    setcolor(i+3);
    setfillstyle(i,2+i);                  /*设置填充模式*/
    bar(100,150,200,250);                 /*画矩形色块*/
    bar3d(300,100,500,200,70,1);          /*画长方体并填充正面*/
    pieslice(200,300,90,180,90);          /*画扇形并填充*/
    sector(500,300,180,270,200,100);      /*画椭圆扇形并填充*/
    sleep(1);                             /*延时 1s*/
  }
  cleardevice();setcolor(14);
  setfillpattern(str, RED);               /*设置用户定义填充模式*/
  bar(100,150,200,250);
  bar3d(300,100,500,200,70,0);
  pieslice(200,300,0,360,90);
  sector(500,300,0,360,100,50);
  getch();
  getfillsettings(&s);                    /*获得用户定义的填充模式信息*/
  closegraph();
  clrscr();
  printf("The pattern is % d,The color is % d",s.pattern,s,color);
  getch();
}
```

以上程序运行结束后在屏幕上将显示当前填充模式和颜色的常数值。

9. fillpoly()函数

该函数的原型如下：

```
void fillpoly(int numpoints,int * points)
```

函数的功能是首先用当前作图颜色画一个由 points 所指向的数组中定义的 numpoints 个 x, y 坐标点所构成的形状，然后再用当前填充模式和颜色对该形状进行填充。

10. floodfill()函数

这是一个对任意封闭图形进行填充的函数，其原型如下：

```
void floodfill(int x,int y,int border)
```

其中，(x,y)为封闭图形中的任意一点的坐标，border 为封闭图形的边界颜色。调用该函数后将用规定的填充模式和颜色给封闭图形填充。

注意：

（1）x 或 y 如果取在边界上，则不进行填充。

（2）如果不是封闭图形，则填充会从没有封闭的地方溢出去，填满其他地方。所谓封闭图形是指图形的边界轮廓为同一种颜色的图形。

（3）如果 x 或 y 在图形外面，则填充封闭图形外的屏幕区域。

（4）由 border 指定的颜色必须与要填充的图形的边界颜色值相同，填充颜色可以任选。

（5）填充模式和填充颜色可以用 setfillstyle()函数来修改。

【例 13.11】 为不同封闭图形填充颜色。

```
#include "graphics.h"
main()
{
    int driver=DETECT, mode;
    struct fillsettingstype save;
    initgraph(&driver,&mode,"c:\\tc");
    setbkcolor(BLUE);cleardevice();
    setcolor(LIGHTRED);                 /*设置作图颜色*/
    setfillstyle(0,0,3);                /*设置画线模式*/
    setfillstyle(1,14);                 /*设置填充模式*/
    bar3d(100,200,400,350,200,1);       /*画长方体并填充正面*/
    floodfill(450,300,LIGHTRED);        /*填充长方体另外两个侧面*/
    floodfill(250,150,LIGHTRED);
    rectangle(450,400,500,450);         /*画一个矩形*/
    floodfill(470,420,LIGHTRED);        /*填充矩形*/
    getch();
}
```

13.3.5 有关图形视口和图形操作函数

像文本方式下可以设置屏幕窗口一样，图形方式下也可以设置图形窗口，为了和文本窗口有所区别，我们称它为屏幕视口。设置视口后，可以使其后的有关图形操作函数都在这个视口中进行。视口以左上角(0,0)为坐标原点。

有关图形操作函数如表 13–17 所示。

表 13–17 图形操作函数

函 数	功 能	函 数	功 能
setviewport()	设置视口	setvisualpage()	设置图形的显示页
clearviewport()	清除视口内容	getimage()	将屏幕上显示的图像存储到内存中
getviewsettings()	返回当前视口信息	putimage()	将内存中的图像送到屏幕上显示
setactivepage()	设置图形的输出页	imagesize()	测试保存屏幕图像所需字节数

1. setviewport()函数

该函数的原型如下：

```
void setviewport(int x1,int y1,int x2,int y2,int clipflag)
```

设置一个以(x1,y1)为左上角点坐标，(x2,y2)为右下角点坐标的图形视口，其中 x1、y1、x2、y2 是相对于整个屏幕的坐标。如果 clipflag 为非 0，则超出视口外的输出被剪裁掉；如果 clipflag 为 0，则可以输出到视口外；如果不设置视口，则 Turbo C 默认整个屏幕为视口。

2. clearviewport()函数

该函数的原型如下：

```
void clearviewport(void)
```

该函数清除当前图形视口中的内容。

3. getviewsettings()函数

该函数的原型如下：

```
void getviewsettings(struct viewporttype *viewport)
```

获得关于当前视口的信息，并将其存于结构 viewporttype 定义的结构指针变量 viewport 中，其中 viewporttype 的结构说明如下：

```
struct viewporttype
{
  int left,top,right,bottom;
  int clipflag;
}
```

说明：

（1）视口颜色的设置与屏幕颜色的设置相同，但屏幕背景色与视口背景色只能是一种颜色，如果视口背景色改变，整个屏幕的背景色也将改变，这与文本窗口不同。

（2）可以在同一屏幕上设置多个视口，但只能有一个当前视口工作，如果需要对其他视口操作，通过将定义那个视口的 setviewport()函数再调用一次即可使该视口成为当前视口。

（3）前面讲过的对屏幕图形操作函数均适合对视口的操作。

4. setactivepage()和 setvisualpage()函数

这两个函数分别为输出页面指定函数和显示页面指定函数，其原型分别如下：

```
void setactivepage(int page)
void setvisualpage(int page)
```

这两个函数只用于 EGA、VGA 图形适配器。setactivepage()函数是为图形输出选择激活页。所谓激活页是指后续图形的输出被写到该函数指定的 page 页面，该页面并不一定可见。setvisualpage()函数才使 page 所指定的页面变成可见。页面从 0 开始，这是 Turbo C 的默认页。如果先用 setactivepage()函数在不同页面上画出一幅幅图像，再用 setvisualpage()函数交替显示，就可以实现一些动画的效果。

5. getimage()、putimage()和 imagesize()函数

这 3 个函数的原型分别如下：

```
void getimage(int x1,int y1,int x2,int y2,void *buffer)
void putimage(int x,int y,void *buffer,int op)
unsigned imagesize(int x1,int y1,int x2,int y2)
```

这 3 个函数用于将屏幕上的图像复制到内存，然后再将内存中的图像返回到屏幕上。首先，通过 imagesize()函数测试要保存左上角坐标为(x1,y1)，右下角坐标为(x2,y2)的图形屏幕区域内的全部内容需要多少字节，然后再给 buffer 分配一个所测试数目字节内存空间的指针。通过调用 getimage()函数就可以将该区域内的图像保存在内存中，需要时再用 putimage()函数将该图像从内存输出到左上角点(x,y)的位置上，其中 getimage()函数中的参数 op 规定如何释放内存中的图像，如表 13-18 所示。

表 13-18　putimage()函数中的 op 值

符 号 常 数	数　　值	含　　义
COPY_PUT	0	复制
XOR_PUT	1	与屏幕图像异或后复制
OR_PUT	2	与屏幕图像或后复制
AND_PUT	3	与屏幕图像与后复制
NOT_PUT	4	复制反像的图像

对于 imagesize()函数，只能返回字节数不超过 64KB 的图像区域，否则将会出错，出错时返回-1。这 3 个函数在动画处理和菜单设计技巧中非常有用。

【例 13.12】模拟两个小球动态碰撞的动画演示。

```
#include "graphics.h"
#include "stdlib.h"
main()
{
    int i,k,size,driver=DETECT,mode;
    void *buf;                              /*定义一个指针*/
    initgraph(&driver,&mode,"c:\\tc");
    setbkcolor(BLUE);cleardevice();
    setcolor(L1GHTRED);                     /*设置淡红色作图*/
    setlinestyle(0,0,1);                    /*设置一点宽实线*/
    setfillstyle(1,10);                     /*设置淡绿色实填充*/
    circle(100,200,30);                     /*画圆*/
    floodfill(100,200,12);                  /*填充圆*/
    size=imagesize(69,169,131,231);         /*返回存储屏幕图形所需字节数*/
    buf=malloe(size);                       /*用户动态分配内存空间*/
    getimage(69,169,131,231,bur);           /*保存指定区域图*/
    putimage(500,169,bur,COPY_PUT);         /*在另一位置释放图*/
    for(k=0;k<10;k++)                       /*两球往返相碰10次*/
    {
        for(i=0;i<185;i++)                  /*设法循环，两球相对运动直到相撞*/
        {
        putimage(70+i,170,buf,COPY_PUT);    /*左球向右移*/
        putimage(500-i,170,buf,COPY_PUT);   /*右球向左移*/
        }
        for(i=0;i<185;i++)                  /*设法循环，两球反向运动*/
        {
        putimage(255-i,170,buf,COPY_PUT);   /*左球向左移*/
        putimage(315+i,170,bur,COPY_PUT);   /*右球向右移*/
        }
    }
    getch();
    closegraph();
}
```

13.3.6　图形模式下的文本输出

在图形模式下，只能用标准输出函数（如 printf()、puts()、putchar()函数）输出文本。除此之外，其他输出函数（如窗口输出函数）不能使用，即使是可以输出的标准函数，也只能以前景色为白色，按 80 列、25 行的文本方式输出。

Turbo C 提供了一些专门用于在图形显示模式下的文本输出函数，如表 13-19 所示。

表 13-19　图形方式下文本输出函数

函　　数	功　　能	函　　数	功　　能
outtext()	在当前光标位置输出字符串	settextjustify()	输出字符串的定位设置
outtextxy()	在指定位置输出字符串	settextstyle()	设置输出字符的字形、方向和大小
sprintf()	按格式输出数据	setusercharsize()	设置矢量字体的放大系数

1. outtext()和 outtextxy()函数

这两个函数的原型分别如下：

```
void outtext(char *textstring)
void outtextxy(int x,int y,char *textstring)
```

outtext()函数把字符串指针 textstring 所指定的文本在当前位置上输出。outtextxy()函数把字符串指针 textstring 所指定的文本在规定的(x, y)点坐标位置上输出。

这两个函数都输出字符串，不能输出数值型数据或其他类型数据。

2. sprintf()函数

该函数的头文件是 stdio.h，其原型如下：

```
int sprintf(char *str,char *format,variable_list)
```

该函数与 printf()函数的不同之处是将按格式化规定的内容写入 str 指向的字符串中，返回值等于写入的字符个数。例如：

```
sprintf(s,"your TOEFL score is %d\n",toefl);
```

这里 s 是字符串指针或字符型数组，toefl 为整型变量。

3. settextjustify()函数

该函数的原型如下：

```
void settextjustify(int horiz,int vert)
```

该函数用于输出字符串的定位设置。

对于使用 outtextxy(int x, int y, char *textstring)函数所输出的字符串，其中哪个点对应坐标(x, y)在 Turbo C 中是有规定的。如果把一个字符串看成是一个长方形的图形，在水平方向显示时，字符串长方形按垂直方向可分为顶部、中部和底部 3 个位置，水平方向可分为左、中、右 3 个位置，两者结合就有 9 个位置。

settextjustify()函数的第一个参数 horiz 指出水平方向 3 个位置中的一个，第二个参数 vert 指出垂直方向 3 个参数中的一个，二者就确定了其中的一个位置。当规定了这个位置后，用 outtextxy()函数输出字符串时，字符串长方形的这个规定位置就对准函数中的(x,y)位置。而对于 outtext()函数输出字符串时，这个规定的位置就位于当前光标的位置。有关参数 horiz 和 vert 的取值如表 13-20 所示。

表 13-20　参数 horiz 和 vert 的取值

符　号　常　数	数　　值	用　　于
LEFT_TEXT	0	水平
RIGHT_TEXT	2	水平
BOTTOM_TEXT	0	垂直
TOP_TEXT	2	垂直
CENTER_TEXT	1	水平或垂直

4．settextstyle()函数

该函数的原型如下：

```
void settextstyle(int font,int direction,int charsize)
```

函数用来设置输出字符的字形（由 font 确定）、输出方向（由 direction 确定）和字符大小（由 charsize 确定）等特性。Turbo C 对函数中各个参数的规定如表 13-21 所示。

表 13-21　font、direction 和 charsize 的取值

变 量	符 号 常 数	数 值	含 义
font	DEFAULT_FONT	0	8×8 点阵字（默认值）
	TRIPMX_FONT	1	3 倍笔画字体
	SMALL_FONT	2	小号笔画字体
	SANSSERIF_FONT	3	无衬线笔画字体
	GOTHIC_FONT	4	黑体笔画字体
direction	HORIZ_DIR	0	从左到右
	VERT_DIR	1	从底到顶
charsize	USER_CHAR_SIZE	0	用户定义的字符大小
		1	8×8 点阵
		2	16×16 点阵
		3	24×24 点阵
		4	32×32 点阵
		5	40×40 点阵
		6	48×48 点阵
		7	56×56 点阵
		8	64×64 点阵
		9	72×72 点阵
		10	80×80 点阵

【例 13.13】图形模式下输出不同大小的字体。

```
#include "graphics.h"
main()
{
    int i,driver=DETECT,mode;
    char s[30];
    initgraph(&driver,&mode,"c:\\tc");
    setbkcolor(BLUE);cleardevice();
    setviewport(100,100,540,380,1);      /*定义一个图形视口*/
    setfillstyle(1,2);                   /*设置绿色实填充*/
    setcolor(YELLOW);                    /*设置黄色作图*/
    rectangle(0,0,439,279);              /*画矩形框*/
    floodfill(50,50,14);                 /*填充矩形*/
    setcolor(12);                        /*设置作图颜色为淡红色*/
    settextstyle(1,0,8);                 /*3 倍笔画字，水平输出放大 8 倍*/
    outtextxy(20,20,"Good news");        /*在指定位置输出文本*/
```

```
setcolor(15);                              /*改变作图颜色为白色*/
settextstyle(3,0,5);                       /*无衬线笔画字,水平输出放大 5 倍*/
outtextxy(120,120,"Good news");
setcolor(14);                              /*改变作图颜色为红色*/
i=617;
sprintf(s,"Your score of TOEFL is%d",i)    /*将数值转换为字符串*/
outtextxy(30,200,s);                       /*在指定位置输出字符串*/
setcolor(1);                               /*改变作图颜色为蓝色*/
settextstyle(4,0,3);                       /*黑体笔画字,水平输出放大 3 倍*/
outtextxy(70,240,s);                       /*在指定位置输出字符串*/
getch();
closegraph();
}
settextstyle(2,0,8);                       /*小号笔画字,水平输出放大 8 倍*/
```

5. setusercharsixe()函数

前面介绍的 settextstyle()函数可设置图形方式下输出文本字符的字体和大小,但对于笔画型字体(除 8×8 点阵字以外的字体),只能在水平和垂直方向以相同的放大倍数放大。为此,Turbo C 又提供了另一个函数 setusercharsize(),对笔画字体可以分别设置水平方向和垂直方向的放大倍数。

该函数的原型如下:

```
void setusercharsize(int mulx,int divx,int muly,int divy)
```

函数用来设置笔画型字的放大系数,只有在 setusercharsize()函数中的 charsize 为 0(或 USER_CHAR_SIZE)时才起作用,并且字体为函数 settextstyle()规定的字体。调用函数 setusercharsize()后,每个显示在屏幕上的字符都以其默认大小乘以 mulx/divx 为输出字符宽,乘以 muly/divy 为输出字符高。

【例 13.14】放大字体。

```
#include "graphics.h"
main()
{
    int driver=DETECT,mode;
    initgraph(&driver,&mode,"c:\\tc");
    setbkcolor(BLUE);cleardevice();
    setfillstyle(1,2);                     /*设置填充方式*/
    setcolor(YELLOW);                      /*设置黄色作图*/
    rectangle(100,100,540,380);            /*画一黄色矩形*/
    floodfill(50,50,14);                   /*坐标不在矩形框内,填充框外的屏幕区*/
    setcolor(12);                          /*改变作图色为淡红*/
    settextstyle(1,0,8);                   /*用 3 倍笔画字体*/
    outtextxy(120,120,"Good news");        /*输出字符串*/
    setusercharsize(2,1,4,1);              /*水平放大 2 倍,垂直放大 4 倍*/
    settextstyle(1,0,0);                   /*选字体和用户放大倍数*/
    outtextxy(150,200,"Good news");        /*输出字符串*/
    setcolor(15);                          /*改变白色作图*/
    settextstyle(3,0,5);                   /*用无衬线笔画字,放大 5 倍*/
    outtextxy(220,200,"Good news");        /*输出字符串*/
    setusercharsize(4,1,1,1);              /*水平放大 4 倍,垂直放大 1 倍*/
```

```
    settextstyle(3,0,0);                    /*选字体和用户单大倍数*/
    outtextxy(180,320,"Good");              /*输出字符串*/
    getch();
    closegraph();
}
```

13.3.7 独立图形运行程序的建立

　　Turbo C 对于用 initgraph()函数直接进行图形初始化的程序，在编译和连接时并没有将相应的驱动程序（*. BGI）装入到执行程序中，而是当程序运行到 initgraph()语句时，再从该函数中第三个形参 char *path 中所规定的路径中去找相应的驱动程序。若没有驱动程序，则在 C:\TC 中去找，如 C:\TC 中仍没有或 TC 不存在，将会出现如下错误语句：

```
    BGI Error: Graphlcs not initialized(use'initgraph')
```

　　因此，为了使用方便，应建立一个不需要驱动程序就能独立运行的可执行图形程序，Turbo C 中规定通过下述步骤（这里以 EGA、VGA 显示适配器为例）来实现：

　　（1）在 C:\TC 子目录下输人命令：

```
    BGIOBJ EGAVGA
```

　　此命令将驱动程序 EGAVGA. BGI 转换成 EGAVGA.OBJ 的目标文件。

　　（2）在 C:\TC 子目录下输入命令：

```
    TLIB LIB\GRAPHICS.LIB+EGAVGA
```

　　此命令的意思是将 EGAVGA. OBJ 的目标模块装入 GRAPHICS.UB 库文件中。

　　（3）在程序中 initgraph()函数调用之前加上一句：

```
    registerbgidriver(EGAVGA_driver);
```

　　该函数告诉连接程序把 EGAVGA 的驱动程序装入到用户的执行程序中。

　　经过上面的处理，编译连接后的执行程序可在任何目录或其他兼容机上运行。假设已做了前两个步骤，若再向例 13.5 中加入 registerbgidriver()函数，则程序变成：

```
    #include "graphics.h"
    main()
    {
    Int driver=DETECT,mode;
    registerbgidriver(EGAVGA_driver);    /*建立独立图形运行程序*/
    initgraph(&driver,&mode,"C:\\TC");
    bar3d(50,50,250,150,20,1);
    getch();
    closegraph();
    }
```

　　上例编译连接后产生的执行程序可独立运行。

　　如不初始化成 EGA 或 VGA 分辨率，而想初始化为 CGA 分辨率，则只需要将上述步骤中有 EGAVGA 的地方用 CGA 代替即可。

本 章 小 结

　　通过对本章的学习了解计算机屏幕函数和图形功能函数的应用，掌握每个函数的具体使用方法，在绘图时正确使用这些函数。

1．掌握屏幕操作函数的功能及使用方法

屏幕操作函数包括 clrscr()函数、clreol()函数、delline()函数、insline()函数、gotoxy()函数、movetext()函数、gettext()函数、puttext()函数、textmode()函数、window()函数的功能及使用方法。

2．字符属性控制函数

字符属性控制函数用来改变显示器模式，控制字符及其背景的颜色，设置字符显示的亮度。在字符属性控制函数中介绍了 highvideo()函数、lowvideo()函数、normvideo()函数、textcolor()函数、textbackground()函数、textattr()函数的功能及使用方法。

3．字符屏幕状态函数

字符屏幕状态函数用来返回当前窗口的状态，包括 gettextinfo()函数、wherex()函数、wherey()函数。

4．掌握 Turbo C 图形初始化函数的应用

在图形初始化函数中介绍 Turbo C 提供的 3 个有关屏显模式设置的函数，包括 initgraph()函数、detectgraph()函数、closegraph()函数的格式及使用。

5．设置屏幕颜色和清屏函数的应用

图形模式的屏幕颜色设置，分背景色和前景色的设置。在屏幕颜色设置函数和清屏函数中介绍了 setbkcolor()函数、setcolor()函数、cleardevice()函数、getbkcolor()函数、getcolor()函数、getmaxcolor()函数 6 个函数的使用方法。

6．掌握绘制基本图形函数的使用方法

（1）画点函数：putpixel()函数、getpixel()函数、getmaxx()函数、getmaxy()函数、getx()函数、gety()函数、moveto()和 moverel()函数的应用。

（2）画线函数：line()函数、lineto()函数、linerel()函数、circle()函数、arc()函数、ellipse()函数、rectangle()函数、drawpoly()函数、setlinestyle()函数、getlinesettings()函数、setwritemode()函数的应用。

7．掌握封闭图形填充函数的使用方法

封闭图形填充函数包括 bar()函数、bar3d()函数、pieslice()函数、sector()函数、setfillstyle()函数、setfillpattern()函数、getfillpattern()函数、getfillsettings()函数、rdlpoly()函数、floodfill()函数的应用。

8．掌握图形视口和图形操作函数的使用方法

图形方式下也可以设置图形窗口，设置图形窗口及图形操作的函数包括 setviewport()函数、clearviewport()函数、getviewsettings()函数、setactivepage()函数、setvisualpage()函数、getimage()函数、putimage()函数、imagesize()函数。

9．掌握图形模式下的文本输出函数的使用方法

Turbo C 提供了一些专门用于在图形显示模式下的文本输出函数，这些函数是 outtext()函数、outtextxy()函数、sprintf()函数、settextjustify()函数、settextstyle()函数、setusercharsixe()函数。

习 题 十 三

1. 编写程序：在文本方式下，在屏幕上显示象棋的棋盘。
2. 编写程序：在图形方式下，在屏幕上显示国际象棋的棋盘，方块用不同颜色显示。
3. 编写程序：画 4 个同心圆，要求圆与圆之间涂以不同的颜色。

附录 A　C 常用库函数

每一种 C 语言编译系统都提供了一批库函数，不同的编译系统所提供的库函数的数目和函数名以及函数功能是不完全相同的。由于 C 库函数的种类和数目很多，限于篇幅，本附录不能全部介绍，只从教学需要的角度列出最基本的。读者在编写 C 语言程序时可能要用到更多的函数，请查阅所用系统的手册。

1．数学函数

数学函数表如表 A1 所示。使用数学函数时，应该在该源文件中使用#include "math.h"。

表 A1　数学函数表

函 数 名	函数和形参类型	功　　能	返 回 值
acos	double acos(x) double x;	计算 arccos(x)的值	计算结果
asin	double asin(x) double x;	计算 arcsin(x)的值	计算结果
atan	double atan(x) double x;	计算 arctan(x)的值	计算结果
atan2	double atan2(x,y) double x,y;	计算 arctan(x/y)的值	计算结果
cos	double cos(x) double x;	计算 cos(x)的值	计算结果
cosh	double cosh(x) double x;	计算 x 的双曲余弦 cosh(x)的值	计算结果
exp	double exp(x) double x;	求 ex 的值	计算结果
fabs	double fabs(x) double x;	求 x 的绝对值	计算结果
floor	double floor(x) double x;	求出不大于 x 的最大整数	该整数的双精度实数
fmod	double fmod(x,y) double x,y;	求整除 x/y 的余数	返回余数的双精度数
frexp	double frexp(val,eptr) double val; int *eptr;	把双精度数 val 分解为数字部分（尾数）x 和以 2 为底的指数 n，即 val=x*2n，n 存放在 eptr 指向的变量中	返回数字部分 x $0.5 \leqslant x < 1$

函 数 名	函数和形参类型	功　　能	返 回 值
Log	double log(x) double x;	求 $\log_e x$，即 lnx	计算结果
log10	double log10(x) double x;	求 $\log_{10} x$	计算结果
modf	double modf(val,iptr) double val; double *iptr;	把双精度数 val 分解为整数部分和小数部分，把整数部分存到 iptr 指向的单元	val 的小数部分
pow	double pow(x,y) double x,y;	计算 xy 的值	计算结果
sin	double sin(x) double x;	计算 sinx 的值	计算结果
sinh	double sinh(x) double x;	计算 x 的双曲正弦函数 sinh(x)的值	计算结果
sqrt	double sqrt(x) double x;	计算 x1/2	计算结果
tan	double tan(x) double x;	计算 tan(x)的值	计算结果
tanh	double tanh(x) double x;	计算 x 的双曲正切函数 tanh(x)的值	计算结果

2．输入/输出函数

输入/输出函数如表 A2 所示凡用以下函数，应该使用#include "stdio.h"把 stdio.h 头文件包含到源程序文件中。

表 A2　输入/输出函数表

函 数 名	函数和形参类型	功　　能	返 回 值
clearerr	void clearerr(fp) file *fp;	清除文件指针错误指示器	无
flose	int close(fp) int fp;	关闭文件	关闭成功返回 0，不成功，返回−1
freat	int creat(filename,mode) char *filename; int mode;	以 mode 所指定的方式建立文件	成功则返回正数，否则返回−1
fof	int eof(fd) int fd;	检查文件是否结束	遇文件结束，返回 1；否则返回 0
fclose	int fclose(fp) FILE *fp;	关闭 fp 所指的文件，释放文件缓冲区	有错则返回非 0，否则返回 0
feof	int feof(fp) FILE *fp;	检查文件是否结束	遇文件结束符返回非 0 值，否则返回 0

续表

函 数 名	函数和形参类型	功　　能	返　回　值
fgetc	int fgetc(fp) FILE *fp;	从 fp 所指定的文件中取得下一个字符	返回所得到的字符。若读入出错，返回 EOF
fgets	char *fgets(buf,n,fp) char *buf; int n; FILE *fp;	从 fp 指向的文件读取一个长度为(n-1)的字符串，存入起始地址为 buf 的空间	返回地址 buf，若遇文件结束或出错，返回 NULL。
fopen	FILE *fopen(filename ,mode) char *filename, *mode;	以 mode 指定的方式打开名为 filename 的文件	成功返回一个文件指针（文件信息区的起始地址），否则返回 0
fprintf	intfprintf(fp,format,args,…) FILE *fp; char *format;	把 args 的值以 format 指定的格式输出到 fp 所指定的文件中	实际输出的字符数
fputc	int fputc(ch,fp) char ch; FILE *fp;	将字符 ch 输出到 fp 所指向的文件中	成功返回该字符，否则返回 EOF
fputs	int fputs(str,fp) char *str; FILE *fp;	将 str 指向的字符串输出到 fp 所指指定的文件中	返回 0，若出错返回非 0
fread	int fread (pt,size,n,fp) char *pt; unsigned size; unsigned n; FILE *fp;	从 fp 所指定的文件中读到长度为 size 的 n 个数据项，并存储到 pt 所指向的内存区	返回所读的数据项个数，如遇文件结束或出错返回 0
fscanf	int fscanf(fp,format,args,…) FILE * fp; char format;	从 fp 指定的文件中按 format 给定的格式将输入数据送到 args 所指向的内存单元（args 是指针）	已输入的数据个数
fseek	int fseek(fp ,offset,base) FILE *fp; long offset; int base;	将 fp 所指向的文件的位置指针移到以 base 所指出的位置为基准、以 offset 为位移量的位置	返回当前位置，否则，返回-1
ftell	long ftell(fp) FILE *fp;	返回 fp 所指向的文件中的读/写位置	返回 fp 所指向的文件中的读/写位置
fwrite	int fwrite(ptr,size,n,fp) char *ptr; unsigned size; unsigned n; FILE *fp;	把 ptr 所指向的 n *size 个字节输出到 fp 所指向的文件中	写到 fp 文件中的数据项的个数
getc	int getc(fp) FILE * fp;	从 fp 所指向的文件中读入一个字符	返回所读的字符，若文件结束或出错，返回 EOF

函 数 名	函数和形参类型	功　　能	返 回 值
getchar	int getchar()	从标准输入设备读取下一个字符	所读字符。若文件结束或出错，返回 -1
getw	int getw (fp) FILE *fp;	从 fp 所指向的文件读取下一个字（整数）。	输入的整数。如文件结束符或出错，返回 -1
open	int open(filename,mode) char * filename; int mode;	以 mode 指出的方式打开已存在的名为 filename 的文件	返回文件号（正数）。如打开失败，返回 -1
printf	int printf(format,args,…) char *format;	将输出表列 args 的值输出到标准输出设备	输出字符的个数。若出错，返回负数
putc	int putc (ch,fp) int ch; FILE *fp;	把一个字符 ch 输出到 fp 所指的文件中	输出字符 ch。若出错，返回 EOF
putchar	int putchar(ch) char ch;	将字符 ch 输出到标准输出设备	输出字符 ch。若出错，返回 EOF
puts	int putw(w,fp) int w; FILE *fp;	将一个整数 w（即一个字）写到 fp 指向的文件中	返回输出的整数。若出错，返回 EOF
read	int read(fd,buf,count) int fd; char *buf; unsigned count;	从文件号 fd 所指示的文件中读 count 个字节到由 buf 指示的缓冲区中	返回真正读入的字节个数。如遇文件结束返回 0，出错返回 -1
rename	int rename(oldname,newname) char *oldname,*newname;	把由 oldname 所指的文件名，改为由 newname 所指定的文件名	成功返回 0，出错返回 -1
rewind	void rewindk(fp) FILE *fp;	将 fp 指示的文件中的位置指针置于文件开头位置，并清除文件结束标志和错误标志	无
scanf	int scanf (format,args,…) char *format;	从标准输入设备按 format 指向的格式字符串规定的格式，输入数据给 args 所指向的单元	读入并赋给 args 的数据个数。遇文件结束返回 EOF，出错返回 0
write	int write (fd,buf, count) int fd; char *buf; unsigned count;	从 buf 指示的缓冲区输出 count 个字符到 fd 所标志的文件中	返回实际输出的字节数，如果出错则返回 -1

3．字符函数和字符串函数

字符函数和字符串函数如表 A3 所示。ANSI C 标准要求在使用字符串函数时要包含文件 string.h，在使用字符函数时要包含头文件 ctype.h。有的 C 编译不遵循 ANCI C 标准的规定，而用其他名称的头文件。读者在使用时应查询有关手册。

表A3　字符函数和字符串函数表

函 数 名	函数和形参类型	功　能	返 回 值
isalnum	int isalnum(ch) int ch;	检查 ch 是否是字母（alpha）或数字（numeric）	是字母或数字返回 1; 否则返回 0
isalpaha	int isalpha(ch) int ch	检查 ch 是否是字母	是，返回 1; 否则返回 0
iscntrl	int iscntrl(ch) int ch;	检查 ch 是否是控制字符（其 ASCII 码在 0 和 0x1F 之间）	是，则返回 1, 否则返回 0
isdigit	int isdigit(ch) int ch;	检查 ch 是否是数字（0~9）	是，则返回 1; 否则返回 0
isgraph	int isgraph(ch) int ch;	检查 ch 是否可打印字符（其 ASCII 码在 0x21 到 0x7E 之间），不包括空格	是，则返回 1; 否则返回 0
islower	int islower(ch) int ch;	检查 ch 是否是小写字母（a~z）	是，则返回 1; 否则返回 0
isprint	int isprint(ch) int ch;	检查 ch 是否是可打印字符（包括空格），其 ASCII 码在 0x20~0x7E 之间	是，则返回 1; 否则返回 0
ispunct	int ispunct(ch) int ch;	检查 ch 是否是标点字符（不含空格），即除字母、数字和空格以外的所有可打印字符	是，则返回 1; 否则返回 0
isspace	int isspace(ch) int ch;	检查 ch 是否是空格、跳格符（制表符）或换行符	是，则返回 1 否则返回 0
isupper	int isupper(ch) int ch;	检查 ch 是否是大写字母（A~Z）	是，则返回 1; 否则返回 0
isxdigit	int isxdigit(ch) int ch;	检查 ch 是否是一个 16 进制数学字符（即 0~9，或 A 到 F，或 a~f）	是，则返回 1; 否则返回 0
strcat	char*strcat(str1,str2) char*str1,*str2;	把字符串 str2 接到 str1 后面，str1 最后面的'\0'被取消	str1
strchr	char *strchr(str,ch) char *str; int ch;	找出 str 指向的字符串中第一次出现字符 ch 的位置	返回指向该位置的指针，如找不到，则返回空指针
strcmp	int strcmp(str1,str2) char *str1,str2;	比较两个字符串 str1、str2	str1=str2，返回 0 str1>str2，返正数 str1<str2，返负数
strcpy	char *strcpy(str1,str2) char *str1,str2;	把 str2 指向的字符串复制到 str1 中去	返回 str1
strlen	unsigned int strlen(str) char *str;	统计字符串 str 中字符的个数（不包括终止符'\0'）	返回字符个数
strstr	char *strstr(str1,str2) chat *str1,str2;	找出 str2 字符串在 str1 字符串中第一次出现的位置（不包括 str2 的串结束符）	返回该位置的指针。如找不到，则返回空指针
tolower	int tolower (ch) int ch;	将 ch 字符转换为小写字母	返回 ch 所代表的字符的小写字母
toupper	int toupper(ch) int ch;	将 ch 字符转换成大写字母	与 ch 相应的大写字母

4．动态存储分配函数

动态存储分配函数如表 A4 所示。ANSI 标准建议在 stdlib.h 头文件中包含有关的信息，但许多 C 编译要求用 malloc.h 而不是 stdlib.h。读者在使用时应查阅有关手册。ANSI 标准要求动态分配系统返回 void 指针。void 指针具有一般性，它们可以指向任何类型的数据。但目前绝大多数 C 编译所提供的这类函数都返回 char 指针。无论以上两种情况的哪一种，都需要有强制类型转换的方法把 char 指针转换成所需的类型。

表 A4　动态存储分配函数表

函 数 名	函数和形参类型	功　　能	返 回 值
calloc	void(或 char) *calloc(n,size) unsigned n; unsign size	分配 n 个数据的内存连续空间，每个数据项的大小为 size	分配内存单元的起始地址。如不成功，则返回 0
free	void free(p) void (或 char) *p	释放 p 所指的内存区	无
malloc	void (或 char) *malloc(size) unsigned size	分配 size 字节的存储区	所分配的内存区地址，如内存不够，则返回 0
realloc	void (或 char) *realloc(p,size) void (或 char) *p unsigned size	将 f 所指出的已分配内存区的大小改为 size。size 可以比原来分配的空间大或小	返回指向该内存区的指针

附录 **B** ASCII 码表

字符	码值	字符	码值	字符	码值	字符	码值	字符	码值
NUL	00	SUB	26	4	52	N	78	H	104
SOH	01	ESC	27	5	53	O	79	I	105
STX	02	FS	28	6	54	P	80	J	106
ETX	03	GS	29	7	55	Q	81	K	107
EOT	04	RS	30	8	56	R	82	L	108
ENQ	05	US	31	9	57	S	83	M	109
ACK	06	空格	32	:	58	T	84	N	110
BEL	07	!	33	;	59	U	85	O	111
BS	08	"	34	<	60	V	86	P	112
HT	09	#	35	=	61	W	87	Q	113
LF	10	$	36	>	62	X	88	R	114
VT	11	%	37	?	63	Y	89	S	115
FF	12	&	38	@	64	Z	90	T	116
CR	13	,	39	A	65	[	91	U	117
SO	14	(	40	B	66	\	92	V	118
SI	15	)	41	C	67	]	93	W	119
DLE	16	*	42	D	68	^	94	X	120
DC1	17	+	43	E	69	_	95	Y	121
DC2	18	·	44	F	70	`	96	Z	122
DC3	19	–	45	G	71	a	97	{	123
DC4	20	.	46	H	72	b	98			124
NAK	21	/	47	I	73	c	99	}	125
SYN	22	0	48	J	74	d	100	~	126
ETB	23	1	49	K	75	e	101		
CAN	24	2	50	L	76	f	102		
EM	25	3	51	M	77	g	103		

注: 表中码值为 01～31 的字符主要用于信息处理交换, 其余为可显示部分。

参 考 文 献

[1] 苏长龄. C 程序设计教程[M]. 北京：中国铁道出版社，2006.

[2] 谭浩强. C++程序设计[M]. 北京：清华大学出版社，2004.

[3] 李平. C 语言程序设计[M]. 成都：电子科技大学出版社，2004.

[4] 苏长龄. C/C++程序设计教程[M]. 北京：中国水利水电出版社，2004.

[5] 苏小红. C 语言大学实用教程[M]. 北京：电子工业出版社，2004.

[6] LEEN. C++程序设计教程[M] .刘瑞挺，译. 3 版. 北京：中国铁道出版社，2003.

[7] 王柏盛. C 语言程序设计[M]. 北京：高等教育出版社，2004.

[8] 谭浩强. C 程序设计题解与上机指导[M]. 2 版. 北京：清华大学出版社，1999.

[9] 苏长龄. 计算机等级考试二级 C 语言习题汇编[G]. 长春：吉林科学技术出版社，1999.